基于BIM技术的
建筑工程施工组织与管理研究

张明媚◎著

图书在版编目（CIP）数据

基于 BIM 技术的建筑工程施工组织与管理研究 / 张明媚著 . —成都：电子科技大学出版社，2023.10
ISBN 978-7-5770-0596-6

Ⅰ.①基… Ⅱ.①张… Ⅲ.①建筑工程—施工组织—应用软件②建筑工程—施工管理—应用软件 Ⅳ.① TU7-39

中国国家版本馆 CIP 数据核字（2023）第 179460 号

内容简介

施工企业利用 BIM 技术可以优化施工过程控制与管理，保证施工过程顺利进行。本书根据工程管理实践，结合国内外相关领域新的研究成果，系统地介绍了基于 BIM 技术的工程施工管理的理论方法、组织设计、实施规划和目标控制，讨论了项目施工阶段各项管理工作的内容和措施，是优化施工过程控制与管理的专业书籍。本书结构完整，理论联系实际，可读性强，可供高等学校工程管理专业及土木工程类专业的师生，以及各类工程建模、设计、施工、咨询等单位相关人员参考阅读。

基于 BIM 技术的建筑工程施工组织与管理研究
JIYU BIM JISHU DE JIANZHU GONGCHENG SHIGONG ZUZHI YU GUANLI YANJIU

张明媚　著

策划编辑	刘　愚　李述娜　杜　倩
责任编辑	李雨纾
责任校对	杨梦婷
责任印制	梁　硕

出版发行	电子科技大学出版社
	成都市一环路东一段 159 号电子信息产业大厦九楼　邮编　610051
主　页	www.uestcp.com.cn
服务电话	028-83203399
邮购电话	028-83201495
印　刷	北京亚吉飞数码科技有限公司
成品尺寸	170 mm × 240 mm
印　张	21.75
字　数	346 千字
版　次	2025 年 3 月第 1 版
印　次	2025 年 3 月第 1 次印刷
书　号	ISBN 978-7-5770-0596-6
定　价	98.00 元

版权所有，侵权必究

前言 PREFACE

随着数字化时代的到来，建筑行业正在经历着深刻的变革。其中，建筑信息模型（BIM）作为一种先进的技术手段，正在逐渐改变我们对施工组织与项目管理的认知和实践方式。本书旨在深入探究BIM技术在施工组织与项目管理中的应用，希望为读者展示BIM技术在建筑工程方面的发展潜力和应用前景。

本书分为7章。第1章绪论部分介绍了建筑工程施工组织、管理以及BIM技术的现状和应用情况。第2章讲述了流水施工与网络计划技术的实施方法。第3章详细介绍了建筑工程施工组织设计的内容，以及BIM技术在施工组织设计中的应用。第4章至第7章分别介绍了建筑工程施工项目中成本管理、进度管理、质量管理和安全管理的概念、方法，并探讨了BIM技术在这些方面的应用。

本书以理论研究为基础，以揭示BIM技术对施工组织与项目管理的影响和价值为目标，希望读者通过阅读本书，能够更好地理解和应用BIM技术，从而推动建筑行业的发展与创新。本书结构完整，理论联系实际，可读性强，可供高等学校工程管理专业及土木工程类专业的师生，以及各类工程建模、设计、施工、咨询等单位相关人员参考阅读。

在撰写本书的过程中，笔者参考了专业文献、相关书籍和论文，特此对相关作者表示诚挚的感谢。同时，也感谢对本书进行指导的各界专家，没有你们的贡献和协助，本书将无法完成。最后，特别感谢所有读者对本书的关注和支持，希望本书能够为您带来有益的启发。

作　者
2023年8月

目录 contents

第1章　绪论 ………………………………………………………… 1
　1.1　建筑工程施工组织概述 ………………………………………… 1
　1.2　建筑工程施工管理的现状与发展 ……………………………… 10
　1.3　BIM 技术及其发展现状 ………………………………………… 13
　1.4　BIM 技术在建筑工程施工组织与管理中的应用 ……………… 19

第2章　建筑工程的流水施工与网络计划技术 …………………… 30
　2.1　建筑工程流水施工 ……………………………………………… 30
　2.2　建筑工程网络计划技术 ………………………………………… 52

第3章　建筑工程施工组织设计 …………………………………… 111
　3.1　施工组织总设计 ………………………………………………… 111
　3.2　建筑工程施工组织设计 ………………………………………… 131
　3.3　BIM 技术在建筑工程施工组织中的应用 ……………………… 172

第4章　建筑工程施工项目成本管理 ……………………………… 177
　4.1　建筑工程施工项目成本管理概述 ……………………………… 177
　4.2　建筑工程施工项目成本管理的内容与程序 …………………… 180
　4.3　BIM 技术在建筑工程施工成本管理中的应用 ………………… 210

第5章　建筑工程施工项目进度管理 ……………………………… 219
　5.1　建筑工程施工项目进度管理概述 ……………………………… 219
　5.2　建筑工程施工项目进度计划的编制和管理 …………………… 222

5.3　BIM 技术在建筑工程施工进度管理中的应用 …………… 240

第 6 章　建筑工程施工项目质量管理 …………………………… 253
6.1　施工项目质量管理概述 …………………………………… 253
6.2　施工项目质量计划 ………………………………………… 258
6.3　施工项目质量控制 ………………………………………… 263
6.4　建筑工程质量检查与处置 ………………………………… 276
6.5　建筑工程项目质量改进 …………………………………… 285
6.6　质量控制的数理统计分析方法 …………………………… 288
6.7　BIM 技术在建筑工程施工项目质量管理中的应用 ……… 297

第 7 章　建筑工程施工项目安全生产管理 ……………………… 306
7.1　施工项目安全生产管理概述 ……………………………… 306
7.2　施工项目安全生产管理计划 ……………………………… 315
7.3　施工项目安全生产管理的实施与检查 …………………… 318
7.4　施工项目安全生产应急响应与事故处理 ………………… 323
7.5　施工项目安全生产管理评价 ……………………………… 327
7.6　BIM 技术在建筑工程施工项目安全管理中的应用 ……… 329

参考文献 …………………………………………………………… 339

第 1 章 绪　　论

1.1 建筑工程施工组织概述

1.1.1 基本建设

1. 基本建设含义

基本建设是指国民经济各部门为发展生产而进行的固定资产的扩大再生产,即国民经济各部门为增加固定资产而进行的建筑、购置和安装工作的总称,例如公路、铁路、桥梁、学校和各类工业及民用建筑等工程的新建、改建、扩建、恢复工程,以及机器设备、车辆船舶的购置安装及与之有关的工作,都称之为基本建设。

2. 基本建设项目

基本建设项目是编制和实施基本建设计划的基层单位,指在一个总体设计或初步设计的范围内,由一个或几个单项工程所组成、经济上实行统一核算、行政上实行统一管理的建设单位,一般以一个企业(或联合企业)、事业单位或独立工程作为一个建设项目。凡不属于一个总体设计、经济上分别核算、工艺流程上没有直接联系的几个独立工程应分别列为几个基本建设项目。基本建设项目是由若干个单项工程组成的。

3. 基本建设程序

基本建设程序指的是建设项目在提出、策划、决策、设计、施工、竣工验收到投产、交付、使用等过程中所遵循的一系列步骤和程序,包括项目前期研究、可行性研究、设计、招标采购、建设施工、竣工验收等环节。在整个程序中,政府部门、开发商、投资方、工程承包商,以及相关专业、社会各层面的人员都需要积极参与,各自承担相应的社会责任和义务。

1.1.2 建筑产品与建筑施工

1. 建筑产品

(1)建筑产品的概念。

广义的建筑产品是指为满足用户在建筑领域内的需求而设计、生产和销售的商品或服务。狭义的建筑产品是指建筑施工的最终成果。建筑产品的设计和生产需要考虑多方面的因素,如功能性、美观性、安全性、经济性等。

(2)建筑产品的分类。

从不同角度,建筑产品可以分为不同的类别。

按照建筑产品的功能,可以分为房屋建筑(包括厂房、仓库、住宅、办公楼、医院、学校、商业用房等)、构筑物(包括烟囱、窑炉、铁路、公路、桥梁、涵洞、机坪等)、机械设备和管道的安装工程(不包括机械设备本身的价值)。

按照建筑产品的完成程度,可分为已完工程(即竣工的房屋建筑和构筑物以及已完成的分部分项工程)和未完工程(即已投入人工、材料,但尚未完成的分部分项工程)

(3)建筑产品的特点。

①建筑产品位置固定。建筑物内部或外部的结构、装饰、设备和材料等一旦被安装和固定在建筑物的特定位置后,不可随意移动或改变位置。建筑产品在哪个位置建成,就在哪个地方使用,不能移动,不能拆卸。

②建筑产品体积庞大。建筑产品的体积远远大于一般工业产品,主要表现在其占用的三维空间尺度大,对土地和环境的占用显著。体积的庞大性不仅体现在其高耸入云的高度或横向延展的广度上,还在于其占用的深度,包括地下基础和配套设施,全面影响着周围的空间布局和生

态环境。在设计、施工及使用过程中,应充分考虑建筑产品对土地资源的有效利用、对环境的影响以及与周边社区的和谐共生。

③建筑产品形态多样。建筑产品的设计、规模、使用要求、结构类型等各不相同,建筑产品的形态多样主要体现在其设计和应用的广泛性上。建筑产品根据不同的需求和用途进行不同的设计。例如,住宅、商业建筑、公共设施等建筑类型有着不同的设计要求。建筑产品在材料选择上具有很大的可变性,不同的材料具有不同的特性和用途,如混凝土、钢材、木材等,可以根据不同的设计理念和施工要求进行灵活的选择和组合。建筑产品的生产技术随着科学技术的进步和不断创新也在不断演进。例如,现代的建筑工艺可以采用机器人、3D打印等技术来实现高效、精准地施工。建筑产品可以应用于不同的场景和环境,包括城市、乡村、山区等不同地域和用途。建筑产品形态多样,因而每一个建筑产品都是独一无二的,不能够批量生产。

④建筑产品涉及广泛。建筑产品不仅指建筑物本身,建筑材料、施工技术、设计理念、环保问题、隐蔽工程、强度计算、安全设计等多个方面,都是构成建筑产品的组成部分。我们需要整合各种不同的专业知识,包括建筑学、工程学、材料学、环境学等多个学科,才能设计、生产、建造出一个合格的建筑产品。同时,还需要考虑合适的材料、技术、设计理念等,不断地创新和升级,以更好地满足不同用户的需求,并适应市场和社会的变化。

2.建筑施工

(1)建筑施工的特点。

①具有流动性。主要表现在两个方面:一方面,施工企业随着建筑施工的地点不同而不断转移作业地点;另一方面,在一个工程的施工过程中,施工人员和各种机械设备等随着施工部位的不同而不断转移操作位置。

②耗费大量的资源。建筑施工的过程中需要大量的人员参与,包括施工人员、设计师、技术人员等,同时需要大量的材料和设备。

③施工周期长。建筑施工不仅需要大量时间进行前期准备,还需要考虑到各个工序的顺序、协调,以及气候等自然条件的影响。

④具有不可逆性。建筑施工中的材料和特定工艺等一旦完成,就无法逆转,所以需要充分研究和谨慎选择。

⑤产品的形式多样。建筑产品很难实现标准化,形式多样,这主要是由于建筑物的用途和所处的自然环境不同,工程结构、造型和材料、施工方法也多有不同。

⑥施工技术复杂。因建筑结构情况不同,建筑施工需要人员和机器设备协同、多工种配合作业、多单位(土石方、土建、吊装、安装、运输等)交叉施工。建筑施工中所涉及的材料和设备的种类及型号繁多,施工组织和施工技术管理的要求较高。

⑦施工现场的安全风险高。建筑产品生产周期长,大多数情况下在露天和高处的环境下进行,受自然条件及气候影响较大。因此,建筑施工现场需要注意施工安全问题,保障施工人员的安全。

⑧施工涉及复杂的协作配合。建筑施工可分为在建筑企业内部和在建筑企业外部。在内部,建筑施工涉及多个专业和工种,包括工程力学、建筑结构、建筑构造、地基基础、水暖电、机械设备、建筑材料和施工技术等,同时在不同时间、地点和项目上进行综合作业。在外部,建筑施工涉及多个不同类型的专业实施方,包括城市规划、土地征用、勘察设计、消防、"七通一平"、公用事业、环境保护、质量监督、科研试验、交通运输、财政、机具设备、物质材料、电力、供水、供热和供气等。

(2)建筑施工的组织形式。

每一个建筑产品的生产都是由许多施工过程组成的,每一个施工过程都是由一个或多个施工作业队进行施工的。兼顾资源均衡使用原则,在保证工期、质量及成本控制的情况下,如何合理组织施工作业队的先后顺序或平行搭接施工,是施工组织中的一个基本问题。施工组织形式一般可分为依次施工、平行施工和流水施工三种方式。

①依次施工。依次施工也称顺序施工,是指按照建筑工程项目的施工顺序,依次对各个工序进行施工。具体来说,就是在建筑工程实施过程中,从基础工程开始,按照设计图纸和施工方案,先完成一道工序,然后再开始下一道工序,直到整个建筑项目全部完成。这是一种最基本、最原始的施工方式。

在施工过程中,依次施工有利于确保各个工序之间的相互配合和协调,避免工序之间的干扰和冲突,从而提高工程施工质量。同时,依次施工也能够有效控制项目进度和施工质量,有利于项目的顺利完成。

依次施工是建筑工程施工过程中非常重要的一个概念,对于工程的质量和进度都有着至关重要的影响,施工单位需要根据实际情况合理安排施工顺序,确保工程顺利实施。

②平行施工。平行施工是指在同一个建筑项目中,各个施工段同时开工、同时施工。平行施工主要是通过提升施工效率和缩短工期的方式来降低工程造价和成本。平行施工相比于依次施工来说,需要更加严格的安全和协调措施,因为不同工序之间存在物流、交叉和干扰等可能。同时,平行施工也需要对施工过程的风险做出科学分析,采取有效措施来降低风险。

尽管平行施工可能存在风险和挑战,但在现代建筑工程中已经成为常规操作,是提高工程施工效率和缩短工期的一种主要方式。因此,在进行平行施工时,施工单位需要具有丰富的施工经验和科学的管理理念,以确保施工过程的安全和高效。

③流水施工。流水施工为工程项目组织实施的一种管理形式,是指将一个大型建筑项目分成若干个施工过程,各个施工过程像串联起来的生产线,在这个生产线上,不同的施工过程可以在同一施工场地内陆续开工、陆续完工,同一个施工过程的施工队伍能够连续均衡作业,不同的施工过程尽可能平行搭接施工,形成一套高效率的建筑施工模式。

流水施工方式的优点体现在能够科学合理地利用工作面,有利于缩短工期,实现专业化生产,可以保证工程质量和提高劳动生产率,工作队及其工人能够连续作业,相邻两个专业工作队之间,可实现合理搭接,可以将建筑项目的工程周期和成本大大降低,同时可以提高建筑项目的质量和效率。这种施工方式最适用于重复施工和相对简单的建筑工程,如工业厂房和商业建筑等。

在流水施工中,施工过程的各个环节需要相互配合和协调,同时需要有效的管理和监督。因此,施工单位需要制订合理的施工方案,以及科学的管理和监督机制,以确保施工过程的安全和高效。流水施工是一种高效的建筑施工方式,在现代建筑工程中已经得到广泛应用。它是通过科学规划和组织,实现建筑工程周期和成本的有效控制、工程质量的提高以及建筑工程施工效率的大幅提升。

1.1.3 施工组织设计

施工组织设计是指在建设项目实施过程中,为达到项目建设目标,对人、财、物等资源进行合理安排,制订科学合理的施工组织、施工工艺、施工方法、施工组织管理和控制措施的综合性技术文件。

1. 施工组织设计的作用

施工组织设计是确保施工工作顺利进行和顺利完成的重要手段。其作用主要有以下几点。

(1)做好施工准备工作的依据和保证。

作为施工准备工作的依据,施工组织设计明确了施工的目标、任务、方法及资源需求,指导了材料采购、设备调配与人员组织,确保了准备工作的全面性和针对性。作为施工准备工作的保证,科学合理的施工组织设计预见并规避了施工风险,明确了责任与时间表,增强了团队责任感与时间管理,保障了准备工作顺利完成。

(2)能够合理安排施工工序。

通过施工组织设计,可以根据工程的实际情况和要求,结合现有的施工技术和设备等因素,合理安排施工工序,从而确保各项工作有序开展。

(3)优化施工组织方案。

通过对施工流程的详细分析和组织方案的比较,可以找出优化组织方案的方法,从而提高施工效率,降低施工成本。

(4)实现工期和质量的有效控制。

通过合理安排施工进度和配合施工工序,可以缩短施工周期,避免施工过程中出现延误和浪费,提高施工质量和效率。

(5)保障施工安全。

施工组织设计通过对施工现场的环境、设备、人员等因素进行分析和评估,制订安全技术措施,减少事故发生,保障施工安全。

(6)为施工管理决策提供依据。

施工组织设计对现场施工进行详细的分析和规划,为施工管理提供可行性依据和指导方案,从而提供重要的决策支持。

因此，建筑施工组织设计是确保工程施工开展并顺利完成的重要技术经济文件，并对保障工程质量、安全和施工效率起到了重要的作用。

2. 施工组织设计的分类

根据不同的分类标准，施工组织设计可以进行以下分类。

（1）按项目类型的不同分类。

根据不同的项目类型，施工组织设计可以分为住宅、商业、工业、桥梁、隧道、水利、公路等不同类型。

（2）按设计阶段的不同分类。

若设计按两个阶段进行，施工组织设计可分为施工组织总设计（又称为扩大初步施工组织设计）和单位工程施工组织设计两种。若设计按三个阶段进行，施工组织设计可分为施工组织设计大纲（又称为初步施工组织条件设计）、施工组织总设计和单位工程施工组织设计三种。

（3）按编制对象范围的不同分类。

施工组织设计按编制对象范围的不同可分为施工组织总设计、单位工程施工组织设计、部分项工程施工组织设计三种。

施工组织总设计的编制对象是一个建筑群或一个建设项目。施工组织总设计在总承包企业的总工程师的领导下进行编制，是指导整个建筑群或建设项目施工全过程的各项施工活动的技术、经济和组织的综合性文件。

单位工程施工组织设计的编制对象是一个单位工程（即一个建筑物或构筑物）。单位工程施工组织设计一般在施工图设计完成后、拟建工程开工之前，在工程处的技术负责人领导下进行编制，是指导单位工程施工全过程的各项施工活动的技术、经济和组织的综合性文件。

分部分项工程施工组织设计的编制对象是分部分项工程。分部分项工程施工组织设计一般与单位工程施工组织设计同时进行编制，并由单位工程的技术人员负责，是指导分部分项工程施工全过程的各项施工活动的技术、经济和组织的综合性文件。

施工组织总设计是对整个建设项目的全局性战略部署，是对整个工程的施工组织进行综合和全面的设计，包括其在时间、空间上的安排，人员的组织分工，施工方法的选择，资源的利用等方面，内容和范围比较广泛。单位工程施工组织设计是在施工组织总设计的控制下，以施工组织总设计和企业施工计划为依据而编制的,是对建筑施工过程中的单位工程进行组织设计,也就是针对某个具体的单位工程进行的施工组织设计。单位工程施工组织设计是施工组织总设计的实施阶段,是将总设计的技术方案转化为具体的指导性文件,明确具体的施工过程和工序、资源配置和施工方法。分部分项工程施工组织设计是以施工组织总设计、单位工程施工组织设计和企业施工计划为依据而编制的,针对具体的分部分项工程,把单位工程施工组织设计进一步具体化,是专业工程具体的组织施工的设计。针对分部分项工程的施工组织设计,也就是针对某个具体的建筑分部分项工程(如一个建筑工程的基础工程、混凝土工程等)进行的施工组织设计,主要涉及施工过程、施工方案、人员分工、设备资源配备等问题。

综上所述,施工组织总设计是针对整个工程的施工组织进行综合和全面的设计,单位工程施工组织设计是针对某个具体的单位工程进行的施工组织设计,分部分项工程施工组织设计则是对施工过程中的某个分部分项工程进行详细的组织设计,它们在建筑施工中是逐层细化的关系。

1.1.4 施工准备

施工准备是指工程项目开工前针对建筑工程施工过程中所需的各类资源、设备、材料、人员等方面做全面准备工作的过程,以确保施工顺利进行。施工准备的内容主要包括以下几个方面。

1. 原始资料准备

原始资料是施工组织设计的重要依据,主要包括建设厂址勘察资料、技术经济资料等,在施工开始前应充分了解相关情况,形成完整的资料文档。

(1)建设厂址勘察资料主要包括地形地貌的勘察资料、工程地质勘察资料、水文地质勘察资料、气象资料,及周围环境和障碍物的调查资料等。

(2)技术经济资料主要包括建设地区的能源情况资料、交通情况资料、工程所在地的主要材料(如钢材、木材和水泥),及设备的情况资料、社会劳动力和生活设施资料、参加施工的各单位的能力资料。比如,施工现场用水与施工所在地的水源是否能够连接,供水距离,水压水质等。

2. 技术资料准备

技术资料包括工程概况资料、施工图纸和设计文件、施工组织设计和相关方案、技术交底和培训资料、质量管理和验收资料、安全管理和环境保护资料,以及其他技术资料。技术资料准备主要包括图纸熟悉、图纸会审、施工预算和施工组织设计的编制等工作。

3. 施工现场准备

施工现场指进行工业和民用项目的房屋建筑、土木工程、设备安装管线敷设等施工活动时,经批准占用的施工场地及施工人员可进行安全生产、文明工作、建设的场所,包括陆地,海上以及空中的一切能够进行施工工作的地域。施工现场准备包括搭建临时设施,做好"七通一平",做好建筑工地的规划布置、安全设施建设和环境保护等工作。

4. 人员准备

人员指在建筑施工现场进行各项施工活动的工作人员,包括项目管理人员、技术人员、施工人员、安全管理人员、质量检查人员、材料管理人员、机械设备操作人员、后勤服务人员等。人员准备包括确定施工队伍,组织、技术骨干、管理人员等的招聘、培训及授权工作。

5. 设备准备

设备指在建筑施工现场进行各项施工活动所需要的各类机械设备和器具。设备准备包括确定所需量具、机具和测量仪器等,并保证其技术性能和保养维护。

6. 材料准备

材料指在建筑施工现场进行各项施工活动所需要的各种原材料、半成品、构配件和周转材料等。材料准备包括确定所需的建筑用品和辅材等,并保证材料的质量和按时供应。

7.季节性施工准备

季节性施工准备是确保工程在不利气候条件下仍能顺利进行的重要环节,特别是针对冬季和雨季等极端天气条件。

冬季施工对于混凝土浇筑、砌体施工等易受低温影响的作业,须采取保温措施,如使用保温材料覆盖新浇筑的混凝土、设置暖棚或采用加热设备提高施工环境温度,以确保混凝土在临界温度以上缓慢硬化,防止冻害。对拌合用水、砂石等原材料进行预热处理,以提高拌合物温度,保证施工质量。同时,应注意防火安全,避免加热过程中引发火灾。

雨季施工应根据天气预报和实际的降雨情况灵活地调整施工计划,合理安排室内外作业顺序和时间。对于无法避免的室外作业,需采取必要的防雨措施,如搭设雨棚、铺设防水布等。加强施工现场的安全监测工作,特别是边坡稳定、基坑支护等关键部位的安全监测,及时发现并处理潜在的安全隐患。

8.施工计划准备

制订施工计划,明确各项工作的任务、时限和要求等,确保工程能按计划进行。

施工计划准备是保证施工顺利进行的基础性工作,具有重要的意义和作用,能够保证建筑工程在时间、质量、安全等方面得到有效的控制和保障。

1.2 建筑工程施工管理的现状与发展

1.2.1 国内建筑工程施工项目管理的现状

1.施工企业管理水平参差不齐

中国建筑施工企业数量众多,管理水平参差不齐,有些企业在施工管理方面持续改进,积累了丰富的经验,而有些企业则提升缓慢,长期处于较低的管理水平。

2. 建筑工地安全意识有待提高

虽然国家有关法律法规对建筑施工安全有严格的要求,但在工地的实际操作中,仍有一些不规范操作出现,危害工人的生命和财产安全。

3. 施工现场环保措施不到位

近年来,建筑工地所涉及的环保问题越来越受重视,但仍有一些施工场地内的环保措施多数还停留在单纯的表面处理,建筑工地对于环保工作的投入仍有待提高。

4. 施工材料质量存在差异

一些施工企业为了减少成本,通过一些非正规渠道购买低质量建筑材料和设备,造成了许多安全隐患。

5. 施工人员工作条件还需进一步改善

建筑工程是重体力、重技能的产业,在施工现场,工人可能需要面对长时间的持续工作、粗糙的卫生条件等问题,这会给身心健康带来不同程度的危害。

由此可见,建筑工程施工管理形势依然比较复杂,需要施工企业、政府、社会各方加强监管,从而提高施工质量,完善施工管理体系。

1.2.2 国内建筑工程施工项目管理的发展

建筑工程施工管理直接影响国民经济的发展和社会的进步。当前,我国建筑工程施工管理在某些方面虽仍存在一些问题,但在政策、法规、技术支持等多个方面共同作用下,建筑工程施工管理的发展前景良好。

首先是政策法规上的支持。近年来,国家相继颁布了一系列法规和政策文件,规范了工地现场管理和劳动力管理,明确了人员、材料和机械设备的组织要求,推进了住宅和公共建筑绿色施工的实践。此外,我国也在积极推广BIM技术、VR/AR技术等快速发展的信息技术,为建筑施工管理领域的发展提供了新的思路和方向。

其次是施工管理技术的迅速发展。近年来,新兴技术不断涌现,如大数据、云计算、区块链等,已经在建筑施工管理领域得到应用,有效提高了施工的质量和效率,推进了施工流程的数字化、智能化和模块化。

再次是建筑材料的升级换代。新型建筑材料的出现,不仅能够更好地实现施工期间的降低能耗和减少材料消耗的目标,也能够满足建筑施工后期的环保和节能要求。例如,建筑用砂浆、涂料、密封材料等产品中出现了环保型产品,并不断升级,材料的环保性能逐渐受到重视,同时促进了建筑工程环保水平的进一步提高。

最后,建筑工程施工管理的发展还需要全社会的共同努力。全社会应加强对建筑工程施工管理的监督支持,各个层面应该更加重视整个建筑施工过程,注重调动和充分发挥各方面的力量,以便有效推进建筑工程施工管理的健康、有序发展。同时,必须加强标准管理和技术保障,确保施工管理的合理性和科学性。

1.2.3 建筑施工项目管理发展趋势

伴随着社会的快速发展,科技的进步,建筑工程施工管理未来的发展趋势主要表现在以下几个方面。

1. 数字化和智能化

数字化和智能化已经成为施工管理的主流发展趋势。BIM技术、智能建筑管控系统、VR/AR技术等都有望广泛应用在建筑施工管理的各个环节,从而保证施工质量、提高安全性和效率、降低建构造成本、改善施工人员的工作体验。在未来,数字化、智能化建筑施工管理将更加普及,这将推动施工管理体系实现质的突破。

2. 环保可持续发展

在全球气候变化、环境保护、节能降耗、碳减排等诸多问题被关注的形势下,可持续建筑和绿色施工的需求将越来越受到重视。施工现场治理和材料使用都需要满足环保的标准,建筑物的节能效果也会更加受到关注。因此,建筑工程的施工管理需要从根源上保证施工过程的环保可持续发展。

3. 人员素质提升

未来建筑工程施工将更注重人员素质的提升,不仅要求技术上的更新换代,还要求工程施工管理人员具有更丰富的实际工作经验和熟悉施工技术运用的能力,从而增强工程管理人员对施工生产的支持和指导能力。

4. 法律法规更加规范

截至目前,我国已制定出了多项有关建筑施工管理的法律法规,规范了建筑施工中的各个方面,但还需要不断完善。未来,政府将继续加强对行业的监管,对建筑施工加强法治管理,从而避免安全事故的发生。

在未来,建筑工程施工管理将趋于智能化、绿色化、可持续化、规范化、标准化;同时,人员素质和法律建设都在不断提升与改进,这些变化将会提高施工人员的工作效率和施工管理的整体水平,为建筑行业的生态发展带来更大的助力,更好地维护民生福祉。

1.3　BIM 技术及其发展现状

1.3.1 BIM 技术

BIM 是 building information modeling 的缩写,即建筑信息模型。它是一种虚拟设计和施工计划技术,它将建筑、结构和机电设备等各方面的信息整合为一体,形成一套三维的模型,在建筑设计、施工和运营管理的全过程中为相关专业人员提供可视化的工具。

BIM 技术的最大特点是其数据的交互性。其能实现对建筑物及其相关设备等信息的集成管理、协同设计和整合,同时也能够方便地更新和修复数据。BIM 技术通过虚拟的建筑信息模型,将设计图、施工图、材料清单、设备参数、系统参数等信息进行集成,使得设计人员、施工人员和管理人员能够共享信息,从而达到全面协作的效果。

同时，BIM技术可实现建筑物参数化、标准化、一次性设计和再利用等，使设计师能够快速地进行设计，并能有效地缩短工程的建设周期、降低建筑物建设和运营的成本、提高工作效率、提升建筑质量，最终实现更高效的建筑工程管理。

BIM技术是一种智慧化、数字化的设计和施工工具，可以提高生产效率和降低建造成本，同时也可以提高建筑质量和建筑使用效益，是现代建筑工程管理的重要工具之一。

1.3.2 BIM的定义

目前，国内外对BIM的定义不尽相同。

在我国，在住房和城乡建设部近年来发布的多个相关文件中，对BIM技术进行了明确的定义，其中较为权威的有将建筑信息模型（BIM）描述为：建筑信息模型是基于数字化的建筑物"智能模型"，是集成信息与协作决策的建筑信息管理工具。它采用一系列现代化的技术方法，通过对建筑物模型的建立、管理、分享、交互和协作，实现了建筑全生命周期从设计、施工到使用及评估的全过程信息化管理。它可以快速对现状及历史数据进行收集和整理，并可与其他工程软件协同，以更加直观、便捷和可靠地进行数据的操作和处理。该规定还对BIM的应用做出了一些明确的指导，包括对BIM文件格式的要求、BIM应用层次、BIM信息交换等多个方面，以保证BIM技术的高效运用和施工管理的实施质量。除此之外，住房和城乡建设部还在其他文件中对建筑信息模型做出了更加详细的解释和说明，如《建筑信息模型（BIM）技术应用指南》，这些文件为BIM技术的应用提供了相关的法律、政策、标准和技术指导，并为BIM在建筑施工中的推广和应用提供了一定的保障和支持。

英国在BIM方面的技术发展比较成熟，其BIM实施标准中也对BIM进行了具体的定义。英国BIM实施标准的定义为：BIM是一种数字化的方式，通过在建筑项目的全周期使用信息模型，实现建筑设计、建筑施工、建筑运营和建筑的可持续性管理的协调、协作和管理。其目标是通过使用共享、数字化的建筑信息模型，提高建筑团队之间的协作和沟通，并显著地提高建筑设计和施工的效率。这个定义中强调了

BIM 的数字化特点，即通过数字建模技术来协调、管理和协作整个建筑项目的全周期，从而实现高效的建筑设计、施工和维护管理。同时，这个定义也强调了 BIM 作为一个协作工具的作用，不仅仅是一个建筑的"智能模型"，更是用来促进建筑团队之间协作和沟通的工具，从而能够提高建筑工程管理的效率和成本的控制。

美国国家 BIM 标准将 BIM 称为数字建筑，并进行了明确的定义：数字建筑是一种协调、可持续的设计方法，基于使用建筑信息模型（BIM）进行协调、管理和共享建筑项目的所有信息。BIM 支持整个建筑项目的设计、建造、管理及运营，以及用于传递可靠且交互式的数字信息，以优化整个项目的绩效、成本和时间效益，并促进项目在可持续性方面的优化，支持绿色建筑设计理念的实践，以及确保设计目标的高效达成。

可以看出，美国国家 BIM 标准中的 BIM 定义和英国 BIM 实施标准中的类似，都强调了 BIM 作为一个数字化建模工具的协作优势。BIM 能够提高建筑项目的协调性，从而支持设计、建造和管理整个建筑项目的全过程，实现项目绩效、成本和时间效益的最优化，并支持可持续性和设计目标。同时，美国国家 BIM 标准还明确提出了 BIM 应该具备的能力和构成要素，如 BIM 应具有可协作性、可视化性和可持续性，其中可协作性是 BIM 的核心特点之一。

虽然各个国家对 BIM 的定义不完全相同，但对 BIM 的核心理念的理解是基本一致的，即建筑信息模型（BIM）是数字化建筑智能模型，它将建筑物的结构、工程、机电设备等各方面的信息整合为一体，形成一套三维的模型。BIM 完整地呈现了建筑物的设计、施工过程以及运营管理全过程的信息。BIM 工具可使设计人员、施工人员和运营管理人员共同参与建筑项目，通过可视化的协作工作极大地提高建筑团队之间的沟通和协同处理建筑项目的效率与准确性。BIM 工具中的建筑信息也是参数化的，使得设计者能够通过设定建筑物的各个参数（如尺寸、材料和设备等）来快速进行建筑物的设计，从而缩短了设计时间，并降低了设计错误的概率。BIM 工具能够通过数据交换的方式，将建筑机电设备的信息、材料的信息、项目进度和设计变更情况等信息实现共享，为建筑项目提供更加精确的沟通解决方案。

1.3.3 BIM 的发展现状

目前,全球的 BIM 应用范围正在逐步扩大,研究也在进一步深入,世界各国纷纷将 BIM 视为推进数字化建筑全面升级的重要方式。

1.BIM 的国际化发展

BIM 技术的全球市场增长迅速,各种 BIM 平台层出不穷,BIM 市场投资以美国、欧洲、澳洲等发达国家和地区居多。各国尝试推行 BIM 推广政策,对 BIM 在建筑行业的应用进行鼓励和规范。

(1)主要 BIM 技术供应商。

目前,全球主要的 BIM 技术供应商包括欧特克(AUTODESK)、特林布尔(Trimble)、宾利(Bentley)等。这些公司在 BIM 技术应用方面已经积累了丰富的经验和技术,他们提供多种 BIM 平台和工具,支持建筑行业中的各种应用。他们的产品具有不同的功能特点,在设计、施工、管理、分析等方面各有所长。

(2)BIM 国际标准。

在 BIM 应用的推广过程中,各国对于 BIM 的标准化和规范化也进行了一系列的工作。由于 BIM 的应用涵盖的范围广泛,因此 BIM 标准体系的建立是建筑行业推广 BIM 技术的重要基础。目前,全球范围内已经有多种国际标准和指南,主要有以下几种。

ISO 19650:这是一组关于 BIM 信息管理的标准,被视为 BIM 国际标准的中流砥柱。包括 ISO 19650-1 和 ISO 19650-2 两个部分,前者强调的是信息管理,后者强调的是资产管理。

national BIM standard-United States(美国国家 BIM 标准):这是由美国建筑行业所发布的一套 BIM 应用标准。它覆盖了与 BIM 应用相关的各个方面,包括数据交换、建模风格等,是全球应用得最为广泛的 BIM 标准之一。

PAS 1192:这是英国的关于数字化建筑的标准,PAS 代表 publicly available specification,该标准主要强调 BIM 各阶段的数据应该如何收集、分类、管理、传递等。

BS 8541:这个标准主要包括两个部分,BS 8541-1.概念架构和

BS 8541-2. 分类系统,是英国建筑行业推广 BIM 应用的基础文件。

CAN/CSA-A660(加拿大 BIM 标准):这是由加拿大标准协会(CSA)制定的 BIM 标准,旨在为建筑信息模型(BIM)的使用提供指导。该标准涵盖了从设计到施工再到运营的全生命周期管理,包括数据交换、数据管理、项目交付等方面。

Singapore BIM guide(新加坡 BIM 指导):这是新加坡 BIM 应用标准的指导文件,为 BIM 在新加坡的应用提供了很好的规范化方案。

Industry Foundation Classes,IFC(工业基础分类):这是由国际协同工作联盟(IAL)所制定的标准。它为建筑行业相关产品提供了标准的数据交换接口,以便建筑数据可以在不同的应用程序之间交换。

(3)BIM 国际市场增长。

随着数字化建筑市场的不断增长,BIM 市场也呈现出强大的势头。目前,全球 BIM 市场已经进入快速发展的阶段。据统计,2020 年全球 BIM 软件市场规模约为 15.2 亿美元,预计到 2027 年将达到 44.3 亿美元。目前,BIM 市场投资以美国、欧洲、澳洲等发达国家和地区居多,中国也已成为 BIM 市场发展最为迅速的国家之一。

随着数字化建筑市场的快速增长,数字化建筑的标准和规范的不断完善,BIM 的国际化趋势不可避免。BIM 应用逐渐深入建筑领域,成为数字化建筑建设不可替代的一部分。我们有理由相信,在技术的不断革新和标准的不断完善下,BIM 技术的国际化走向和商业化发展前景一定会更好。

2. BIM 在建筑行业的应用

随着 BIM 应用技术的日益成熟和使用便利性的不断提高,各种建筑项目也逐渐采用 BIM 技术进行设计、施工和管理。BIM 技术通过数字化技术对建筑信息进行综合管理,将设计和建造中的所有信息资源互串、互联、互通,可以提高建筑项目的协作、沟通、效率和质量。BIM 技术具有三维智能化建模的特点,能够快速、精准、全面地模拟、分析设计方案。

(1)BIM 在建筑设计中的应用。

BIM 技术可以对建筑设计进行数字化仿真,减少、甚至避免设计上的一些漏洞和问题。在设计阶段,设计师可以使用BIM技术进行数字化模型的构建,以及对设计方案进行可视化和分析,来评估可行性和优化各部分的设计。

(2)BIM在施工中的应用。

BIM技术不仅可以在设计阶段使用,还能在施工阶段使用。在施工过程中,工程师和施工人员可以使用BIM技术进行数字化模拟,来预测建筑中可能出现的问题。例如,可以结合BIM技术与地理信息系统(GIS),通过数字模型来模拟、预测建筑物的风险区域,从而有效减少施工中的安全事故。

(3)BIM在建筑运营与维护中的应用。

BIM技术也能够在建筑项目的运营与维护中得到广泛应用。建筑管理人员可以利用BIM技术维护计划的架构,为运营、管理、维护等岗位的人员提供精确的数据和工具,管理建筑物的各种活动。

3. BIM技术对于整个建筑行业的影响

BIM技术的发展为建筑行业带来的益处非常多,从设计、施工到运维管理,BIM都能够提高建筑项目的质量,节约时间和成本。与传统建筑工程相比,采用BIM技术进行施工、管理工作可以有效避免因信息传递不畅、数据缺失、人工错误等导致的问题,从而提高建筑工程的效率。具体来讲,BIM技术对整个建筑行业主要有以下几方面的影响。

(1)BIM技术提高了生产效率和质量。

BIM技术可以让建筑模型建立于三维空间中,与二维不同的是,可以在模型中对建筑的各个细节进行全面和细致的设计和模拟,从而避免传统手绘设计的不足。BIM技术不仅可以更快、更准确地进行设计,而且可以实现各个环节之间的全面协同,提高建筑项目的整体效率和质量。

(2)BIM技术提高了信息流通效率。

BIM技术能够在建筑项目的各个环节追踪和记录数据,从而提高了信息的流通效率。同时,通过BIM技术,建筑设计团队和建筑施工团队可以在同一平台上工作,轻松分享和管理文件和数据,实现协同管理。

(3)BIM技术降低了成本和风险。

BIM可以规避风险,减少材料浪费、降低劳动成本。BIM技术还能够帮助建筑公司在施工前充分考虑更多的细节和情况,从而减少甚至避免在施工中因隐患导致的额外成本支出。

（4）BIM技术驱动建筑行业数字化升级。

BIM技术以其数字化模型为核心,将生产、管理和效率提高到了一个新高度,在全球范围内得到广泛应用。同时,BIM技术可以和其他数字化和智能化工具结合使用,如人工智能、AR/VR等,促进了建筑行业向着数字化、智能化的升级。

BIM技术的应用和推广,对于提高建筑行业的信息化和现代化程度具有重要的作用。随着自身的不断完善和进步,相信在不久的将来,BIM技术自身将会在全球范围内得到大力推广,为建筑行业和建筑技术的进步做出更加重要的贡献。

1.4 BIM技术在建筑工程施工组织与管理中的应用

1.4.1 BIM技术在施工组织中的应用

在中国经济从传统的高速增长阶段向高效率、低成本、可持续的中高速增长阶段转变的过程中,信息技术是实现建筑产业的转型升级和跨越式发展的重要手段。随着建筑施工行业信息化建设的逐步深入,BIM技术、大数据技术、物联网技术和云计算技术等信息技术得到了越来越广泛的应用,施工现场管理的信息化、智能化程度也越来越高,极大地提高了工程质量、进度和安全等管理效率,同时也节省了工程管理成本。

目前,BIM技术已经广泛地应用于施工组织中。在施工方案制订环节,利用BIM技术可以进行施工模拟,分析施工组织和方案的合理性和可行性,排除潜在问题。在施工过程中,利用BIM 5D技术可以集成成本、进度等信息与模型,帮助管理人员实现施工全过程的动态物料管理、动态造价管理、计划与实施的动态对比等,进而实现施工过程的成本、进度和质量的数字化管控。

BIM技术在施工策划中的应用促进了智慧施工的发展。智慧施工策划利用信息系统自动采集项目相关数据信息,结合施工环境、节点工期、施工组织、施工工艺等因素,对项目的场地布置、施工机械选型、施工进度、资源计划、施工方案等环节进行智能决策或提供辅助决策的数据支持。

1. BIM 技术应用于施工现场布置策划

施工现场布置策划是指在拟建工程的平面上,根据施工需要,合理地规划和布置各种临时建筑、设施、材料和机械等。它反映了现有建筑与拟建工程之间的空间关系,同时也表达了施工过程中各要素之间的协调与统筹。施工现场布置方案的合理与否直接影响到施工组织、文明施工、施工进度、工程成本、质量和安全等方面。因此,施工现场布置策划是施工管理中最为重要和关键的内容之一,对项目的成本和进展起到了至关重要的作用。通过合理且具备前瞻性的总体管理策划,可以有效地降低项目成本,确保项目的顺利进行。

传统模式下的施工场地布置策划主要由经验丰富的编制人员根据实际情况进行指导,主要存在两方面的问题:首先,不能在施工前评估布置方案的优劣及存在的问题;其次,施工现场对材料、设备和机具的需求也会随着施工进展而不断变化,是一个动态的过程。传统的静态平面布置方案不能满足现代施工现场管理的需要,在方案的不断调整中增加了拆卸、搬运等程序的工作量,导致施工成本增加,项目效益降低。另外,现场布置不合理还存在着较大的安全隐患。随着工程项目的复杂化和规模的增大,传统的二维静态布置方法已经无法满足实际需求。

利用 BIM 技术可以对传统施工场地布置策划中的潜在空间冲突进行量化分析,还可以结合动态模拟来减少安全隐患,从而方便后续的施工管理、降低成本和提高项目效益。基于 BIM 的场地布置策划利用三维信息模型技术展示建筑施工现场的情况,使用 BIM 动画技术模拟建筑施工过程,同时还考虑了实际的施工场景布置或远景规划。通过三维仿真技术,可以直观地展现现场的施工情况、周边环境和各种施工机械,并通过虚拟模拟,评估布置方案的合理性、安全性和经济性,从而实现施工现场场地布置的合理性和合规性。

2. BIM 技术应用于进度计划编制

施工进度计划从施工单位获得建设单位提供的设计图纸开始,直至工程竣工验收,是项目建设和指导工程施工的关键技术和经济文件。进度控制是施工阶段的核心内容,直接影响工期目标的达成和投资效益的实现。传统的施工进度计划编制流程和方法存在编制过程复杂且工作量大、编制和审核工作效率低下、进度信息无法及时更新等问题。随着我国建设项目的复杂化,传统施工策划方式已不适应项目管理需求,传统进度计划编制无法处理大量信息和复杂数据。在智慧策划中,利用 BIM 技术对计划进行模拟,结合 BIM 模型的工程量信息和积累的业务数据,科学地预测施工期间的资源投入,评估项目的合理性,为支撑过程提供帮助。有效编制实施的进度计划是项目成功的基础,通过基于 BIM 技术的模拟策划,可以确保计划的最优和最合理。

3. BIM 技术应用于资源计划

制订资源计划,即确定项目所需的劳动力、材料、机械、场地等资源的种类、数量与时间,以满足项目从立项到实施的需要。传统的资源计划制订过程依赖于平面图、施工进度计划和技术文件要求,主要的不足有:各类资源名称和项目种类繁多,容易出现漏项;策划阶段时间紧迫,难以高效、精确地计算工程量,导致计划偏差大、影响施工进度;资源计划时间节点与进度计划不匹配,不能有效指导后期施工,影响资金价值的最大化和施工安排的合理性;劳动力计划不合理可能导致人员闲置、窝工、少工、断工等问题,影响工程的进度和效率。

BIM 技术可以解决上述问题。BIM 模型包含了建筑物的所有信息,通过对模型的操作可以直观了解建筑物的形态和施工过程。BIM 模型可以提供完整的实体工程量信息,从而计算出劳动力需求量和其他资源信息。通过 BIM 模拟技术,评估资源投入的合理性,可以在策划阶段制订合理完善的资源项目、资源工程量和进场时间等信息,为后期施工减少浪费、保证进度提供前期保障。

4. BIM 技术应用于施工方案及工艺模拟

施工策划的重要任务之一是确定项目的主要施工方案和特殊部位作业流程。传统的方案编制和技术交底方式已经无法应对日益庞大且复杂的建筑工程项目,给工程的安全、质量和成本带来了极大的压力。

在智慧施工策划模式下,借助基于 BIM 技术的施工方案和工艺模拟,可以检查和比较不同的施工方案,优化施工过程,并提高与作业人员的技术交底效果。模拟的内容涉及施工工序、施工方法、设备调度和资源配置等方面。通过模拟,可以发现存在的问题,如不合理的施工程序、设备调度冲突、资源浪费、安全隐患和作业空间不足等,并及时更新施工方案以解决这些问题。施工过程的模拟和优化是一个反复进行的过程,直到找到最优施工方案,实现"零碰撞、零冲突、零返工",从而降低返工成本、减少资源浪费和保证施工安全。同时,施工模拟还为项目的各参与方提供了沟通和协作平台,有助于及时解决问题,显著提高工作效率、节约时间。

1.4.2 BIM 技术在施工项目管理中的应用

1. BIM 技术在施工项目管理中应用的必然性

建筑行业的快速发展引起了社会对建筑产品质量的关注,相关利益方对于产品的要求也变得越来越精细和理性,这使得参与建设的管理方、设计方和施工企业等单位面临更加严峻的竞争形势。在这种背景下,在施工项目管理中使用国内的 BIM 技术势在必行。

首先,BIM 技术的信息整合能够重新定义信息沟通流程,大大改善沟通和实施环节信息流失的问题,可以减少损失。

其次,社会对可持续发展的需求提高了对建筑生命周期管理的要求和对建筑节能设计、施工和运维的系统性要求。

最后,国家对资源规划和城市管理信息化的需求也推动了 BIM 技术在建筑行业的发展。

2. BIM 技术在施工项目管理中应用的优势

BIM 管理模式是一种数字化的管理模式,用于创建、管理和共享信息。它在施工项目管理中的应用具有多种优势,包括以下几点。

(1) 数据准确、透明和共享。

基于 BIM 的项目管理使工程基础数据(如量和价等)准确,并能够实现数据的透明和共享。这使得对资金风险和盈利目标进行全过程、短周期的控制成为可能。

首先，通过BIM技术，工程数据可以数字化的方式被捕捉和记录。BIM模型包含了项目的几何信息、构件属性、工程量和成本等数据，这些数据可以被准确地测量、计算和记录，减少了因为传统手工方式而引入的错误和不准确性。其次，基于BIM的项目管理使得数据可以实现透明和共享。所有相关方，包括业主、建筑师、设计师、承包商和供应商等，都可以在同一个平台上访问和共享BIM模型中的数据。这消除了信息孤岛，促进了合作和沟通，使得所有人都能够获取最新、准确的数据，从而实现更好的项目管理。最后，数据的准确性和透明性有助于全过程的资金风险和盈利目标的控制。通过BIM模型中的准确数据，可以进行更精确的成本估算和预测，识别出潜在的风险并采取相应措施。此外，透明和共享的数据有助于追踪项目的开支和资金流动，及时了解项目的财务状况，有助于控制成本和实现盈利目标。

（2）统一管理和数据对比。

利用BIM技术，可以对投标书、进度审核预算书和结算书进行统一管理，并形成数据对比。

首先，通过BIM模型，所有相关的文档和文件可以被集中存储和管理。从投标书到进度审核，再到预算书和结算书，所有相关的文件都可以在BIM平台上进行统一管理。这消除了传统方式下纸质文档和电子文档散落在不同地方的问题，降低了信息管理的复杂性。其次，通过BIM技术，可以进行数据对比和分析。对于不同版本的投标书、预算书和结算书，可以通过BIM模型进行数据对比，识别出差异和变化，有助于及时发现、分析和处理数据的不一致性，避免潜在的错误和纠纷，保证数据的准确性和一致性。同时，通过对比不同版本的文件，还可以评估变更产生的影响和成本，帮助管理者做出明智的决策。

综上，利用BIM技术进行统一管理和数据对比，可以提高施工项目管理的效率和准确性。准确、一致的数据有助于更好地掌握项目的各个方面，支持决策，避免潜在的错误和纠纷，提高项目的质量和成功率。

（3）工程附件管理和全过程造价管理。

BIM技术可以提供施工合同、支付凭证、施工变更等工程附件的管理，并用于成本测算、招投标、签证管理和支付等全过程造价的管理。

首先，通过BIM技术，可以将施工合同、支付凭证、施工变更等工程附件与 BIM 模型相关联并进行管理。这意味着这些附件可以直接在 BIM 平台上被访问和查阅，而不需要在烦琐的文件和文件夹中进行搜索和管理。这简化了工程附件的管理流程，并提高了查找和使用附件的效率。其次，利用 BIM 技术进行全过程造价管理，可以更好地控制项目的成本。通过与 BIM 模型相关联，各个阶段的成本数据可以得到准确的记录和追踪，从而使成本控制更加准确和透明，有助于降低项目成本和提高项目的盈利能力。同时，借助 BIM 技术，还可以对工程附件进行签证管理。在项目变更和签证的过程中，BIM 模型可以记录和跟踪变更的内容，以及变更所带来的成本和进度影响。这使得签证管理更加便捷和精确，减少了人工跟踪和计算的工作量，提高了管理效率和准确性。

综上，基于 BIM 的项目管理通过工程附件管理和全过程造价管理，实现了与 BIM 模型相关的附件集中管理，并贯穿了成本管理的各个阶段。这种方式简化了工程附件和签证的管理流程，提高了数据的准确性和一致性，有助于更好地控制项目成本，有效地提升项目的成本管理效率和质量。

（4）数据动态调整和资金状况追溯。

BIM 数据模型可以保证各项目的数据动态调整，并方便统计和追溯各项目的现金流和资金状况。

在施工项目管理中，资金状况的追溯和控制是非常重要的。应用 BIM 技术，可以利用 BIM 数据模型对各个项目的数据进行动态调整。这意味着项目管理人员可以随时更新和调整项目的成本、预算和实际支出等信息，保持数据的准确性。同时，BIM 技术也方便了对项目资金状况的追溯。项目管理人员可以通过 BIM 数据模型对项目的现金流进行统计和分析，了解资金的流向和使用情况。这有助于项目管理人员更好地掌握项目的资金情况，及时采取措施进行资金的调配和管理。借助 BIM 技术对资金状况进行追溯和动态调整，项目管理人员可以更好地控制项目的成本，并及时对资金风险进行评估和控制。这有助于确保项目在预算范围内进行，并对盈利目标进行全过程、短周期的控制。

总而言之，BIM 技术在项目管理中可以实现数据动态调整和资金状况追溯的优势，使得项目管理人员能够更准确地把握项目的资金情况,并及时采取相应的管理措施,以确保项目的顺利进行和盈利目标的实现。

(5)形象进度筛选汇总和资源调配决策。

根据各项目的形象进度进行筛选汇总,可以帮助领导层更充分地调配资源和更理性地进行决策,为项目管理创造条件。

在项目管理中,形象进度是指通过BIM技术将项目的施工进度以可视化的方式展示出来,帮助团队成员和相关利益方更好地理解项目的进展情况。通过BIM技术,可以将不同项目的形象进度进行汇总,形成综合的项目进度报告。这样的形象进度汇总报告可以为领导层提供全面的项目进展概况,并帮助他们更准确地评估项目的状态和进展速度。通过汇总报告,领导层可以了解到各项目的进度差异和关键路径,以及可能存在的风险和延迟问题。根据各项目的形象进度汇总报告,领导层可以更充分地调配资源。他们可以根据项目进度的情况,合理分配人力、物资和设备等资源,以确保项目能够按时完成,并在需要的时候适时调整资源的使用,有助于提高项目的效率和质量,并避免资源的浪费和重复使用。此外,形象进度汇总报告也为领导层进行决策和制订战略提供了依据。他们可以根据各项目的形象进度和优先级,确定项目之间的依赖关系和资源分配策略,以支持全局的项目管理和决策制订。

(6)4D虚拟建造技术和问题预防。

基于BIM的4D虚拟建造技术能够提前发现施工阶段可能出现的问题,并进行修改和制订相应的应对措施。

在施工项目中,问题的预防和及时解决对于项目能否顺利进行至关重要。通过基于BIM的4D虚拟建造技术,可以在施工阶段提前发现可能出现的问题,并进行相应的修改和应对措施,以减少潜在的风险和延误。BIM模型不仅包含项目的三维几何信息,还能够集成时间和进度数据。通过将时间维度与模型相结合,可以创建一个4D模型,模拟出项目的进度和施工顺序。这使得团队成员可以在虚拟环境中预先可视化项目的施工过程,并检查是否存在潜在的冲突、干扰或进展困难。在4D虚拟建造模型中,施工团队可以通过模拟施工过程来识别可能的问题。他们可以模拟不同的场景,探索不同的施工顺序和方法,并检查是否有材料或设备的冲突、空间限制或安全隐患等。通过这种方式,可以在现实施工过程中预防和解决潜在的问题,从而减少误差和返工的成本，提高施工质量和效率。另外，使用 4D 虚拟建造技术还可以进行施工方案的优化。通过模拟不同的施工方案，团队可以评估每个方案的效果，并选择最优的方案来满足项目的需求。这可以帮助项目管理人员更好地规划和组织施工活动，减少浪费和延误，提高项目整体的施工效率。

总的来说，基于 BIM 的 4D 虚拟建造技术使团队能够在施工之前发现和解决问题，预防潜在的风险和延误。通过在虚拟环境中模拟施工过程，团队可以识别并优化施工方案，提高施工质量和效率，有助于减少项目中的问题和意外情况，并改善整体的工程成果。

（7）最优进度计划和施工方案。

使用 BIM 技术可以制订最优的进度计划和施工方案，快速发现问题并提出相应的解决方案，指导实际项目的施工。

在施工项目管理中，制订合理的进度计划和施工方案对于项目的顺利进行至关重要。通过应用 BIM 技术，可以更精确地制订更优的进度计划和施工方案，及时发现潜在的问题并提供解决方案。首先，利用 BIM 技术可以对项目进行三维建模和可视化展示，包括建筑物、构件、管线等各个方面的信息。通过对模型进行分析和模拟，可以更好地理解项目的复杂性，找出潜在的冲突或问题。基于 BIM 的进度计划能够准确地反映出施工的时间要求和任务顺序，并将其与建筑模型进行集成，使项目管理人员可以可视化地查看整个项目的进度安排，并及时发现进度冲突、资源短缺或其他问题。其次，通过将进度计划与实际施工数据进行对比，可以实时追踪项目的进展情况，并根据实际情况调整进度计划。此外，BIM 技术还可以帮助团队快速识别出施工过程中可能出现的问题，并提出解决方案。通过模拟施工流程和场景，发现潜在的碰撞、冲突或不合理的施工顺序。团队可以针对这些问题进行调整和优化，提出更有效的解决方案，以确保项目按计划进行。最后，基于 BIM 的施工方案可以为实际项目的施工提供指导和支持。使用 BIM 模型和相关数据，施工人员可以更清晰地了解所需的工作量、材料和人力资源等。这有助于提高施工效率、减少误差，并确保施工符合设计要求和质量标准。

应用 BIM 技术制订最优进度计划和施工方案可以提高项目管理的准确性和效率。通过可视化展示，及时发现问题并提出解决方案，团队可以更好地指导实际项目的施工，从而提高项目的质量、效率和成功交付率。

（8）潜能发掘和质量管理。

引入 BIM 技术可以充分发掘传统技术的潜在能量，使其更充分、更有效地为工程项目质量管理工作服务。

在传统的工程项目中，质量管理是一个非常重要的方面。通过引入 BIM 技术，可以为质量管理工作带来许多优势和提升。首先，BIM 技术可以提供更全面和准确的项目信息。通过建立 BIM 模型，可以在一个统一的平台上整合建筑物的几何、材料和构造信息，包括详细的图纸、零件清单、技术规范等。这使得项目成员可以更好地理解项目需求和设计意图，有助于确保施工过程中的质量符合预期。其次，BIM 技术可以支持 3D 协同设计和模型碰撞检测。通过在 BIM 模型中进行协同设计，不同专业的团队成员可以在同一个平台上进行实时的协作和交流，共同解决设计中的冲突和问题。同时，模型碰撞检测功能可以帮助识别潜在的构造、安装或设备冲突，并在设计阶段就予以解决，避免施工阶段的质量问题。此外，BIM 技术还支持施工过程的全过程质量管理。通过建立 BIM 模型和应用施工管理软件，可以对施工过程进行监控和控制，及时追踪和记录质量相关的信息，如施工验收记录、质量检查报告、材料追踪等。这有助于确保各阶段的施工符合预定的质量标准和规范要求。最后，BIM 技术还可以提供可视化工具和虚拟现实技术来支持质量管理。通过 BIM 模型的可视化展示，项目团队可以更清楚地了解各个构件的位置、排布和装配流程，有助于减少施工中的误差和质量问题。而虚拟现实技术可以提供沉浸式的体验，提供更直观的质量检查和审核手段，使得团队可以更详细地检查、验证和调整项目设计和检测。

引入 BIM 技术可以充分发掘传统技术的潜在能量，使其更充分、更有效地为工程项目质量管理工作服务。通过更全面和准确的信息、协同设计和模型碰撞检测、全过程质量管理以及可视化工具和虚拟现实技术的应用，可以提升质量管理。

（9）可视化和实时信息查询。

除了使标准操作流程可视化外，BIM 技术还能随时查询物料和产品质量等信息。通过 BIM 技术，项目管理人员可以使用可视化界面来展示和操作项目数据。这种可视化效果使得管理人员更容易理解和分析项目信息，从而更好地指导项目和制订决策。管理人员可以通过三维模型或者图表界面,实时查看项目进度、资源分配情况以及任务完成情况等。另外,BIM 技术还可以用来查询物料和产品质量等信息。在施工项目中,BIM 技术可以与供应商和承包商的系统相连接,实时获取物料的数量、质量和交付时间等信息。这使得管理人员可以随时跟踪物料的供应情况,并及时采取措施来保证施工进度和质量的控制。

BIM 技术的可视化和实时信息查询功能使得项目管理人员能够更加直观地了解项目的进展情况,并且能够随时获取所需的信息,从而有效地指导项目管理和决策制订。

(10)运营维护阶段的管理应用。

采用 BIM 技术可以实现虚拟现实、资产管理和空间管理等技术内容,便于运营维护阶段的管理应用。在建筑物竣工后的运营维护阶段,BIM 技术可以继续发挥作用来提高运营效率和降低成本。通过将 BIM 模型与虚拟现实技术相结合,可以创建一个可交互的虚拟环境,让运营人员能够在虚拟空间中体验和模拟建筑物的运营情况。这有助于理解和解决潜在的问题,优化运营流程,提高效率和安全性。BIM 技术可以用于建立建筑物和设施的数字化资产管理系统。通过将各种信息,如设备、管道、电气系统等,与 BIM 模型关联起来,实现对资产的可视化和实时管理。这有助于监测设备的状态、定期维护和预测维修需求,以提高设施的可靠性和可用性。BIM 技术可以有效地用于管理建筑物内部的空间。通过将 BIM 模型与空间管理软件集成,可以实现对空间使用情况的实时监测和分析,包括办公室布局、设备安装位置和场地利用率等。运营人员可以通过这些数据来进行优化和调整,提高空间利用效率并提供更好的用户体验。

综上,BIM 技术在运营维护阶段的管理应用中可以通过虚拟现实、资产管理和空间管理等方面的功能,提高建筑物的运营效率和管理水平。这将有助于降低运营成本、延长建筑物的使用寿命,并提供更好的运营体验。

(11)安全处理和事件应变。

利用 BIM 技术,可以及时处理火灾等安全隐患,减少不必要的损失,并能够快速、准确地掌握建筑物的运营情况,对突发事件进行快速处理。

BIM 技术可以与各种传感器和监测设备结合,实时获取建筑物的安全信息,如火灾、水漏、电气故障等。通过将这些数据与BIM模型关联,可以快速准确地识别安全隐患,并采取相应的安全措施,预防事故的发生。BIM技术可以提供建筑物的全面数字化模型,包括结构、设备、通风系统等。在发生突发事件时,通过BIM模型,可以立即了解建筑物的结构和设备情况,帮助快速做出响应决策,疏散人员和调动资源,以最大程度地减少伤害和损失。BIM技术可以记录和管理建筑物的维护和保养历史数据。通过分析这些数据,可以制订合理的维护计划和保养策略,使建筑物保持在良好的工作状态,减少事故和紧急事件发生的可能性。BIM技术使建筑物的运营过程数字化和可视化,运营人员可以实时监测建筑物的各项运营指标,如电力消耗、水供应、空气质量等。一旦发现异常情况,可以立即采取措施进行调整和处理,以确保建筑物的安全运营。

综上,BIM技术在安全处理和事件应变方面的应用可以帮助管理人员及时识别和处理安全隐患,做出快速的应对决策,并通过数字化和可视化的方式实现建筑物的实时监控和运营管理。这可以提高管理的安全性,降低潜在风险,并保障建筑物的正常运行。

第 2 章 建筑工程的流水施工与网络计划技术

2.1 建筑工程流水施工

2.1.1 施工组织方式

施工组织的方式主要包括顺序施工、平行施工和流水施工三种方式。下面通过一个实例来比较这三种方式。

[例1] 一个由两栋框架结构楼房组成建筑工程项目,每栋楼的施工过程、施工周数见表 2-1 所列,分析采用不同的施工组织形式进行施工的情况。

表 2-1 施工情况表

施工过程序号	施工过程名称	施工周数/周	施工人数/人
1	基础工程 (a)	6	25
2	主体结构工程 (b)	12	40
3	屋面工程 (c)	3	20
4	室内装修工程 (d)	12	40
5	室外装修工程 (e)	6	25

1. 顺序施工

顺序施工是完成一个施工过程后再完成另一个施工过程,本例中即按照 A→B→C→D→E 的顺序依次施工。这里有两种思路:一种思路是完成一栋楼再完成另一栋楼,另一种思路是以施工过程为单元依次组织施工。

按照第一种思路组织施工的横道图如图 2-1 所示,其中①②是施工过程中的施工段。

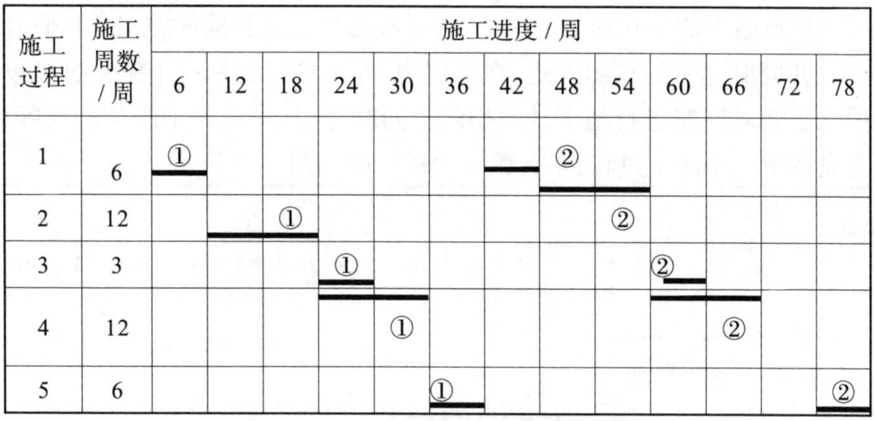

施工过程	施工周数/周	施工进度/周											
		6	12	18	24	30	36	42	48	54	60	66	72	78
1	6	①						②						
2	12		①						②					
3	3			①						②				
4	12				①						②			
5	6						①							②

图 2-1　顺序施工(思路一)度安排横道图

按照第二种思路组织施工的横道图如图 2-2 所示。

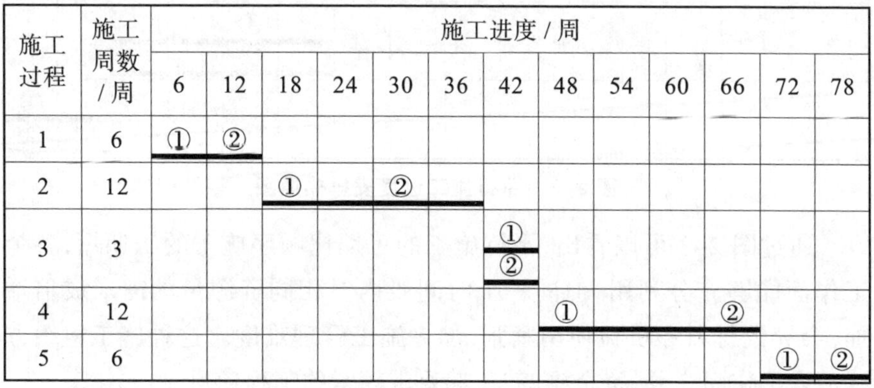

施工过程	施工周数/周	施工进度/周											
		6	12	18	24	30	36	42	48	54	60	66	72	78
1	6	①	②											
2	12			①		②								
3	3							①②						
4	12								①		②			
5	6											①	②	

图 2-2　顺序施工(思路二)进度安排横道图

按照第一种思路组织施工,从图 2-1 中可以看出,在顺序施工的组织下,现场作业比较简单,按照建筑工程内部各分部分项工程之间必须遵循的施工顺序依此施工即可,工期较长,同一个施工过程的专业队伍的工作存在间断,出现了窝工现象。按照思路二组织施工,从图 2-2 中可以看出,工期不变,同一施工过程的专业队伍能够进行连续施工。

总体来讲,采用顺序施工方式,组织简单,同时投入的资源量少,在材料供应上也比较单一,生产率低下,主要适用于工程量较小、工期要求不高的工程项目。

2.平行施工

平行施工的是在施工范围内,将所有施工段的相同的施工过程同时开工并同时完工的组织方式,在本例中,即两栋楼的每一个施工过程按照工艺要求同时进行施工,同时开工、同时完工,完成一个施工过程后,再完成下一个施工过程,平行施工的横道图如图 2-3 所示。

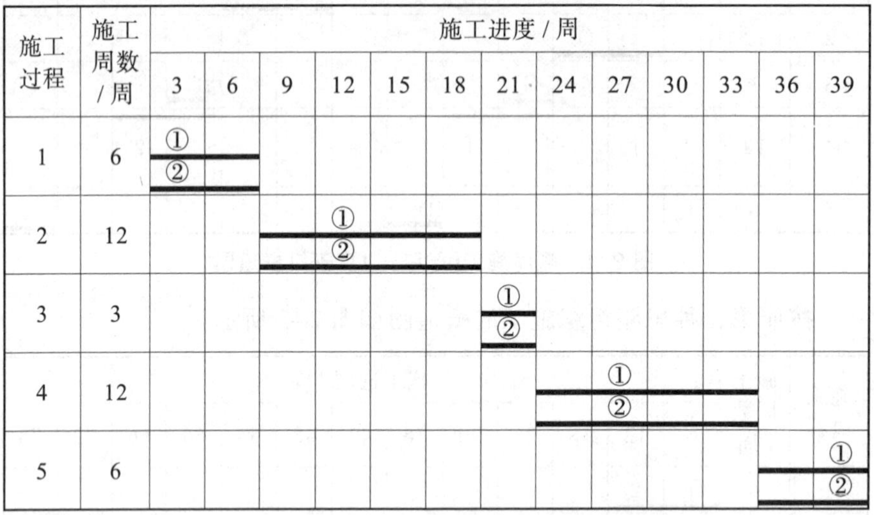

施工过程	施工周数/周	施工进度/周												
		3	6	9	12	15	18	21	24	27	30	33	36	39
1	6	①②												
2	12				①②									
3	3							①②						
4	12									①②				
5	6												①②	

图 2-3 平行施工进度安排横道图

通过图 2-3 可以看出,平行施工的工期比顺序施工的工期短,各个工作面能够充分利用,但同一个时间段内对相同资源量的需求成倍增加,会导致材料和机械使用紧张,加大施工管理难度。这种施工组织方式适合工作面充分、资金雄厚、工期要求较紧的工程项目。

3.流水施工

流水施工是在同一个施工区域内将拟建的同类型建筑或同一建筑划分为若干个施工段,再按照施工工艺的要求划分为若干个施工过程,每一个施工过程组织相应的专业班组,依次在不同的施工段上完成相同的工作,像流水一样连续、均衡地施工。在本例中,把两栋楼的施工划分为两个施工段,不同的施工过程组织专业队伍尽量平行搭接施工,即第一栋楼的基础工程完工之后,主体结构工程专业班组进行第一栋楼的施工,这样可以有效缩短工期。第一栋楼的基础工程专业班组完工之后再完成第二栋楼的基础工程,专业队伍连续施工,避免窝工。

采用流水施工方式组织施工的横道图如图2-4所示。

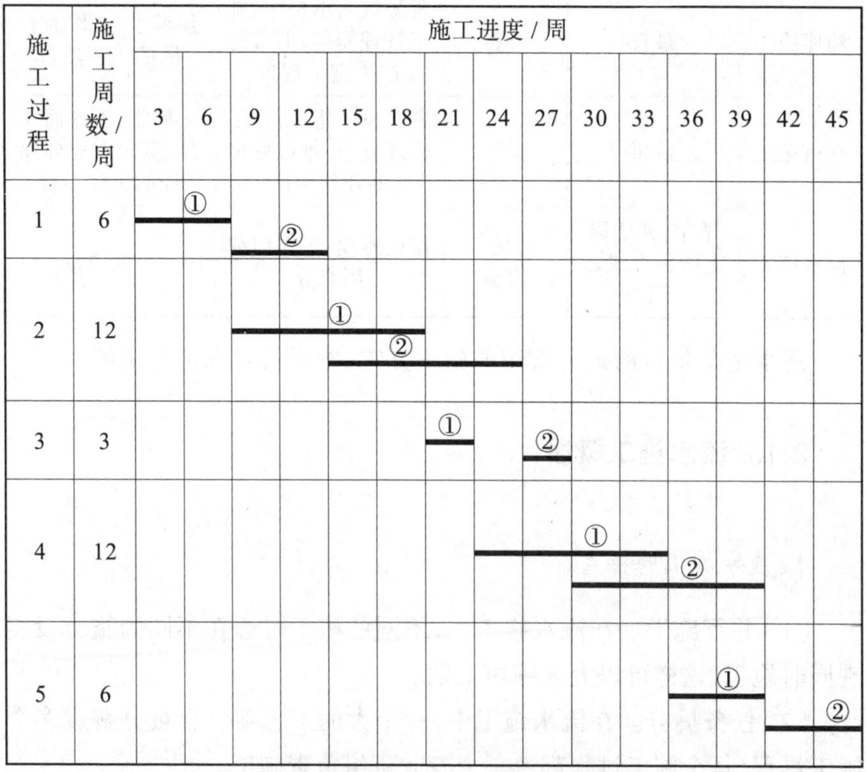

施工过程	施工周数/周	施工进度/周
		3 6 9 12 15 18 21 24 27 30 33 36 39 42 45
1	6	① ②
2	12	① ②
3	3	① ②
4	12	① ②
5	6	① ②

图2-4 流水施工进度安排横道图

从图2-4中可以看出,流水施工的工期比平行施工的工期长、比顺序施工的工期短,每个专业班组在相对独立的施工段上施工,完成一个施工段接着转到下一个施工段,专业班组的任务完成即可离场,不同专业的施工队伍在一个施工段上实现了连续施工,没有空闲的工作面,施工节奏性强,不同的施工段交叉施工,与平行施工相比降低了施工管理的难度。

4.三种施工组织方式比较

结合上述案例对三种施工方式进行比较,详见表2-2所列。

表 2-2　三种施工方式比较

施工组织方式	工期	资源投入	特点	适用范围
顺序施工	最长	低	资源投入不集中、施工管理简单，但可能产生窝工现象	规模小、工作面有限的工程项目
平行施工	最短	密集	资源投入集中，施工管理复杂，难以实现专业化生产	工期紧、工作面充足、资源有充分保证的工程项目
流水施工	适中（介于以上两种方式之间）	连续、均衡	作业连续，工作面利用充分	一般项目

流水施工是目前最为常用的施工方式，本书将着重进行讲解。

2.1.2 流水施工概述

1. 流水施工的特点

（1）并行施工。在流水施工中，不同的施工过程在不同的施工段实现同时施工，这样可以大大缩短工期。

（2）任务拆分。在流水施工中，一个大的工程项目会被分解成多个施工过程，每个施工过程都由一个专业班组负责施工。

（3）高效性。流水施工的生产方式使工人之间不需要频繁变换位置，可以减少不必要的时间浪费和交通费用，从而提高整个施工的效率。

（4）稳定性。流水施工中将工程项目分解成若干个施工过程，每个施工过程由专门的专业班组完成施工任务，因此更容易保证工程的质量与工期，有利于整个工程的质量与进度控制。

（5）连续性。同一个施工过程能够连续施工，不同的施工过程在同一个施工段上也尽可能地保证了连续施工。

2. 流水施工的分类

流水施工从不同的角度进行分类。

（1）按照施工的组织范围划分，流水施工可以分为以下四类。

①群体工程流水：也称为大流水，是以群体工程中的各单项工程或

单位工程为对象组织的流水施工。

②单位工程流水：也称为综合流水，是以一个单位工程内部各分部工程为对象组织的流水施工。

③分部工程流水：也称为专业流水，是以一个分部工程内部各分项工程为对象组织的流水施工。

④分项工程流水：也称为细部流水，是以一个专业内部组织或一个分项工程为对象组织的流水施工，范围最小，是在工序之间组织的流水施工。

（2）按照流水施工的节奏性特征分类，流水施工可以分为以下两类。

①有节奏流水：可以进一步分为等节奏流水（也称为固定节拍流水）和异节奏流水（也称为成倍节拍流水）两种形式。

②无节奏流水：流水施工不按照固定的节拍进行，没有明显的规律性。

3. 流水施工的基本参数

流水施工的参数是影响施工组织的节奏和效果的重要因素，用于表示施工在工艺过程、时间安排和空间布局方面的状态。我们通常将流水施工的参数分为三类：工艺参数、空间参数和时间参数。

（1）工艺参数。工艺参数指的是在组织拟建工程流水施工时，用来表达施工工艺先后顺序与特征的参数。通常包括施工过程和流水强度。

①施工过程。施工过程指的是在组织流水施工时，根据施工组织和计划安排将任务划分为若干子项。通常用符号"n"表示整个建造过程所需的施工过程数。施工过程的划分依据包括施工进度计划的性质和作用、施工对象结构的复杂难度、施工方案、劳动组织、内容和范围等。若是控制性进度计划，施工过程可划分得更大、更粗；实施性计划，可划分到分项工程。对于结构复杂、施工难度大的工程，可以粗略划分施工过程；对于劳动量较少的施工，可以粗略划分施工过程；对于劳动量较大的施工，可以细分施工过程。

②流水强度。流水强度指某个专业班组在单位时间内完成的工程量，也称为流水能力。在组织流水施工时，流水强度的高低直接影响着施工的效率和进度。高流水强度表示单位时间内完成的工程量较多，施

工效率较高。

（2）空间参数。空间参数主要包括工作面、施工段、施工层，用来表达流水施工在空间上开展的状态。

①工作面。工作面指在流水施工组织中，为某个专业班组或某种施工机械提供施工活动空间的区域。工作面的布置需要满足专业班组工人操作和机械运转的要求，根据专业工种的计划产量定额和安全施工技术规程进行确定。

②施工段。施工段是指将施工区域在空间上划分为若干劳动量大致相等的小区域，每个小区域称为一个施工段，施工段的数量通常用符号"m"表示。施工段与施工段之间容易形成施工缝隙，过多或过少的施工段都会直接影响流水施工的效果。施工段的划分应满足以下要求：

一是每个施工段的劳动量应大致相等，差异不宜超过15%，以保证流水施工的连续均衡和节奏性。

二是每个施工段内要满足专业班组或机械对空间的需求，即需要足够的工作面以确保合理的劳动组织。

三是考虑到结构的整体性，施工段的划分界限应位于对建筑结构整体性影响较小的位置，尽可能与结构的自然界限（如沉降缝、伸缩缝等）一致。在住宅工程中，可以以单元为界限；在道路和管线工程中，可以按一定的长度划分施工段。

四是施工段的数量应适中，能够满足合理组织流水施工的要求，即施工段数量应不小于施工过程数（$m \geq n$）。过多的施工段会导致施工速度变慢，影响工期；过少的施工段无法充分利用工作面，可能导致窝工。

③施工层。对于多层建筑物、构筑物或需要分层施工的工程，各专业班组在同一平面内完成各个施工段任务后，再逐层向上进行施工，直至完成全部工作。这种为满足专业班组对操作和施工工艺的要求而划分的操作层称为施工层，通常用符号"r"表示施工层的数量。一般以建筑物的结构层作为施工层的划分依据，有时也可以按一定的高度来划分。

（3）时间参数。时间参数是指在组织流水施工时，用来表达各施工过程在时间排列上所处状态的参数。包括流水节拍、流水步距、间歇时间、搭接时间及流水施工工期等。

①流水节拍。流水节拍是指在组织流水施工时，某个专业队在某一个施工段上施工的时间，通常用符号"t"表示。流水节拍的计算方法主

要有定额计算法、经验计算法等。

定额计算法：根据各施工段的工程量和现有能够投入的资源量进行计算，公式为

$$t = \frac{P_i}{R_i a} \quad (2-1)$$

式（2-1）中，t 为某施工过程流水节拍；P_i 为该施工过程在一个施工段上的劳动量；R_i 为参与该施工过程的工人数或机械台班数；a 为每天工作班次。

②经验估算法的计算公式为

$$t_i = \frac{a_i + 4c_i + b_j}{6} \quad (2-2)$$

式（2-2）中，t_i 为某施工过程的流水节拍；a_i 为最短估算时间；b_j 为最长估算时间；c_i 为正常估算时间。

②流水步距。流水步距指在组织流水施工时，两个相邻的施工过程（专业班组）先后进入同一个施工段进行流水施工的最短的时间间隔，用 $K_{i,i+1}$ 表示，其中 i (1,2,3,…,n-1) 施工过程或专业班组的编号。

施工过程数决定了流水步距的数目，如施工过程为 n 个，流水步距数则为 $n-1$。

在确定流水步距时，应始终保持施工过程的工艺先后顺序，确保前后两个施工过程能够充分合理地搭接，也就是搭接时间最长。

此外，还需要充分考虑施工工作面的情况，确保各个施工过程的专业班组能够连续地作业，避免停工或者窝工的情况发生。

需要注意的是，流水步距是相对于同一个施工段而言的，并且是两个相邻的施工过程之间的时间间隔。

③间歇时间。间歇时间是指在组织流水施工时，某些施工过程完成后，不能直接进行下一个施工工作的施工，需要有足够的间歇时间。如钢筋隐蔽验收所需的时间、混凝土养护所需的时间等。

技术间歇时间：指在组织流水施工时，某些施工过程完成后，除了考虑两个相邻施工过程之间的流水步距外，还需要考虑施工工艺等要求，在进入下一个施工过程之前的合理等待时间。比如，在设备基础工程的施工中，浇筑混凝土后，必须经过一定的养护时间，待基础达到一定强度后才能进行设备安装。技术间歇时间通常用 $Z_{j,j+1}$ 表示。

组织间歇时间：指在组织流水施工时，除了考虑两个相邻施工过程之间的流水步距外，由于施工组织的要求，某些施工过程完成后，在进入下一个施工过程之前需要适当的时间间隔，以便进行检查验收或者为下一个施工过程进行技术准备。例如，在浇筑混凝土之前需要检查钢筋和预埋件的情况。组织间歇时间通常用 $G_{j,j+1}$ 表示。

④平行搭接时间。平行搭接时间是指在组织流水施工时，根据施工工艺的要求，在允许的情况下，前一个施工过程的作业队在完成部分施工任务后，可以提前为后一个施工过程的作业队提供工作面，使得后续施工过程的作业队能够在流水步距内提前进入施工，从而实现两者在同一施工段上进行平行搭接施工。平行搭接的时间被称为平行搭接时间，通常用 $C_{j,j+1}$ 表示。

⑤流水施工工期。流水施工工期是指在组织流水施工时，从第一个施工过程的专业工作队开始投入流水施工，到最后一个施工过程的专业工作队完成流水施工位置，所需的整个持续时间。该工期包括了所有施工过程的流水步距、间歇时间以及可能存在的平行搭接时间。流水施工的目的是为了缩短工期、提高施工效率，因此流水施工工期的控制对于项目进度的管理和工期的保证至关重要。

4. 各参数概念的理解

（1）流水施工各参数的位置，如图 2-5 所示。

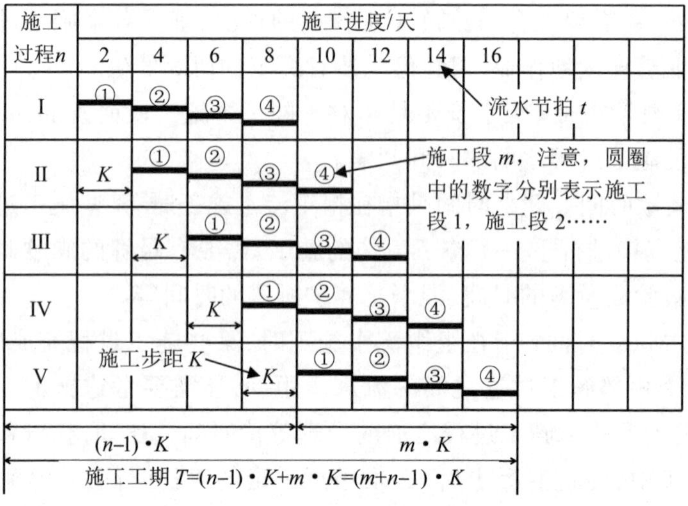

图 2-5　流水施工各参数的位置横道图

（2）施工段与施工过程的详解如图 2-6 所示。

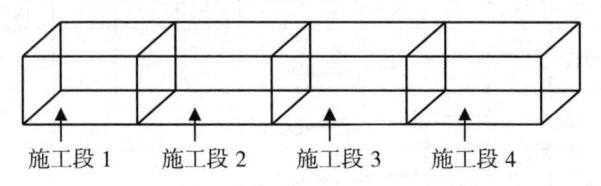

图 2-6　梁的流水施工示意图

①完成一根现浇梁的施工任务需要经过支模、钢筋绑扎、混凝土浇筑三个施工过程。如图 2-6 所示，一根梁的施工分成四个施工段分别加工，每一个施工段都需要进行支模、钢筋绑扎、混凝土浇筑三个施工过程，每一个施工过程都需要一个专业班组，即支模班组、钢筋绑扎班组和混凝土浇筑班组。假设各施工过程之间能紧密地衔接，具体的流水施工过程如下。

支模班组完成施工段 1 的支模任务，进入施工段 2 进行支模施工，此时施工段 1 的工作面空出，钢筋绑扎班组进入施工段 1 进行钢筋绑扎；支模班组完成施工段 2 的支模工作后，进入施工段 3 进行支模施工，此时施工段 2 的工作面空出，钢筋绑扎班组完成施工段 1 的钢筋绑扎工作进入施工段 2 进行钢筋绑扎，施工段 1 的工作面空出，浇筑混凝土班组进入施工段 1 进行混凝土浇筑工作；以此循环进行施工，直至任务完成。

按照以上的过程分段进行第 2 根梁的施工，即施工层的第 2 层，以此类推。

②施工段数 m 与施工过程数 n 的关系如下。

[例 2] 某钢筋混凝土工程有两个施工层，由支模、钢筋绑扎、浇混凝土三个施工过程组成，流水节拍均相等，都为 2 天，图 2-7、图 2-8、图 2-9 分别表示施工段数 m 大于、小于、等于施工过程数 n 的情况。

由图 2-7 可以看出，当 $m>n$ 时，各施工队能够连续作业，但在位于第一层的第一个施工段浇筑混凝土施工完成后，位于第二层的第一个施工段没有马上开始支模工作，而是在第一个施工段上出现了一个节拍（在本例中为 2 天）的工作面空闲时间。实际施工时，有时为了满足工艺和组织需求，有一定的工作面空闲更合理。

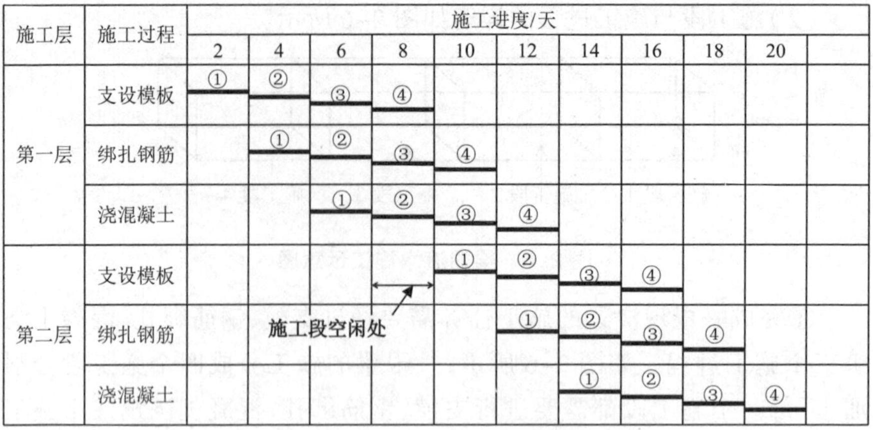

施工层	施工过程	施工进度/天										
		2	4	6	8	10	12	14	16	18	20
第一层	支设模板	①	②	③	④						
	绑扎钢筋		①	②	③	④					
	浇混凝土			①	②	③	④				
第二层	支设模板					①	②	③	④		
	绑扎钢筋				施工段空闲处		①	②	③	④	
	浇混凝土							①	②	③	④

图 2-7 $m>n$ 时的情况横道图

由图 2-8 可以看出，当 $m<n$ 时，施工段之间没有空闲，支模专业班组不能在第一层施工完成后立即进入第二层施工，在第二层支模开始施工时停工了一个流水节拍（本例中为 2 天），因为必须等待第一层混凝土浇筑完毕后才能开始第二层的支模工作，出现了窝工现象。

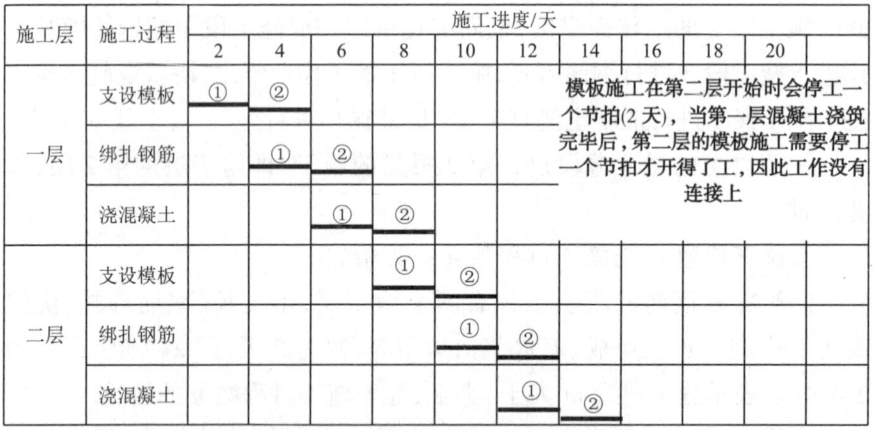

施工层	施工过程	施工进度/天										
		2	4	6	8	10	12	14	16	18	20
一层	支设模板	①	②								
	绑扎钢筋		①	②							
	浇混凝土			①	②						
二层	支设模板				①						
	绑扎钢筋					①	②				
	浇混凝土						①	②			

模板施工在第二层开始时会停工一个节拍(2天)，当第一层混凝土浇筑完毕后，第二层的模板施工需要停工一个节拍才开得了工，因此工作没有连接上

图 2-8 $m<n$ 时的情况横道图

由图 2-9 可以看出，当 $m=n$ 时，各施工段之间没有空闲，且各专业班组能连续工作，在完成第一层的施工任务后都能立刻进入第二个施工层进行施工，工作面没有空闲，没有窝工、停工的现象。

综上，当 $m \geq n$ 时，可以避免出现窝工、停工的现象。在组织流水施工时，如不涉及分施工层，施工段数的大小不会影响到正常施工；如流水施工有分层，则必须使施工段数大于或等于施工过程数。

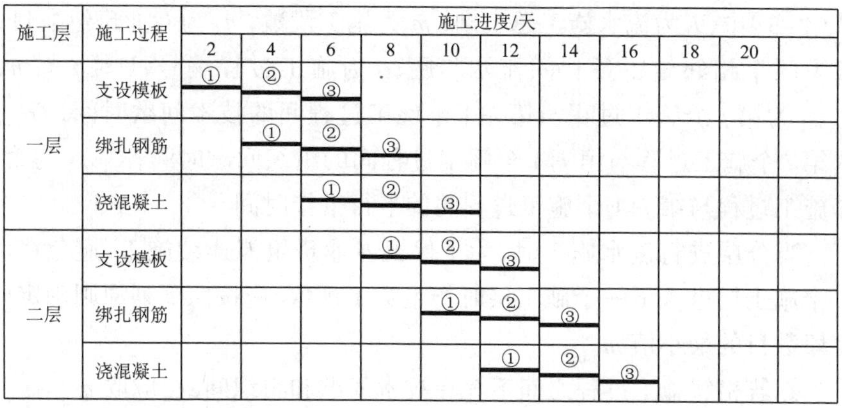

施工层	施工过程	施工进度/天
		2　4　6　8　10　12　14　16　18　20
一层	支设模板	①　②　③
	绑扎钢筋	①　②　③
	浇混凝土	①　②　③
二层	支设模板	①　②　③
	绑扎钢筋	①　②　③
	浇混凝土	①　②　③

图 2-9 施工段数 $m=$ 施工过程 n 的情况（理想的情况）

2.1.3 流水施工的方式

在组织流水施工时，根据流水节拍的特征，可以分为无节奏流水施工、等节奏流水施工和异节奏流水施工三类。

1. 等节奏流水施工

（1）等节奏流水施工的定义。

等节奏流水是指在组织流水施工时，每个施工过程在所有施工段上的流水节拍全部相等。等节奏流水又叫作固定节拍流水或全等节拍流水。

（2）等节奏流水施工的基本特点。

①全部施工过程在所有施工段上的流水节拍均相等。如果有 n 个施工过程，流水节拍为 t_i，则

$$t_1=t_2=\cdots=t_i=\cdots=t_n=t$$

②两个相邻的施工过程之间的流水步距都相等且等于流水节拍，即

$$K_{1,2}=K_{2,3}=\cdots=K_{j,j+1}=\cdots=t$$

③各个专业班组在各个施工段上都能连续施工，施工段之间没有空闲。

④专业班组数与施工过程数相等，即 $n_1=n$。

⑤计算总工期。

当不分层进行流水施工时，总工期的计算公式为

$$T=(m+n_1-1)\cdot K+\sum Z_{j,j+1}+\sum G_{j,j+1}-\sum C_{j,j+1} \qquad (2-3)$$

式（2-3）中，T 为流水施工总工期；m 为施工段数；n_1 为专业班组数目；K 为两个相邻施工过程间流水步距；j 为施工过程编号，$1 \leq j \leq n$；$Z_{j,j+1}$ 为第 j 个施工过程与第 $j+1$ 个施工过程间的技术间歇时间；$G_{j,j+1}$ 为第 j 个施工过程与第 $j+1$ 个施工过程间的组织间歇时间；$C_{j,j+1}$ 为第 j 个施工过程与第 $j+1$ 个施工过程间的平行搭接时间。

当分层进行流水施工时，为了保证专业班组能连续施工，避免在由一个施工层进入下一个施工层时产生窝工现象，应按照下列原则确定施工段数目的最小值 $m_{\min}$。

a. 若相邻施工过程之间不存在技术间歇和组织间歇，应取 $m_{\min}=n$。

b. 若相邻施工过程之间存在技术间歇时间和组织间歇时间，应取 $m>n$，以保证专业班组能够连续施工，每层施工段的空闲数为 $m-n$，每层的空闲时间为

$$(m-n) \times t = (m-n) \times K \tag{2-4}$$

如果用 Z 表示同一个施工层内各施工过程的所有技术间歇时间和组织间歇时间之和，用 G 表示施工层间的技术间歇时间和组织间歇时间之和，用 $\sum C$ 表示所有施工过程之间平行搭接时间之和，用 K 表示两个施工过程之间的流水步距，为保证专业施工队连续施工，须满足

$$(m-n) \times K = Z+G \tag{2-5}$$

由此，可以推导出 $m_{\min}$ 应满足

$$m_{\min} = \frac{Z+G-\sum C}{K} \tag{2-6}$$

若各施工层间的 Z 不相等，G 不相等时，取各层中最大的 Z 和 G。

在进行分层组织等节奏流水施工时，施工总工期的计算公式为

$$T = (m \cdot r + n_1 - 1) \cdot K + \sum Z_{j,j+1} + \sum G_{j,j+1} - \sum C_{j,j+1} \tag{2-7}$$

式中，T 为流水施工总工期；r 为施工层数目。

（3）等节奏流水施工。

[例3] 某住宅楼工程划分为五个施工段，其基础工程划分为挖土垫层、绑扎钢筋、浇筑混凝土、回填土四个施工过程，流水节拍均为 3 天，请组织等节奏流水并绘进度计划表。

解：
① 确定流水步距 $K_{j,j+1}=t=3$ 天
② 计算总工期。

$$T = (m+n_1-1) \cdot K + \sum Z_{j,j+1} + \sum G_{j,j+1} - \sum C_{j,j+1}$$

=（5+4-1）×3=24 天

③绘制流水施工进度横道图，如图 2-10 所示。

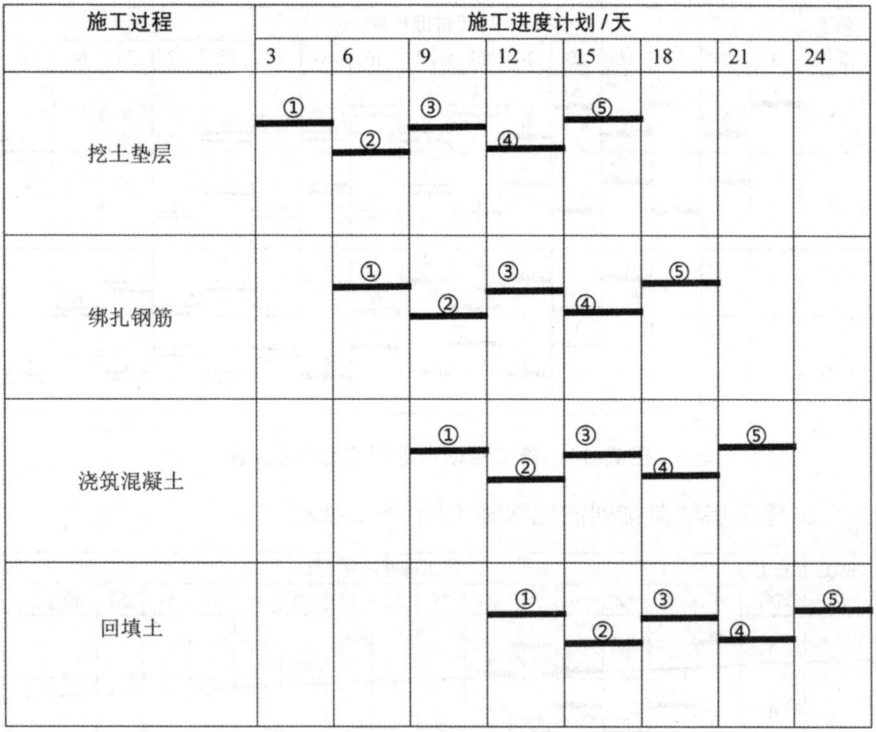

施工过程	施工进度计划/天							
	3	6	9	12	15	18	21	24
挖土垫层	①	②	③	④	⑤			
绑扎钢筋		①	②	③	④	⑤		
浇筑混凝土				①	②	③	④	⑤
回填土					①	②	③	④ ⑤

图 2-10 某住宅楼工程等节拍流水施工图

[例 4] 某工程划分为两个施工层，每个施工层划分为 A、B、C、D 四个施工过程，各施工过程的流水节拍均为 4 天，其中，B 与 C 两个施工过程之间有 4 天的技术间歇时间，两个施工层之间有 4 天的技术间歇时间。要求施工能够连续作业，试组织等节奏流水施工。

解：

①确定施工段数：根据公式（2-6）得出

$$m_{\min} = \frac{Z+G-\Sigma C}{K} = 4 + \frac{4+4}{4} = 6 \text{ 段}$$

②确定各流水步距：各层流水步距为

$K_{A,B}$=2 天；$K_{B,C}$=2+2=4 天；$K_{C,D}$=2 天

③计算总工期：总工期计算公式为

$$T = (m \cdot r + n_1 - 1) \cdot K + \Sigma Z_{j,j+1} + \Sigma G_{j,j+1} - \Sigma C_{j,j+1}$$
$$= (6 \times 2 + 4 - 1) \times 4 + 4 - 0 = 32 \text{ 天}$$

④绘制进度计划图。

a. 施工层横向排列的流水施工图（图 2-11）。

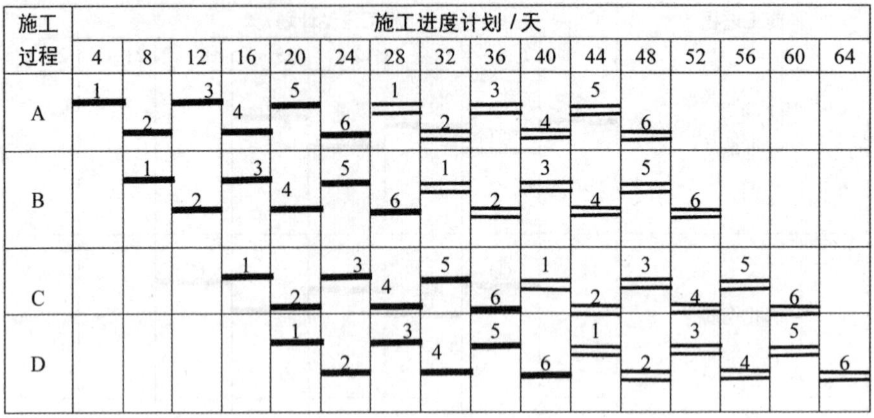

图 2-11 施工层横向排列的流水施工图

b. 施工层竖向排列的流水施工图（图 2-12）。

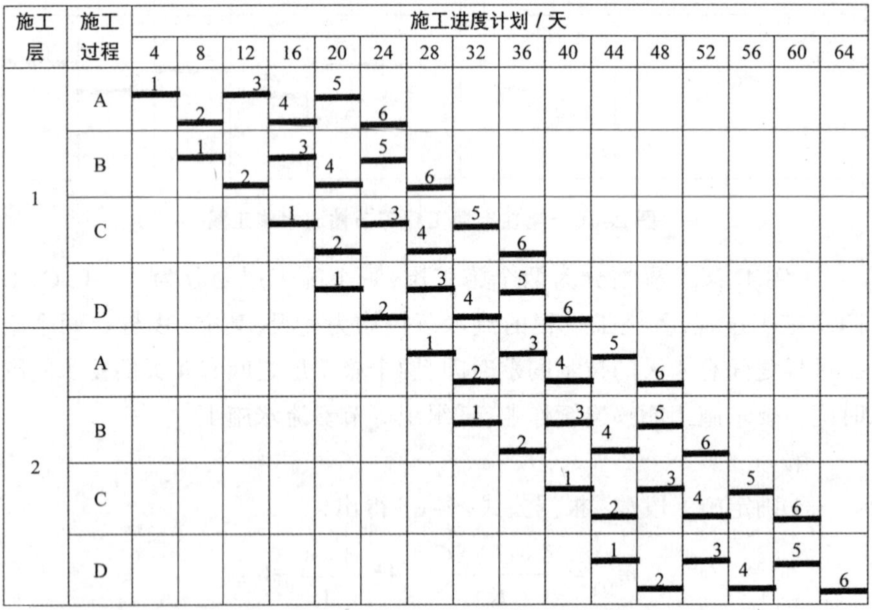

图 2-12 施工层竖向排列的流水施工图

2. 异节奏流水施工

异节奏流水施工是指在组织流水施工过程中，存在某些施工过程完成时间短且工作量小,因此其流水节拍较短;而另一些施工过程由于工作面受限导致完成时间较长,其流水节拍较长。为了有效地组织施工流水,就需要采用异节奏流水施工方式。异节奏流水施工包括等步距异节拍流水施工和异步距异节拍流水施工两种。

(1)等步距异节拍流水施工(成倍节拍流水施工)。等步距异节拍流水施工的特点是:在不同的施工段上,同一个施工过程的流水节拍是相等的,而不同的施工过程在同一施工段上的流水节拍可能不相等,但它们的流水步距是相等的,且等于流水节拍的最大公约数,用 K_b 表示。为了加快流水施工速度,可以根据流水节拍的最大公约数来确定每个施工过程的专业班组,从而制订出一个使工期最短的等步距异节拍流水施工方案。

①等步距异节拍流水施工的特征包括以下几点。

a. 同一施工过程在各施工段上的流水节拍相等,而不同施工过程在同一施工段上的流水节拍不相等。

b. 流水步距相等,且等于流水节拍的最大公约数,用 K_b 表示。

c. 每个专业班组都能够实现连续施工,施工段没有空闲时间。

d. 每个施工过程的专业班组数等于该施工过程的流水节拍与流水节拍的最大公约数的比值,用 b_i 表示,即

$$b_i = \frac{t_i}{K_b} \qquad (2-8)$$

式(2-8)中,b_i 为某施工过程所需的班组数;K_b 为流水步距。

如专业班组总数用 n_1 表示,则

$$n_1 = b_1 + b_2 + \cdots + b_n = \Sigma b_i$$

②等步距异节拍流水施工解题步骤如下。

第一步:依据流水节拍确定流水步距。取所有流水节拍的最大公约数,用 $K_{i,i+1}$ 表示。

第二步:确定各施工过程的专业班组数。即用各施工过程流水节拍除以流水节拍的最大公约数,得出完成各施工过程的专业班组数。

第三步:计算工期 T,公式为

$$T = \Sigma K_{i,i+1} + mt_n = (m + n_1 - 1)K_b \qquad (2-9)$$

式(2-9)中,t_n 为最后一个施工过程的流水节拍。

第三步：绘制流水施工进度图。

[例5]某工程施工(不分层)由A、B、C三个施工过程组成,流水节拍分别为2天、6天、4天,分6个施工段($m=6$),试组织该工程施工并绘制施工进度图。

解：由题意知,各施工过程的流水节拍不相等但存在最大公约数,可组织成倍节拍流水施工。

① 确定流水步距：取流水节拍的最大公约数,即

$$K_{i,i+1} = 最大公约数\{2,6,4\} = 2（天）$$

② 确定各施工过程的作业班组数,即

$$b_1 = \frac{t_1}{K_b} = \frac{2}{2} = 1（个）; \quad b_2 = \frac{t_2}{K_b} = \frac{6}{2} = 3（个）; \quad b_3 = \frac{t_3}{K_b} = \frac{4}{2} = 2（个）$$

从而得出：$n_1 = 1+3+2 = 6$（个）

③ 计算流水施工工期,即

$$T = \sum K_{i,i+1} + mt_n = (m+n_1-1)K_b = (6+6-1) \times 2 = 22 \text{ 天}$$

④ 绘制流水施工进度图(如图2-13所示)。

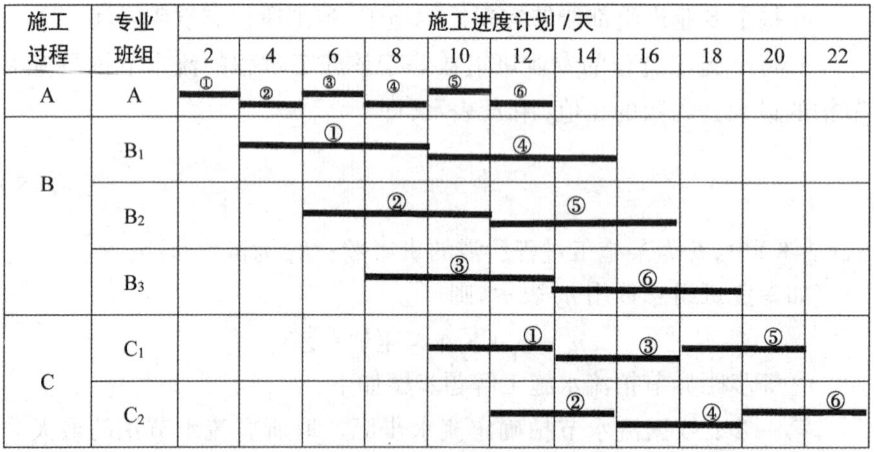

施工过程	专业班组	施工进度计划/天										
		2	4	6	8	10	12	14	16	18	20	22
A	A	①	②	③	④	⑤	⑥					
B	B₁			①				④				
	B₂					②				⑤		
	B₃						③				⑥	
C	C₁							①		③		⑤
	C₂								②		④	⑥

图2-13　某工程进度计划图

（2）异步距异节拍流水施工(一般异节拍流水施工)。异步距异节拍流水施工是指同一个施工过程在不同施工阶段的流水节拍相等,不同的施工过程在同一个施工段上的流水节拍不一定相等的流水方式。

①异步距异节拍流水施工的特点。

a. 同一个施工过程在不同施工阶段的流水节拍相等,即在不同的施工阶段中,同一个施工过程的施工速度保持一致。不同的施工过程在同一个施工段上的流水节拍不一定相等,即不同的施工过程在同一个施工段上的施工速度可以不同。

b. 相邻施工过程之间的流水步距不一定相等,即两个相邻施工过程之间的施工进行的时间间隔可以不同。

c. 各专业班组能够实现连续施工,但施工段的工作面可能会出现空闲情况,即不同的专业班组可以进行连续施工,但可能存在某些施工段的工作面没有得到充分利用。

d. 专业班组数等于施工过程数,即 $n_1=n$。

②异步距异节拍流水施工解题步骤如下。

第一步:确定流水步距 $K_{i,j+1}$,即

$$K_{i,j+1} = \begin{cases} t_i + (Z_{i,j+1} + G_{i,j+1} - C_{i,j+1}) & (t_i \leq t_{i+1}) \\ mt_i + (m-1)t_{i+1} + (Z_{i,j+1} + G_{i,j+1} - C_{i,j+1}) & (t_i > t_{i+1}) \end{cases} \quad (2-10)$$

第二步:计算工期 T,即

$$T = \sum K_{i,i+1} + mt_n \quad (2-11)$$

式中,t_n 为最后一个施工过程的流水节拍。

第三步:绘制流水施工进度图。

[例6] 某基础工程分三个施工段,由挖土、垫层、砌基础、回填土4个施工过程完成,它们在每个施工段上的流水节拍分别为4天、2天、6天、2天,垫层完成后需要有1天的干燥时间。请组织不等节拍流水施工,并计算流水步距和工期。

解:

①计算流水步距。

因为 $t_{挖土} > t_{垫层}$,由公式(2-10)得出 $K_{挖土,垫层}=3×4-2×2=8$天,

因为 $t_{垫层} < t_{基础}$,由公式(2-10)得出 $K_{垫层,基础}=2+1=3$天,

因为 $t_{基础} > t_{回填}$,由公式(2-10)得出 $K_{基础,回填土}=3×6-2×2=14$天,

②计算工期

$$T = \sum K_{i,i+1} + mt_n = 8+3+14+3×2 = 31 \text{ 天}$$

③绘制流水施工进度计划图(如图 2-14 所示)。

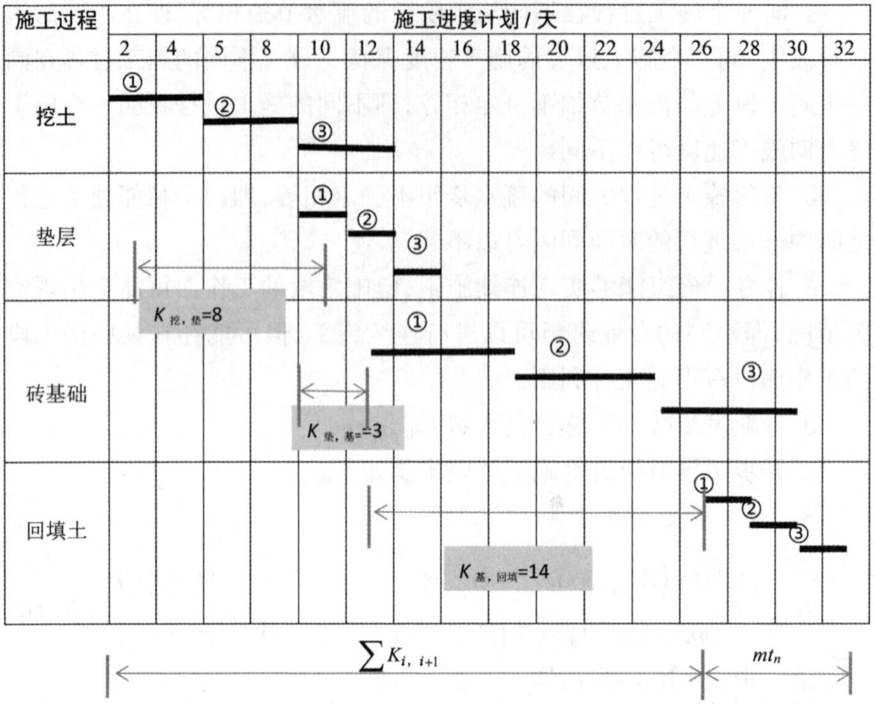

施工过程	施工进度计划 / 天
挖土	① ② ③
垫层	① ② ③ $K_{挖,垫}=8$
砖基础	① ② ③ $K_{垫,基}=3$
回填土	① ② ③ $K_{基,回填}=14$

$\sum K_{i,\ i+1}$　　　mt_n

图 2-14　某基础工程流水施工进度计划图

3. 无节奏流水施工

无节奏流水施工是指各个施工过程的流水节拍均不完全相等的一种流水施工方式,即同一个施工过程在不同的施工段上的流水节拍不完全相等,不同的施工过程的流水节拍也不完全相等。

(1)无节奏流水施工的特征。

①同一个施工过程在不同的施工段上的流水节拍不完全相等,即同一施工过程在不同的施工段上的施工速度可以有所差异。不同的施工过程的流水节拍也不完全相等,即不同的施工过程在进行施工时的速度可以有所不同。

②各个施工过程之间的流水步距不完全相等且差异较大,即相邻施工过程之间的施工时间间隔可以有较大的差异。

③各专业班组能够连续进行施工,但施工段上可能存在空闲情况,

即不同的专业班组可以连续进行施工,但某些施工段的工作面可能没有得到充分利用。

④施工队组数等于施工过程数。

(2)无节奏流水施工的解题步骤如下。

①无节奏流水步距的确定。

确定无节奏流水步距的常用方法是潘特考夫斯基法,又称为累加斜减取大法,具体步骤如下。

第一步:逐段累加流水节拍,将每个施工过程在不同施工段上的流水节拍进行累加,构成累加数列。

第二步:错位相减,将相邻两个施工过程的累加序列进行错位,即一个序列保持不变,另一个序列向右(或向左,取决于具体定义)移动一个位置,然后相减。在错位相减的过程中,会出现一些位置没有对应数值的情况(即空位),这些位置在相减时通常取值为0(或根据具体规则处理)。

第三步:取最大差,确定流水步距。取上一步相邻施工过程逐段累加流水节拍数列错位相减差数中最大值作为流水步距。

②无节奏流水施工工期的计算。

无间歇和搭接的情况下,工期计算公式为

$$T=\sum K_{i,i+1}+T_n \qquad (2-12)$$

式(2-12)中,$\sum K_{i,i+1}$ 为流水步距之和;T_n 为最后一个施工过程的流水节拍之和。

有间歇和搭接的情况下,工期计算公式为

$$T=\sum K_{i,i+1}+T_n+\sum Z+\sum G-\sum C \qquad (2-13)$$

(3)无节奏流水施工方式的适用范围。

无节奏流水施工方式适用范围广泛,在各种不同结构性质和规模的工程施工组织中较为常见。相比有节奏流水施工,无节奏流水施工在进度安排上更具灵活性和自由度。

①适用于分部工程。无节奏流水施工方式适用于工程施工中的各个分部工程,即将整个工程按照分部工程划分成多个小的施工过程进行流水作业。由于分部工程之间的施工速度和步距不需要完全相同,可以根据具体情况进行灵活安排。

②适用于单位工程。无节奏流水施工方式也适用于单位工程,即将

整个工程按照单位工程划分成多个独立的施工过程进行流水作业。不同单位工程之间的施工节奏和步距可以有所差异，不受时间规律约束，可以根据实际情况进行灵活调整。

③适用于大型建筑群。无节奏流水施工方式适用于大型建筑群的施工，其中涉及多个分部工程和单位工程，施工规模较大。由于大型建筑群的施工过程相对复杂，施工节奏和步距可能存在较大的差异，无节奏流水施工方式可以更好地满足灵活性和自由度的要求。

无节奏流水施工方式适用于各种工程的施工组织，特别适合需要灵活调整施工节奏和步距的分部工程、单位工程和大型建筑群的施工。

[例7] 某工程有 A、B、C、D、E 五个施工过程，施工过程 B 完成后需养护 2 天；施工过程 D 完成后其相应施工过程要有 1 天准备时间；施工过程 A 和 B 之间搭接施工 1 天。各施工过程的在不同施工段上的流水节拍见表 2-3 所列。试组织无节奏流水施工，并作施工流水进度图（如图 2-15 所示）。

表 2-3 流水节拍及施工段

施工过程	施工段				
A	3	2	2	4	3
B	1	3	5	3	1
C	2	1	3	5	2
D	4	2	3	3	1
E	3	4	2	1	2

$\sum k_{i,i+1}+\sum Z+\sum G-\sum C=(4+6+2+4)+(2+1)-1=18$（天）

$T_n=T_5=(3+4+2+1+2)=12$（天）

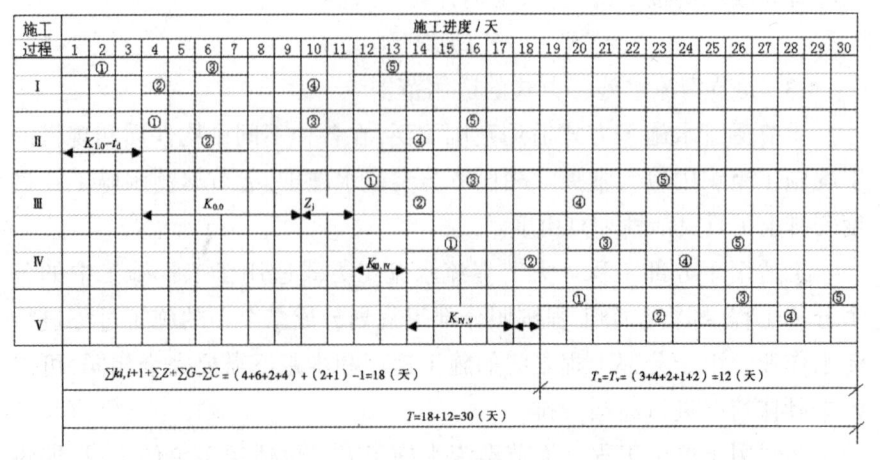

$T=18+12=30$（天）

图 2-15 某工程流水施工进度图

解：

第一步：确定流水步距（累加序列，错位相减），见表 2-4 所列。

表 2-4 流水节拍逐段累加数列

施工过程	施工段				
A	3	5	7	11	14
B	1	4	9	12	13
C	2	3	6	11	13
D	4	6	9	12	13
E	3	7	9	10	12

错位相减，施工过程 A、B 之间的流水步距 $K_{A,B}$ 为

$$\begin{array}{rrrrrr} 3 & 5 & 7 & 11 & 14 & \\ - & 1 & 4 & 9 & 12 & 13 \\ \hline 3 & 4 & 3 & 2 & 2 & -13 \end{array}$$

$K_{A,B} = \max\{3,4,3,2,2,-13\} = 4$（天）

施工过程 B、C 之间的流水步距 $K_{B,C}$ 为

$$\begin{array}{rrrrrr} 1 & 4 & 9 & 12 & 13 & \\ - & 2 & 3 & 6 & 11 & 13 \\ \hline 1 & 2 & 6 & 6 & 2 & -13 \end{array}$$

$K_{B,C} = \max\{1,2,6,6,2,-13\} = 6$（天）

施工过程 C、D 之间的流水步距 $K_{C,D}$ 为

$$\begin{array}{rrrrrr} 2 & 3 & 6 & 11 & 13 & \\ - & 4 & 6 & 9 & 12 & 13 \\ \hline 2 & -1 & 0 & 2 & 1 & -13 \end{array}$$

$K_{C,D} = \max\{2,-1,0,2,1,-13\} = 2$（天）

施工过程 D、E 之间的流水步距 $K_{D,E}$ 为

$$\begin{array}{rrrrrr} 4 & 6 & 9 & 12 & 13 & \\ - & 3 & 7 & 9 & 10 & 12 \\ \hline 4 & 3 & 2 & 3 & 3 & -12 \end{array}$$

$K_{D,E} = \max\{4,3,2,3,3,-12\} = 4$（天）

第二步：计算工期 T，即

$$T=\sum K_{i,i+1}+\sum Z+\sum G-\sum C+T_n$$
$$=(4+6+2+4)+(2+1)-1+(3+4+2+1+2)$$
$$=16+3-1+12$$
$$=30（天）$$

第三步：作流水施工进度图（如图 2-15 所示）。

2.2 建筑工程网络计划技术

2.2.1 网络计划技术概述

网络计划技术是用网络图的形式表达整个工作任务的构成、工作任务的先后逻辑关系、工作进度安排，并在图上注明各项工作的时间参数的一种计划计划管理方法。网络图是由箭线和节点组成的，用来表达工作流程有向、有序的网状图形。

网络计划技术的发展从 20 世纪中期开始。1950 年，美国国防部开始研究计划评审技术（program evaluation and review technique，PERT）方法，并应用于多个项目的管理中。PERT 方法通过使用三个时间估计值（最短时间、最长时间和最可能时间）来确定活动的持续时间，并使用概率分布来处理不确定性。1960 年，网络计划技术方法逐渐在公司和政府等多个领域被广泛使用，并开始应用于大型工程项目的实践中。1970 年，随着计算机的发展以及算法和软件的提高，对网络计划技术的应用变得更加便捷和普及。网络计划技术方法不断被优化和完善，逐渐成为项目管理日常实践中不可缺少的工具。1980 年，人们开始将网络计划技术与其他工具和技术结合起来，如风险管理、资源管理和质量管理等，形成了完整的项目管理框架和体系。2000 年，随着全球化和信息化的发展，网络计划技术得到了更广泛的应用，为工程、建筑、制造、IT 等各种行业的项目管理提供了强大的工具和支持。

1. 网络计划技术的基本原理

在工程进度计划表达中,主要有横道图和网络图两种方式,这两种方式各有优缺点。横道图的主要优点是编制容易、直观。横道图中有时间坐标,能够清楚地看出各项工作的起止时间、持续时间、工作进度、总工期及流水情况,同时可以将资源的使用情况叠加到横道图中。横道图的不足在于不能明确体现出各项工作任务之间的逻辑关系,不便于对进度进行动态控制,也不便于利于计算机进行处理。网络计划技术正好克服了横道图的缺点,能够反映出各项工作间的错综复杂的逻辑关系,可以利用计算机进行计算,便于动态控制工程进度。但网络计划技术中网络图的绘制比较麻烦,表达不直观,也没有办法在图中直接进行各项资源需要量的统计。具体来讲,网络图有以下几个优点。

①可以用网络图的形式表达出工程项目中所有工作之间的复杂的逻辑关系及先后施工顺序。

②可以通过网络图计算时间参数找出关键工作和关键线路。

③可以利用最优化原理,不断优化初始网络从而得到最优方案并实施。

④在工程实施过程中,通过网络计划技术,能够对工程项目进行有效的监督和控制,消耗最少的资源,获取最大的经济效益。

2. 网络计划技术的分类

(1)按性质分类。依据工作、工作间的逻辑关系及工作的持续时间是否确定,网络计划可以分为确定性网络计划技术和随机性网络计划技术。

确定性网络计划技术是指在项目完成过程中,工作之间的逻辑关系及每项工作的持续时间可被精确预计,不会发生不确定情况。此类网络计划技术的代表性方法为关键路径法(critical path method, CPM)。

随机性网络计划技术与确定性网络计划技术不同的是,工作、工作间的逻辑关系及工作的持续时间会受到一些非预定因素的影响,因此无法精确地预计工作需要的时间或成本。为了应对这种不确定性,一些风险分析方法被用来评估和确定任务的风险。此类网络计划技术的代表性方法为项目评估与审查技术(PERT)。

(2)按绘图符号不同进行分类。按照绘图符号中节点与箭线表达的意义不同,可以分为双代号网络计划和单代号网络计划。

①双代号网络计划。双代号网络计划由双代号网络图来表示。各项工作按照施工顺序和逻辑关系构成一个网状图，即是双代号网络图。双代号网络图中一根箭线加箭线两端带编号的圆圈节点表示一项工作，如图 2-16(a) 所示。双代号网络计划按照是否具有时间坐标，又分为时标网络计划和非时标网络计划。分别如图 2-16(b)(c) 所示。

(a) 双代号网络图的绘图符号

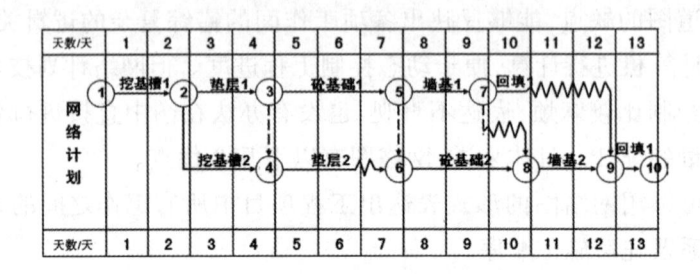

(b) 双代号非时标网络图

(c) 双代号时标网络图

图 2-16 双代号网络图计划表示方法

②单代号网络计划。单代号网络计划由单代号网络图表示。是以一个大方框或圆圈表示一项工作，用箭线表达工作之间相互关系。如图 2-17 所示。

(a) 单代号网络图的绘图符号

图 2-17 单代号网络图表示方法

(b) 单代号网络计划

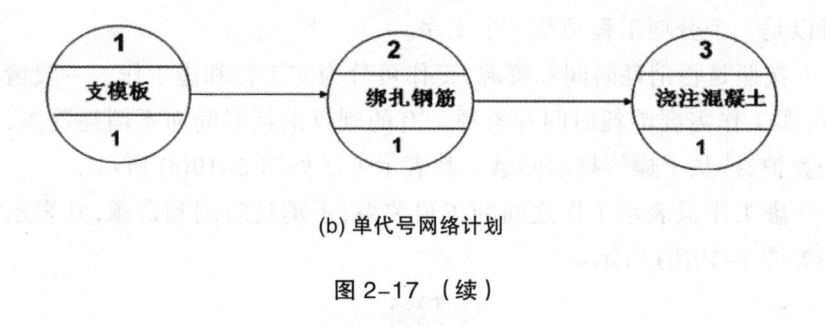

图 2-17 （续）

2.2.2 双代号网络图

1. 双代号网络图的组成

构成双代号网络图的三个基本要素为箭线、节点、线路，如图 2-18 所示。

图 2-18 双代号网络图三要素

（1）箭线。箭线是构成双代号网络图的要素之一，有实箭线和虚箭线两种。实箭线表示一项工作（工序）或一个施工过程，工作可大可小，可以表示分项工程，也可以表示分部工程，还可以是一个单位工程或单项工程等。实箭线表示的工作一般都要消耗一定的时间和资源，技术间歇单独考虑时，也用实箭线表示，这时实箭线表示的工作只消耗时间不消耗资源，比如混凝土养护等。虚箭线不消耗时间和资源，只是表达工作之间的逻辑关系。

箭线的方向代表工作的进行方向和前进路线，箭尾表示工作的开始，箭头表示工作的结束。在无时间坐标的网络图中，箭线的长短与工作持续时间无关，箭线可以是直线、斜线、折线，但不能中断，且要满足绘制规则。

（2）工作。工作可大可小，既可是一个建设项目、一个单项工程，也可以是一个分项工程乃至一个工序。

按照是否消耗时间和资源,工作可分为实工作和虚工作。一般情况下,实工作需要消耗时间和资源。有的则仅消耗时间而不消耗资源,如砼养护、抹灰干燥等技术间歇。其表示方法如图2-19(a)所示。

虚工作只表示工作之间的逻辑关系,不消耗时间和资源,其表示方法如图2-19(b)所示。

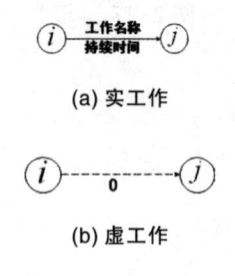

图2-19 工作示意图

（3）节点。在双代号网络图中,节点用圆圈表示,表示工作的开始、结束或连接关系。根据在网络图中的位置不同,节点可以分为起点节点（原始节点）、终点节点（结束节点）和中间节点,如图2-20所示。

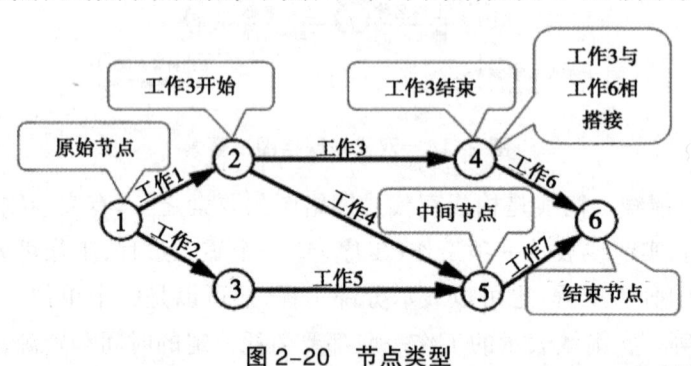

图2-20 节点类型

①起点节点（原始节点）。起点节点是网络图中的第一个节点,它表示第一个工作的开始。

②终点节点（结束节点）。终点节点是网络图中的最后一个节点,它表示整个工程的结束。

③中间节点。中间节点是除了起点节点和终点节点外的其他节点。中间节点表示紧前工作的结束和紧后工作的开始的瞬间。

在网络图中,节点编号不能重复出现,即每个节点都应有唯一的编号。同时,箭头的方向指示了工作的流向,箭尾节点的编号应小于箭头节点的编号。

通过使用节点、箭头和编号,双代号网络图可以清晰地表示工作的顺序和依赖关系,帮助管理者进行工程计划和进度管理。

(4)线路。在网络图中,从起点节点开始,沿着箭头方向经过一系列箭线和节点,最终到达终点节点的路径,称为线路。一个网络图中存在多条从起点节点到终点节点的线路,线路的数量是确定的。每条线路上的工作持续时间是指线路上各项工作所持续时间的累加之和。这个持续时间表示完成该线路上所有工作所需花费的时间。通过对每条线路的工作持续时间的计算,可以评估项目的总工期或识别关键路径。关键路径是指具有最长持续时间的线路,它决定了整个项目的最短工期。线路的工作持续时间和关键路径的确定对于项目进度的控制和管理非常重要。每一条线路的持续时间可能相等,也可能不相等。

如图 2-21 所示,图中共有 5 条线路,每条线路所包含的工作不同,持续时间不同,详见表 2-5 所列。

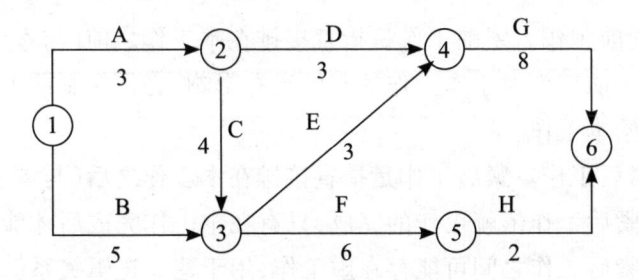

图 2-21 双代号网络线路

表 2-5 网络线路图

线路序号	线路顺序	线路持续时间/天
1	①—②—③—④—⑥(非关键线路)	18
2	①—②—③—⑤—⑥(非关键线路)	15
3	①—②—④—⑥(非关键线路)	14
4	①—③—④—⑥(关键线路)	16
5	①—③—⑤—⑥(非关键线路)	13

由表 2-5 可以看出,各条线路持续时间不相等,第四条线路的持续

时间最长1为14天。在网络图中持续时间最长的线路为关键线路,则表2-5中第四条线路为关键线路。

2. 双代号网络图中工作间的关系

双代号网络图中工作间的管线与中间节点具有双重性,主要有紧前工作、紧后工作和平行工作、先行工作、后续工作、起始工作、结束工作等几种关系。各类工作之间的关系如图2-22所示。

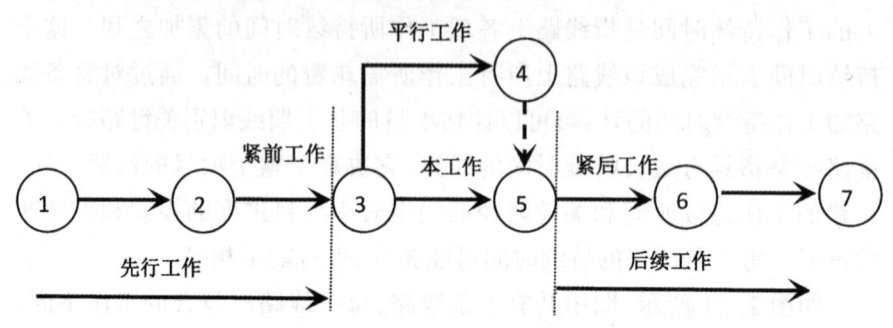

图 2-22　各类工作之间的关系

（1）紧前工作。紧前工作是指直接排在本工作之前（与本工作相邻）的工作。紧前工作对于本工作的开始具有影响,必须在紧前工作完成之后才能开始本工作。

（2）紧后工作。紧后工作是指直接排在本工作之后（与本工作相邻）的工作。紧后工作依赖工作的完成,只有在本工作完成后才能开始。在本工作和紧后工作之间可能存在虚工作,用于建立逻辑关系。

（3）平行工作。平行工作是指与本工作同时进行的工作。平行工作和本工作在网络图中没有直接的依赖关系,它们可以分别独立进行,而不会相互影响。平行工作的同时进行可以提高项目的效率。

（4）起始工作。起始工作是网络图中由开始节点开始的工作。起始工作没有紧前工作,是项目的中第一个工作。

（5）结束工作。结束工作是网络图中以终点节点结束的工作。结束工作没有紧后工作,它作为最后一个工作,标志着整个项目的结束。

（6）先行工作。先行工作指的是由开始节点开始,直到本工作开始节点之前的所有工作,包括了所有路径上紧前于本工作的工作。

（7）后续工作。后续工作指的是由本工作结束节点开始,一直到终点节点的所有工作,包括了所有路径上紧后于本工作的工作。

3.双代号网络图的逻辑关系

双代号网络图中存在两种逻辑关系,即工艺关系和组织关系,它们决定了工作之间的先后顺序和相互依赖关系。

(1)工艺关系。工艺关系是指在生产性工作中,工作的先后顺序由生产工艺决定的客观关系。对于非生产性工作,工艺关系是由工作程序决定的工作间的先后顺序。例如,在建筑工程施工过程中,需要先进行基础的施工,然后再进行主体结构的施工;在装修阶段,需要先进行结构性工作,然后再进行装修工作。

(2)组织关系。组织关系是在不违背工艺关系的前提下,根据组织需要或资源调配的要求而人为安排的工作先后顺序,是一种人为安排的关系,用于满足项目进度和资源管理的需要。如同一施工过程中,有A,B两个施工段,是先在A段施工还是先在B段施工或是两段同时施工,可根据施工的具体条件进行组织安排。另外,对于一些在工艺上不存在制约关系的施工过程,如屋面防水工程与门窗工程,二者之中哪个施工过程先开始或是同时进行,可以根据施工的工期要求、资源供应条件来确定。

工艺关系和组织关系共同决定了双代号网络图中工作之间的逻辑关系。准确理解和识别这些逻辑关系对于项目的进度规划和资源的优化调配非常重要。

4.双代号网络图的绘制

(1)双代号网络图绘制中常见的工作间的逻辑关系及其表示方法。双代号网络图中常见的逻辑关系表示方法见表2-6所列。

表2-6 双代号网络图中常见的逻辑关系及其表示方法

序号	工作间逻辑关系	表示方法
1	有A、B、C三项工作,均为网络图中的第一项工作,无紧前工作,由网络图中起始节点开始并且平行进行	

续表

序号	工作间逻辑关系	表示方法
2	有A、B、C、D四项工作，B、C、D在A完成后才能开始	
3	有A、B、C、D四项工作，D在A、B、C均完成后才能开始	
4	有A、B、C、D四项工作，C、D工作在A、B均完成后，才能开始	
5	有A、B、C、D、E、F六项工作，D在A完成后才能开始；E在A、B均完成后才能开始；F在A、B、C均完成后才能开始	
6	有A、B、C、D四项工作，A与D为平行工作同时开始，A为B的紧前工作，C在B、D完成后才能开始	
7	有A、B、C、D、E、F六项工作，D在A、B均完成后才开始；E在A、B、C均完成后才能开始；F在D、E完成后才能开始	
8	有A、B、C、D、E五项工作，B、C、D在A结束后才能开始；E在B、C、D结束后才能开始	
9	有A、B、C、D、E五项工作，D在A、B完成后才能开始；E在B、C完成后才能开始	

续表

序号	工作间逻辑关系	表示方法
10	有A、B两项工作分三个施工阶段,分段流水施工,a_2、b_1在a_1完成后进行;a_3在a_2完成后进行;b_3在a_3、b_2完成后进行	第一种表示法 第二种表示法
11	有A、B、C三项工作分三个施工阶段,C在A、B均完成后才能开始;A、B分为a_1、a_2、a_3和b_1、b_2、b_3三个施工段,C分为c_1、c_2、c_3、A、B、C分三段作业交叉进行	
12	A,B,C为最后三项工作,即A、B、C均无紧后作业	有三种可能情况

（2）双代号网络图绘制规则。双代号网络图绘制过程中除了应遵循施工过程间的逻辑关系外,还须按如下规则进行绘制。

①双代号网络图能够正确的表达施工过程之间的逻辑关系,参考表2-6。

②双代号网络图中一根箭线及其箭头和箭尾的两个节点只能表示一个工作。不得有两个或两个以上的箭线从同一节点出发且同时指向同一节点,即两项工作不得具有相同的开始节点和结束节点,可以具有相同的开始节点不同的结束节点,或者不同的开始节点相同的结束节点。两项工作同时开始,即为平行工作时,可以通过增加虚工作来正确表达。如图2-23必须改为图2-24才是正确的。

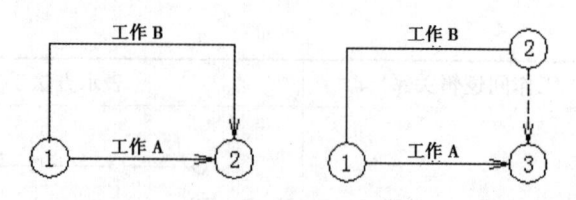

图 2-23 错误示例（1）　　图 2-24 图 2-23 的正确形式

③一个双代号网络图中只能有一个起点节点和一个终点节点。在图 2-25 中，节点 1、2、3 之前都没有紧前工作，都属于起点节点，都表示计划的开始，节点 12、13、14 后面都没有紧后工作，表示计划的完成，这种绘制方法是错误的。正确的绘制方法应参考表 2-6 中的绘制方法引入虚工作，改成图 2-26 所示的形式，这时 1 为网络图的起始节点，11 为网络图中的终点节点，其余节点均为中间节点。

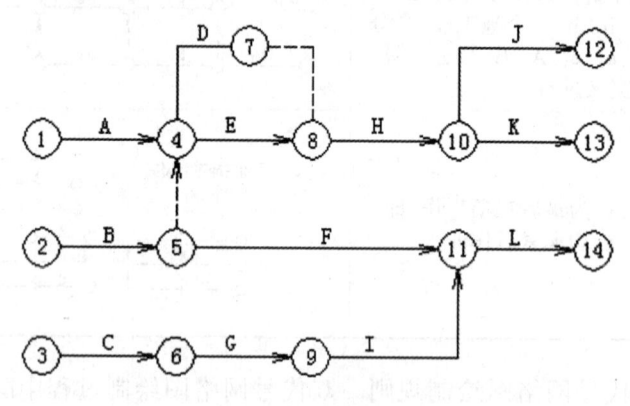

图 2-25 错误示例（2）

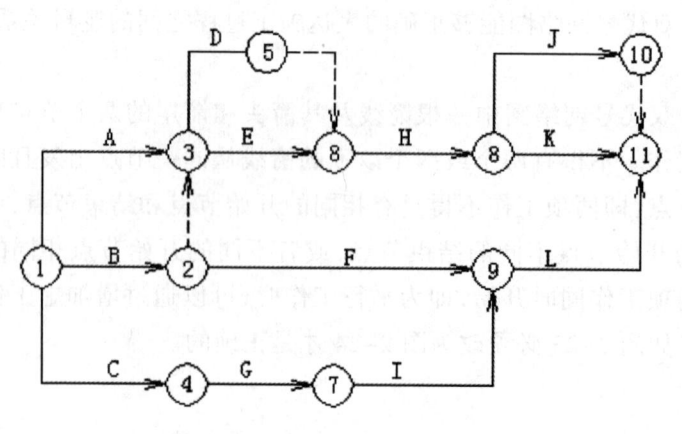

图 2-26 图 2-25 的正确形式

④网络图中严禁出现闭合回路。如图2-27所示,工作C—D—E形成了闭合回路,此时网络图表达的逻辑关系混乱,不能反映正确的工作顺序,说明网络图存在错误。

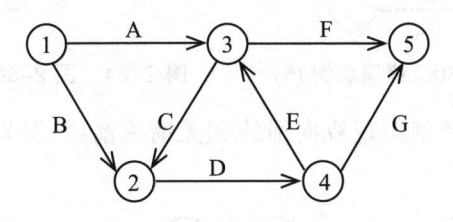

图2-27 错误示例(3)

⑤在绘制双代号网络图时,严禁同一项工作不能在一个网络图中多次出现。如图2-28所示,D工作出现了两次,由此可以看出D工作的紧前工作是B、C,D工作的紧后工作是E、F,此时正确的绘制方法是使用虚工作,改为图2-29所示的形式。

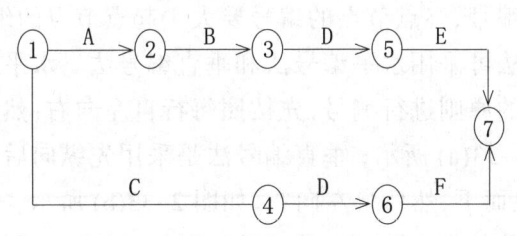

图2-28 错误示例(4)

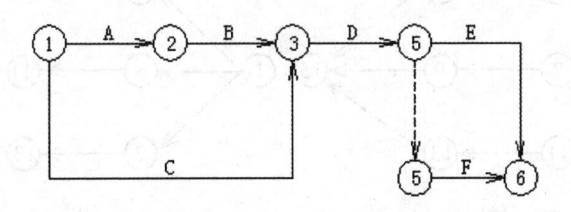

图2-29 图2-28的正确形式

⑥双代号网络图中,在表达工作之间的搭接关系时,严禁从箭线中间引出另一条箭线,箭尾后面和箭头前面必须要有相应的节点。表达A、B两工作的搭接关系时,图2-30中B工作的箭尾没有节点,直接从A工作的箭线中引出,这种绘制方法是错误的。正确的绘制方法如图2-31所示。

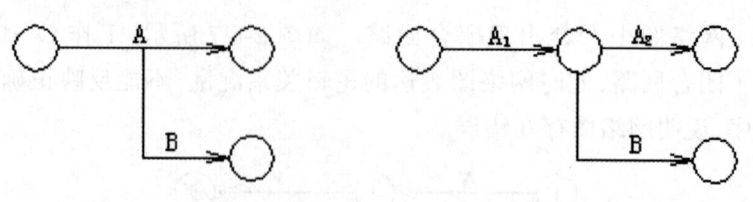

图 2-30　错误示例 (5)　　图 2-31　图 2-30 的正确形式

⑦网络图中严禁出现双向箭线和无箭头箭线,分别如图 2-32(a)(b) 所示。

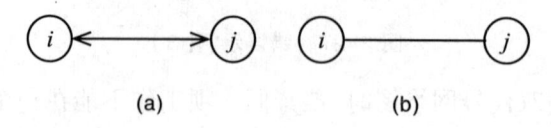

图 2-32　错误示例 (7)

⑧网络图中节点编号遵循从左到右,由小到大,箭尾节点的编号大于箭头节点的编号,终点节点的编号要大于起点节点的编号,编号不能重复。编号方法可采用水平编号法和垂直编号法。水平编号法是采用先横向再纵向的原则进行编号,先按照每行自左向右,然后自上而下逐行编号,如图 2-33(a) 所示;垂直编号法是采用先纵向后横向的原则进行编号,先由上而下、然后自左向右,如图 2-33(b) 所示。编号可以是连续编号也可以不连续编号,不连续编号的优点是有利于后续修改完善。

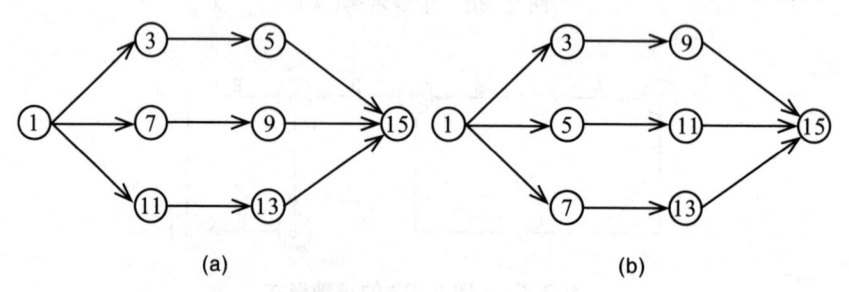

图 2-33　节点编号示例

⑨当网络图的某节点有多条内向箭线或有多条外向箭线时,为使图形简洁,可采用母线法绘图,如图 2-34 所示。

第 2 章 建筑工程的流水施工与网络计划技术

（a）

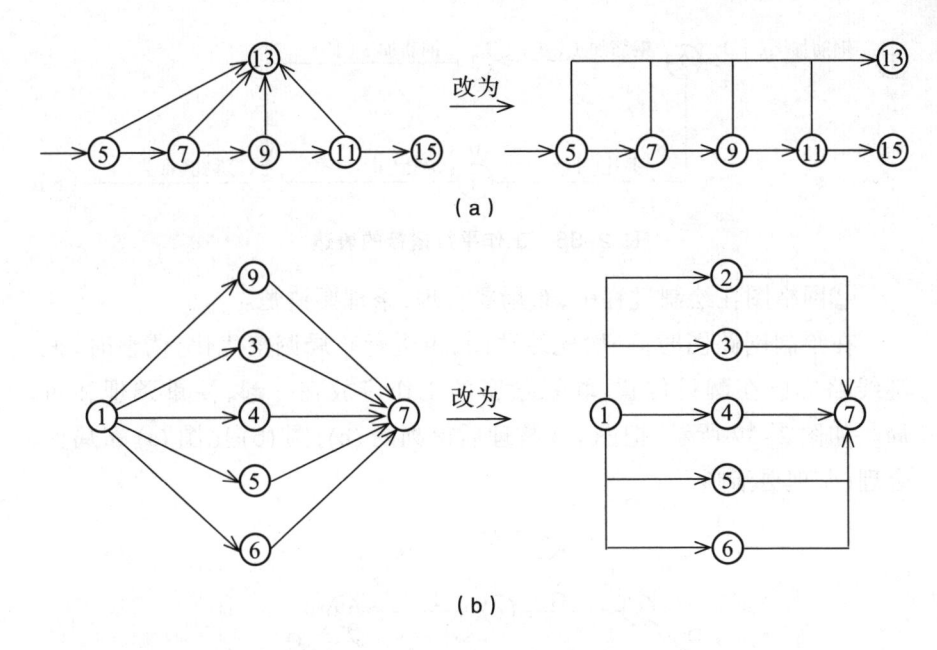

（b）

图 2-34 网络图的母线表示方法

⑩绘制网络图时,箭线不宜交叉。当箭线交叉不可避免时,应采用过桥法或指向法。如图 2-35(a)(b) 所示。

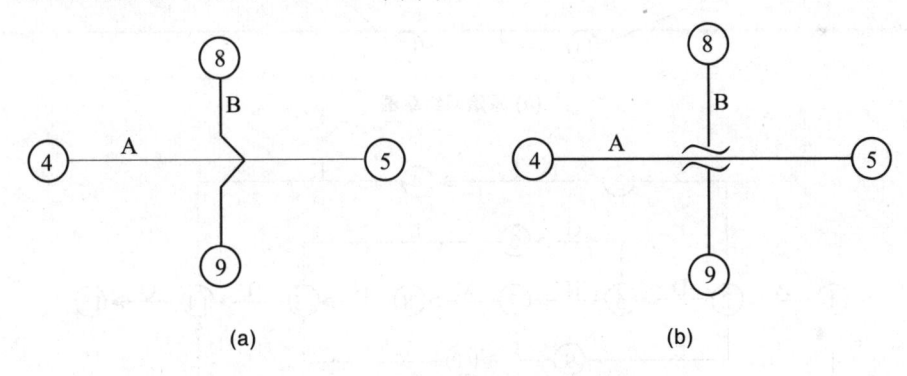

(a)   (b)

图 2-35 箭线交叉时的绘图方法

双代号网络图绘制中的规则有很多,除了以上几点外,以下两点也需要注意。

①在双代号网络图中,应分段正确表达平行搭接工作。

比如工程施工过程中的钢筋加工和钢筋绑扎,分三个施工段进行施工,双代号网络图如图 2-36 所示。

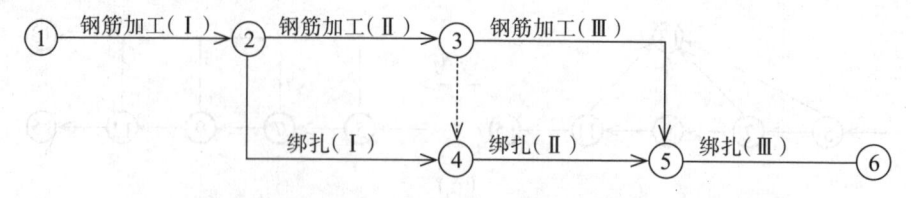

图 2-36 工作平行搭接的表达

②网络图在绘制过程中,布局要合理,条理要清楚。

在绘制网路图时,一般先绘草图,再进行布局调整优化,调整时,关键线路应放在醒目位置,联系紧密的工作应放在一起,注重条理和布局。如图 2-37 所示,把图 (a) 整理后得到图 (b),图 (b) 比图 (a) 布局更合理,条理更清晰。

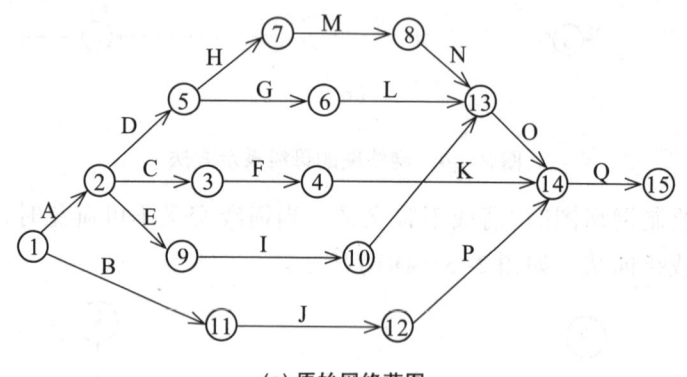

(a) 原始网络草图

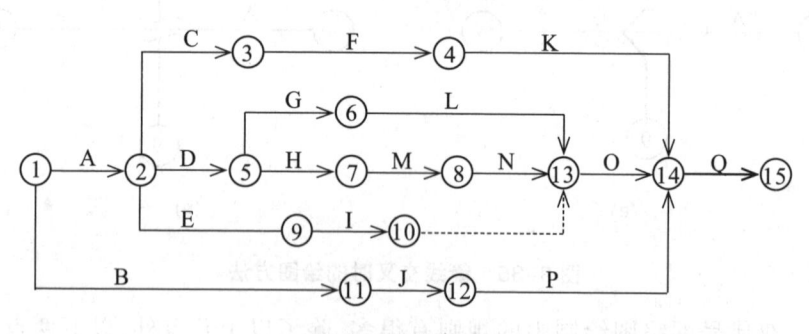

(b) 整理后的网络图

图 2-37 网络图的布局

(3)双代号网络图绘制步骤。

步骤一:准备资料、分解任务、划分施工段与施工过程。

步骤二:确定每一项工作的持续时间。

步骤三：根据施工工艺和工程顺序确定各项施工工作之间的先后顺序及逻辑关系，编制工作逻辑关系表。

步骤四：根据工作逻辑关系表绘制网络图的草图，注意正确表达逻辑关系和正确使用虚工作。

步骤五：检查、修改与调整，形成布局合理、条理清晰的网络图。

[例8]某工程分为A、B、C三个施工段，其施工过程及持续时间见表2-7所列，绘制双代号网络图，并找出关键线路。

表2-7 某工程施工过程及持续时间

施工过程	持续时间		
	A	B	C
回填土	4	3	4
垫层	3	2	3
浇砼	2	1	2

解：

第一步：分析工作的先后顺序，编制逻辑关系表。

本工程包括回填土、做垫层、浇砼三个施工过程，分别划分了三个施工段，按工种分为回填土A、垫层A、浇砼A；回填土B、垫层B、浇砼B；回填土C、垫层C、浇砼C，共计九项工作，分析各工作之间的关系，编制逻辑关系表，见表2-8所列。

表2-8 某工程各项工作间逻辑关系表

工作名称	紧前工作	紧后工作	持续时间/天
回填土A	—	回填土B、垫层A	4
垫层A	回填土A	垫层B、浇砼A	3
浇砼A	垫层A	浇砼B	2
回填土B	回填土A	回填土C、垫层B	3
垫层B	垫层A、回填土B	垫层C、浇砼B	2
浇砼B	浇砼A、垫层B	浇砼C	1
回填土C	回填土B	垫层C	4
垫层C	垫层B、回填土C	浇砼C	3
浇砼C	浇砼B、垫层C	—	2

第二步：绘制双代号网络图，如图 2-38 所示。

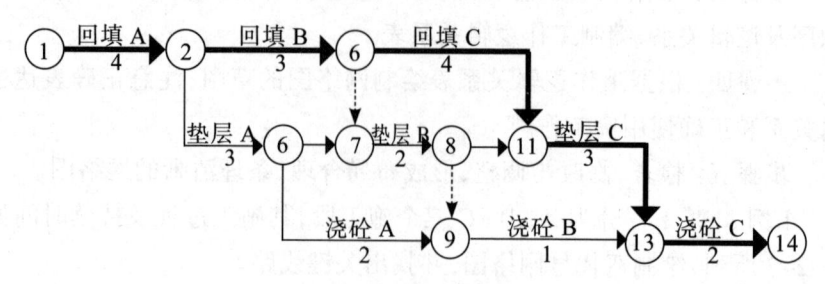

图 2-38　双代号网络图

第三步：确定关键线路。在所有的线路中，1—2—6—11—13—14 这条线路的持续时间为 16 天，时间最长，所以这条线路为关键线路。

5. 双代号网络图计划时间参数

双代号网络图时间参数的计算，一般分为直接计算法和图上计算法两种，最常用的是图上计算法。

依据各项工作的持续时间可以计算时间参数，通过时间参数可以确定工期、关键线路与非关键线路、关键工作与非关键工作以及非关键工作的时间。

（1）网络计划时间参数。

网络计划时间参数主要包括持续时间、最早时间参数、最迟时间参数、时差、工期等。

①持续时间。

持续时间是指一项工作从开始到结束的时间。

②最早时间参数。

最早时间参数主要包括工作的最早开始时间和最早结束时间及节点的最早时间。最早时间参数主要反映本工作的开始时间受到紧前工作结束时间的约束，若本工作要提前开始，不能提前到紧前工作未结束之前。从整个网络计划分析，最早时间参数计算受到开始节点的制约，计算方法是顺着网络图箭线的方向（从左至右）用加法。

工作的最早开始时间是指在紧前工作的约束下，本工作最早可能的开始时间；工作的最早结束时间是指在紧前工作的约束下，本工作最早可能的结束时间。工作的最早结束时间等于本项工作的最早开始时间与本项工作的持续时间之和。

节点最早时间表示该节点在前面工作的约束下,以本节点为开始节点的各项工作的最早可能开始时间。

③最迟时间参数。

最迟时间参数主要包括工作最迟开始时间和最迟结束时间及节点的最晚时间。最迟时间参数反映了本工作最迟结束时间与紧后最迟开始工作之间的关系,如果本工作要推迟结束,不能推迟到紧后工作最迟开始之后。从整个网络计划分析,最迟时间受到终点节点的约束,计算方法是逆着网络图箭线(从右至左)方向用减法。

工作最迟开始时间指不影响工作按时完成的前提下,工作最晚必须开始的时间。工作最迟完成时间指不影响工作按时完成的前提下,工作最晚的结束时间。

节点最迟时间指在不影响计划工期的情况下,各节点的最晚必须开始的时间。

④时差。

总时差:指在不影响总工期的前提下,某一项工作可以利用的机动时间。或者说,在不影响紧后工作的前提下,最迟结束可以利用的机动时间。

自由时差:在不影响紧后工作最早开始时间的前提下,工作可以利用的机动时间。自由时差是一种更加具体的时间,可以用于调整工作的开始时间,但必须确保紧后工作的最早开始时间不受影响。

⑤工期。

工期是指全部完成一项工作所需要的时间,在网络计划中,工期一般分为计算工期、要求工期、计划工期三种。

计算工期是根据网络图计算出来的完成整个工作所需的时间。计算工期是通过对网络图的分析和计算得出来的,考虑了工作之间的逻辑关系,可根据任务的时间和相互间的资源约束来推断。

要求工期是指根据建设单位或上级主管部门的要求而设定的工期。要求工期基于一些规定或限制,比如业主或监管部门对项目完成时间的要求。

计划工期是工程施工的目标工期,是根据计划工期和要求工期衡量确定的工期。如果有要求工期规定,计划工期应不超过要求工期;如果没有指定要求工期,则一般采用计算工期作为计划工期。

⑥工作时间参数和节点时间参数的表示。

常见的工作时间参数和节点时间参数表示方法见表2-9所列。

表 2-9 双代号网络计划的时间参数

时间参数	名称	符号
工作的时间参数	持续时间	D_{i-j}
	最早开始时间	ES_{i-j}
	最早结束时间	EF_{i-j}
	最迟开始时间	LS_{i-j}
	最迟结束时间	LF_{i-j}
	总时差	TF_{i-j}
	自由时差	FF_{i-j}
节点时间参数	最早时间	ET_i
	最迟时间	LT_i
工期	计算工期	T_c
	要求工期	T_r
	计划工期	T_p

（2）节点时间参数计算。节点时间参数包括最早时间 ET_i 和最迟时间 LT_i，分别标注在节点的上面，如图2-39所示。

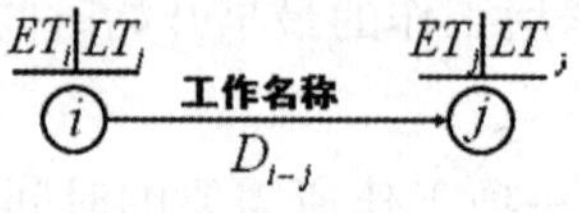

图 2-39 节点时间参数标注方式

①节点最早时间参数计算。节点最早时间计算是按照网络图中箭线方向从左向右依次计算，当节点有多条内向箭线（多条箭线同时指向同一个节点）时，取该节点所有紧前工作最早结束时间的最大值作为该节点的最早开始时间。

起始节点的最早时间应为0，即

$$ET_i = 0 \qquad (2-13)$$

中间节点及终点节点的最早时间按"顺箭头相加，箭头相碰取大值"的原则进行计算。

$$ET_j = \max(ET_i + D_{i-j}) \qquad (2-14)$$

式中，ET_j 为节点 j 的最早时间；ET_i 为节点 j 的紧前节点 i 的最早开始时间；D_{i-j} 为工作 $i-j$ 的持续时间。

②节点最迟时间参数计算。节点最迟时间参数计算是逆着网络图箭线方向（从右至左）进行，先计算终点节点的最迟时间，再计算中间节点和起始节点的最迟时间。当节点有多个外向箭线时（多项工作以此节点作为开始节点），取所有紧后工作的最迟开始时间的最小值作为该节点的最迟时间。

结束节点的最迟开始时间等于节点的最早开始时间或计划工期的结束时间，即

$$LT_n = T_p = ET_n \quad (2-15)$$

其中，T_p 是计划工期。

中间节点及起始节点最迟时间按"逆箭头相减，箭尾相碰取小值"的原则进行计算，即

$$LT_i = \min(LT_j - D_{i-j}) \quad (2-16)$$

式中，LT_j 为节点 i 的紧后节点 j 的最迟开始时间；D_{i-j} 为工作 $i-j$ 的持续时间。

[例9] 双代号网路图如图 2-40 所示，计算节点最早时间参数。

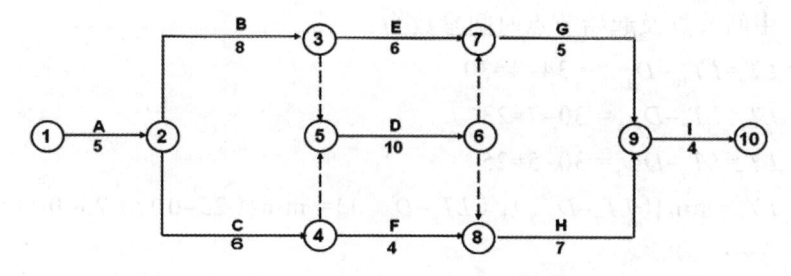

图 2-40 某工程双代号网络图

解：
第一步：顺着箭头方向相加，计算最早时间参数
起始节点最早时间为 $ET_1=0$
中间节点及终点节点最早时间参数为
$ET_2=ET_1+D_{1-2}=0+5=5$
$ET_3=ET_2+D_{2-3}=5+8=13$
$ET_4=ET_2+D_{2-4}=5+6=11$

$ET_5=\max\{(ET_3+D_{3-5}),(ET_4+D_{4-5})\}=\max\{(13+0),(11+0)\}=11$

……

$ET_{10}=ET_9+D_{9-10}=30+4=34$

计算结果如图 2-41 所示。

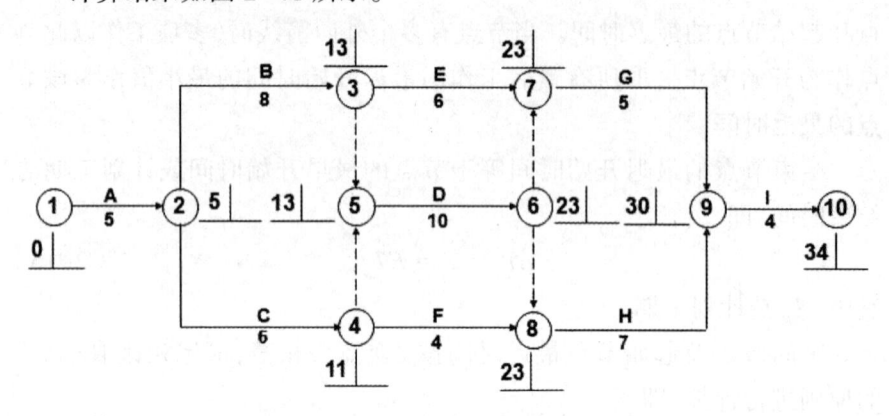

图 2-41 网络图的节点最早时间 ET_i

第二步：逆着网络图箭线的方向，计算节点最迟时间 LT_i。

终点节点最迟时间参数为 $LT_{10}=T_p=ET_{10}=34$（假定计划工期等于计算工期）

中间节点及起始节点时间参数为

$LT_9=LT_{10}-D_{9-10}=34-4=30$

$LT_8=LT_9-D_{8-9}=30-7=23$

$LT_7=LT_9-D_{7-9}=30-5=25$

$LT_6=\min\{(LT_7-D_{6-7}),(LT_8-D_{6-8})\}=\min\{(25-0),(23-0)\}=23$

……

$LT_1=LT_2-D_{1-2}=5-5=0$

计算结果如图 2-42 所示。

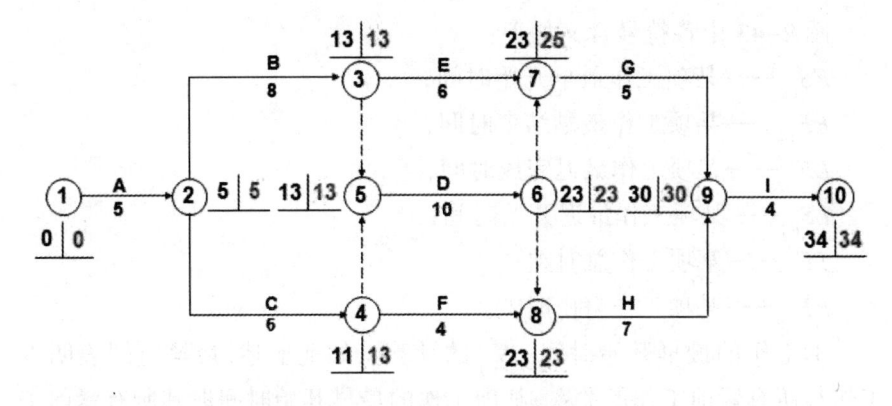

图 2-42 网络图的节点最迟时间 LT_i

（3）工作时间参数的计算。

工作时间参数计算以网络图中的各项任务为对象。首先，在网络图中顺着箭线方向从左往右依次计算各项工作的最早开始时间和最早结束时间，若某项工作只有一项紧前工作，则该项工作的最早开始时间等于紧前工作的最早结束时间，如果某项工作存在多个紧前工作，则取所有紧前工作的最早结束时间的最大值作为该项工作的最早开始时间，通过计算可以确定最后一项工作的最早结束时间，可作为计算工期，如果没有明确要求与规定，将计算工期作为计划工期。其次，计算晚最早时间参数后，逆着网络图箭线方向从右往左，依次计算各项工作的最迟结束时间和最迟开始时间，若某项工作只有一项紧后工作时，紧后工作的最迟开始时间就是这项工作的最迟结束时间；如果一项工作有多个紧后工作时，取所有紧后工作最迟开始时间的最小值作为本项工作的最迟结束时间。最后，计算工作的总时差和自由时差。

一般工作时间参数的计算都是直接在网络图上进行表示，六个参数的具体表示方法如图 2-43 所示。

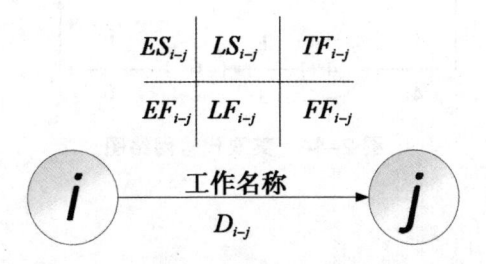

图 2-43 双代号网络图时间参数标注方法

图 2-43 中各符号含义如下：

ES_{i-j}——某项工作最早开始时间；

EF_{i-j}——某项工作最早结束时间；

LF_{i-j}——某项工作最迟完成时间；

LS_{i-j}——某项工作最迟开始时间；

TF_{i-j}——某项工作总时差；

FF_{i-j}——某项工作自由时差。

①工作的最早开始时间 ES_{i-j} 的计算。如前所述，最早时间表明本工作与所有紧前工作的关系，某项工作的最早开始时间取其所有紧前工作最早结束时间的最大值，起始工作的最早开始时间为 0，具体计算步骤如下。

若无特殊规定，起始工作的最早开始时间记为 0，即

$$ES_{i-j}=0 \quad （此时\ i=1） \tag{2-17}$$

网络图中其他工作的最早开始时间按"顺箭头方向相加，箭头相碰取大值"的原则进行计算。

$$ES_{i-j}= \max(ES_{h-i}+D_{h-i})=\max(EF_{h-i}) \text{ 或 } ES_{i-j} = ET_i \tag{2-18}$$

式中，ES_{h-i} 为工作 $i-j$ 的紧前工作 $h-i$ 的最早开始时间；EF_{h-i} 为工作 $i-j$ 的紧前工作 $h-i$ 的最早结束时间；D_{h-i} 为工作 $i-j$ 的持续时间。

[例 10] 某网络计划图如图 2-44 所示，试计算各项工作的最早开始时间 ES_{i-j}。

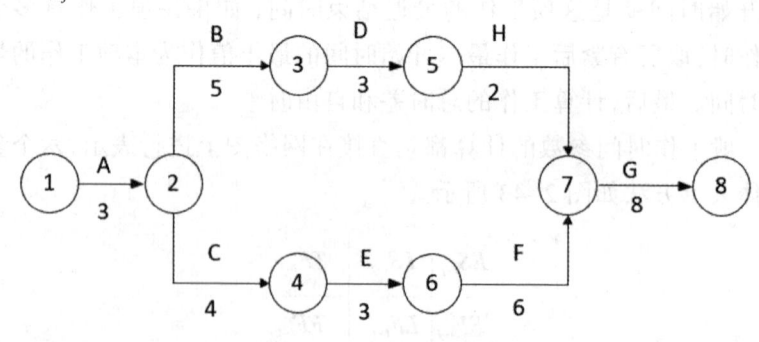

图 2-44 某双代号网络图

解：

$ES_{1-2}=0$

$ES_{2-3}=ES_{1-2}+D_{1-2} = 0+3=3$

$ES_{2-4}=ES_{1-2}+D_{1-2}= 0+3=3$

$ES_{3-5}=ES_{2-3}+D_{2-3}= 3+5=8$

$ES_{4-6}=ES_{2-4}+D_{2-4}= 3+4=7$

$ES_{5-7}=ES_{3-5}+D_{3-5}= 8+3=11$

$ES_{6-7}=ES_{4-6}+D_{4-6}= 7+3=10$

$ES_{7-8}=\max\{(ES_{5-7}+D_{5-7});(ES_{6-7}+D_{6-7})\}= \max\{(11+2);(10+6)\}=16$，

直接在网络图上计算，如图 2-45 所示。

②工作的最早结束时间 EF_{i-j} 的计算。

某项工作的最早结束时间 EF_{i-j} 可以用本项工作的最早开始时间加上本项工作的持续时间来计算，指在所有紧前工作都完成的前提下，本项工作最早完成的时间，即

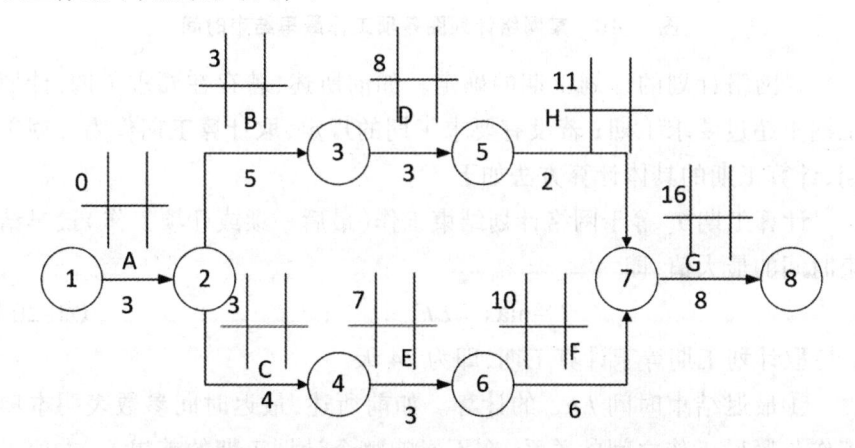

图 2-45 某网络计划各项工作最早开始时间

$$EF_{i-j}=ES_{i-j}+D_{i-j} \quad (2-19)$$

[例 11] 计算网络计划图 2-45 中各项工作的最早结束时间 EF_{i-j}。

解：

$EF_{1-2}=ES_{1-2}+D_{1-2}= 0+3=3$

$EF_{2-3}=ES_{2-3}+D_{2-3}= 3+5=8$

$EF_{2-4}=ES_{2-4}+D_{2-4}= 3+4=7$

$EF_{3-5}=ES_{3-5}+D_{3-5}= 8+3=11$

$EF_{4-6}=ES_{4-6}+D_{4-6}= 7+3=10$

$EF_{5-7}=ES_{5-7}+D_{5-7}= 11+2=13$

$EF_{6-7}=ES_{6-7}+D_{6-7}= 10+6=16$

$EF_{7-8}=ES_{7-8}+D_{7-8} = 16+8=24$

采用图上计算法，如图 2-46 所示。

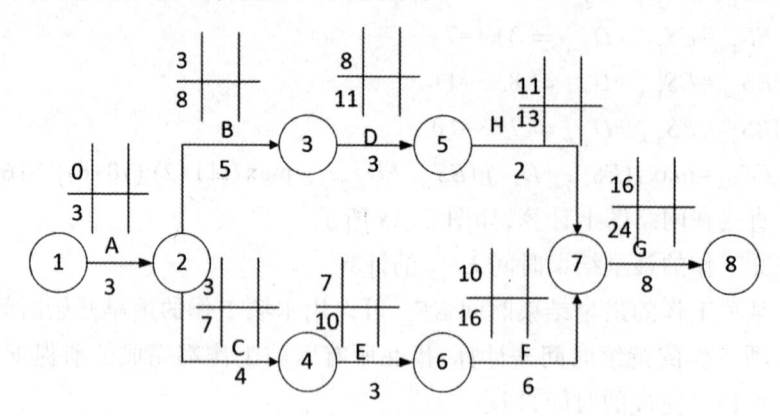

图 2-46 某网络计划图各项工作最早结束时间

③网络计划的计划工期的确定。如前所述，若存在要求工期，计划工期不超过要求工期；若没有要求工期的规定，取计算工期作为计划工期，计算工期的具体计算方法如下。

计算工期 T_p 等于网络计划结束工作（最后一项或几项工作）最早结束时间的最大值，即

$$T_p=\max\{EF_{i-j}\} \qquad (2-20)$$

取计划工期等于计算工期，即为 24 天。

④最迟结束时间 LF_{i-j} 的计算。如前所述，最迟时间参数表明本项工作与紧后工作之间的关系，在不影响整个计划工期的前提下，本项工作最迟必须完成的时间。最迟结束时间 LF_{i-j} 在计算时应逆着网络图中箭线的方向，从右至左推算，最后一项工作的最迟结束时间等于计划工作，其他工作的最迟结束时间等于其紧后工作的最迟开始时间，若某项工作有多项紧后工作，取所有紧后工作最迟开始时间的最小值作为本项工作的最迟结束时间。

最后一项工作的最迟结束时间 LF_{i-j} 取网络计划的计划工期，即

$$LF_{i-j} = T_p \ (j=n, n \text{ 为终点节点的编号}) \qquad (2-21)$$

其他工作的最迟结束时间 LF_{i-j} 按"逆箭头相减，箭尾相碰取小值"的原则进行计算，即

$$LF_{i-j} = LT_j \text{ 或者 } LF_{i-j}=\min(LF_{j-k}-D_{j-k})=\min(LS_{j-k}) \qquad (2-22)$$

式中，LF_{j-k} 为 $i-j$ 工作的紧后工作 $j-k$ 的最迟结束时间；LS_{j-k} 为 $i-j$ 工作的紧后工作 $j-k$ 的最迟开始时间；D_{j-k} 为 $i-j$ 工作的紧后工作 $j-k$ 的持续时间。

[例12] 计算图 2-46 中各项工作的最迟结束时间 LF_{i-j}。

解：

$LF_{7-8} = T_p = EF_{7-8} = 24$

......

$LF_{1-2} = \min\{(LF_{2-3}-D_{2-3});(LF_{2-4}-D_{2-4})\} = \min\{(11-5);(7-4)\} = 3$

具体计算结果如图 2-47 所示。

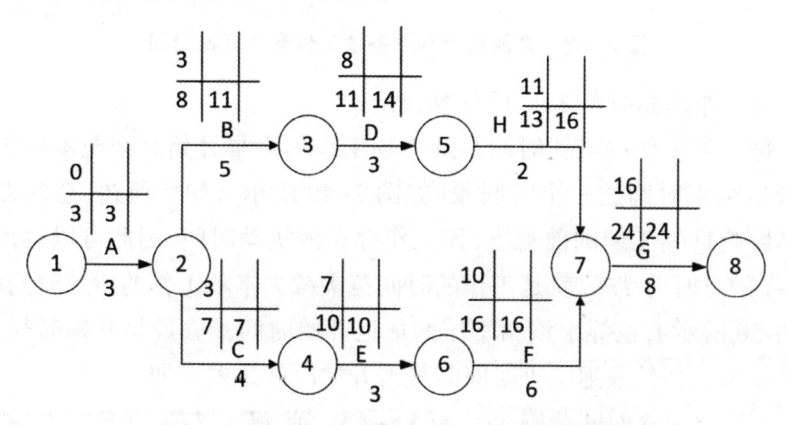

图 2-47 某网络计划图各项工作最迟结束时间

⑤工作最迟开始时间 LS_{i-j} 的计算。某项工作的最迟开始时间可用本项工作的最迟结束时间减去本项工作的持续时间进行计算，即

$$LS_{i-j} = (LF_{i-j} - D_{i-j}) \quad (2-23)$$

[例13] 试计算网络计划图 2-47 中各项工作最迟开始时间 LS_{i-j}。

解：$LS_{7-8} = LF_{7-8} - D_{7-8} = 24-8 = 16$

...

$LS_{1-2} = LF_{1-2} - D_{1-2} = 3-3 = 0$

各项工作的最迟开始时间计算结果如图 2-48 所示。

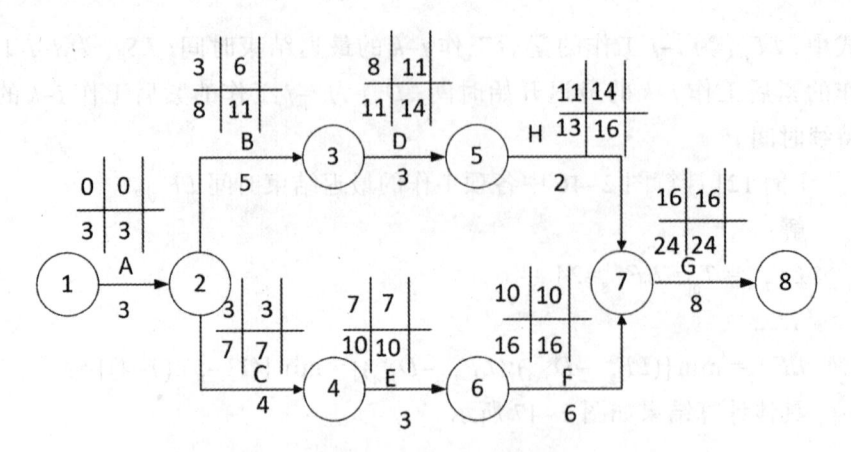

图 2-48 某网络计划图各项工作最迟开始时间

⑥工作的总时差 TF_{i-j} 的计算方法。

每一项工作的工作时间是从本项工作的最早开始时间至本项工作的最迟结束时间这一个时间段(如图 2-49 所示),如前所述,总时差指在不影响计划工期的前提下,该工作存在的机动时间,因此可以得出工作 $i-j$ 的总时差 TF_{i-j} 就是工作的时间范围减去本项工作的持续时间(如图 2-50 所示),也等于该项工作的最迟开始时间减去最早开始时间,还等于该项工作的最迟结束时间与最迟开始时间之差。即

$$TF_{i-j} = 工作时间范围 - D_{i-j} = LS_{i-j} - ES_{i-j} 或 TF_{i-j} = LF_{i-j} - EF_{i-j} \quad (2-24)$$

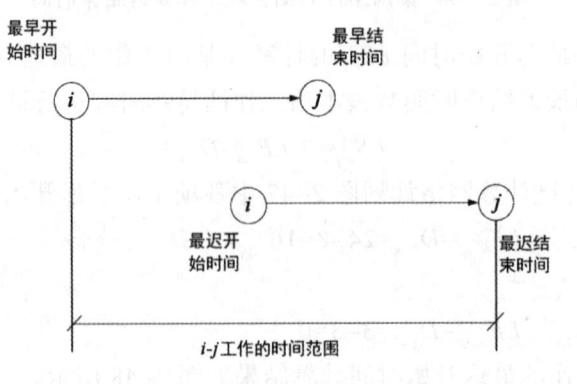

图 2-49 工作的时间范围示意图

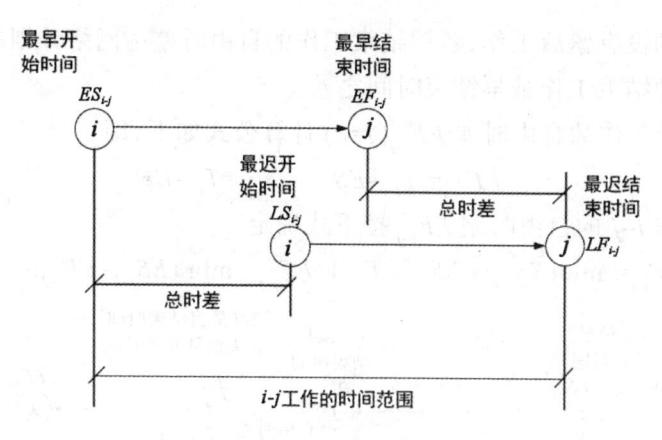

图 2-50 工作总时差计算示意图

[例14] 计算图 2-48 中的各项工作的总时差 TF_{i-j}。

解：

$TF_{1-2}=LS_{1-2}-ES_{1-2}=0-0=0$ 或 $TF_{1-2}=LF_{1-2}-EF_{1-2}=3-3=0$

……

$TF_{7-8}=LS_{7-8}-ES_{7-8}=16-16=0$ 或 $TF_{7-8}=LF_{7-8}-EF_{7-8}=24-24=0$，

详细计算结果如图 2-51 所示。

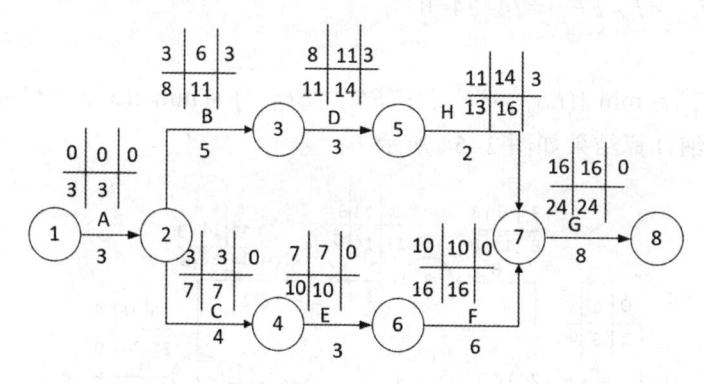

图 2-51 图 2-48 中各项工作总时差

⑦工作自由时差 FF_{i-j} 的计算。

如前所述，自由时差是指在不影响紧后工作最早开始的前提下，该工作的机动时间。自由时差的计算受到紧后工作最早开始时间的约束，等于紧后工作的最早开始时间与本项工作的最早结束时间之差（如图 2-52 所示）；若某项工作有多个紧后工作，自由时差取所有紧后工作最早开始时间与本项工作最早结束时间之差的最小值；网络计划中的结束工作的没有紧后工作，各项结束工作的自由时差由网络计划的计划工期与各项结束工作最早结束时间之差。

结束工作的自由时差 $FF_{i-j}(j=n)$ 计算公式如下，即

$$FF_{i-n}= T_P -ES_{i-n}- D_{i-n}=T_P-EF_{i-n} \quad (2-25)$$

工作 i-j 的自由时差 FF_{i-j} 按下式确定

$$FF_{i-j}= \min(ES_{j-k} - ES_{i-j} - D_{i-j})=FF_{i-j}= \min (ES_{j-k}-EF_{i-j}) \quad (2-26)$$

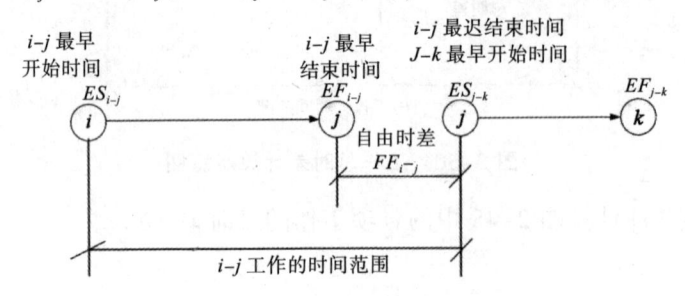

图 2-52　自由时差计算示意图

[例 15] 计算图 2-52 中各项工作的自由时差 FF_{i-j}。

解：

$FF_{7-8} =T_P-EF_{7-8}=24-24=0$

……

$FF_{1-2} = \min \{(ES_{2-3}-EF_{1-2}); (ES_{2-4}-EF_{1-2})\} = \min \{(3-3); (3-3)\}=0$，详细计算结果如图 2-54 所示。

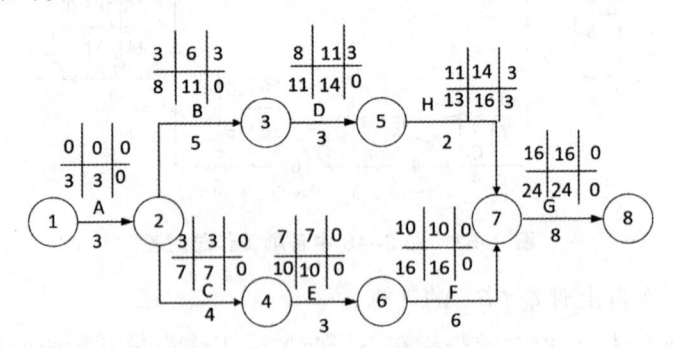

图 2-53　图 2-51 中各项工作自由时差

由于自由时差是总时差的构成部分，因此，当总时差为零时，自由时差必然为零，可不必另行计算。一般情况下，自由时间小于等于总时差，非关键线路上自由时差之和与该条线路可利用的总时差的最大值相等。

注意，自由时差只是本工作的机动时间，不是整个线路的机动时间。

[例16] 确定图 2-53 中的关键线路与关键工作。

解：依据关键线路的概念，1—2—4—6—7—8 这条线路的持续时间最长，是本网络计划中的关键线路，关键线路上的 A、C、E、F、G 这几项工作为关键工作。如图 2-54 所示。

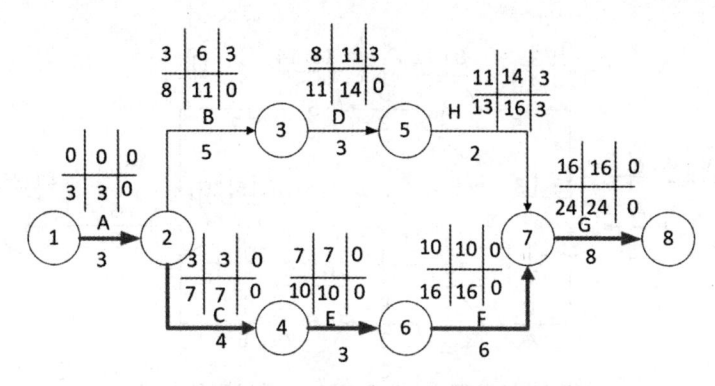

图 2-54　图 2-53 的关键线路

（4）节点时间参数与工作时间参数之间的关系。具有相同开始节点的各项工作的最早开始时间相等且等于该节点的最早时间，具有相同结束节点的各项工作的最迟结束时间相等且等于该节点的最迟时间。具体的计算公式为

$$ES_{i-j} = ET_i \; ; \; EF_{i-j} = ES_{i-j} + D_{i-j}$$

$$LF_{i-j} = LT_j \; ; \; LS_{i-j} = LF_{i-j} - D_{i-j}$$

$$TF_{i-j} = LT_j - ET_i - D_{i-j} \; ; \; FF_{i-j} = ET_j - ET_i - D_{i-j}$$

[例17] 试根据图 2-55 中的节点参数计算途中各项工作时间参数。

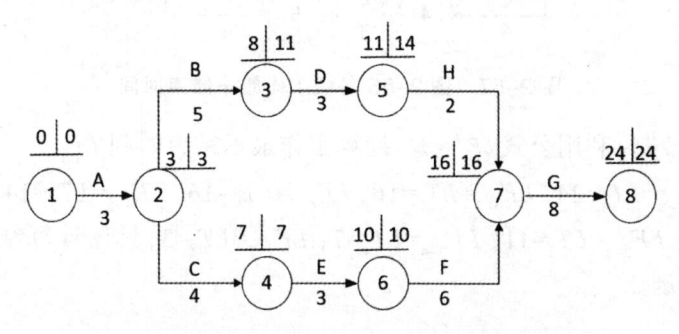

图 2-55　已计算节点时间参数的网络图

解：

第一步：根据 $ES_{i-j}=ET_i$ 计算各项工作最早开始时间 ES_{i-j}。

$ES_{1-2}=ET_1=0$，$ES_{2-3}=ET_2=2$，$ES_{2-4}=ET_2=3$，$ES_{3-5}=ET_3=8$，$ES_{4-6}=ET_4=7$，$ES_{5-7}=ET_5=11$，$ES_{6-7}=ET_6=10$，$ES_{7-8}=ET_7=16$，计算结果如图 2-56 所示。

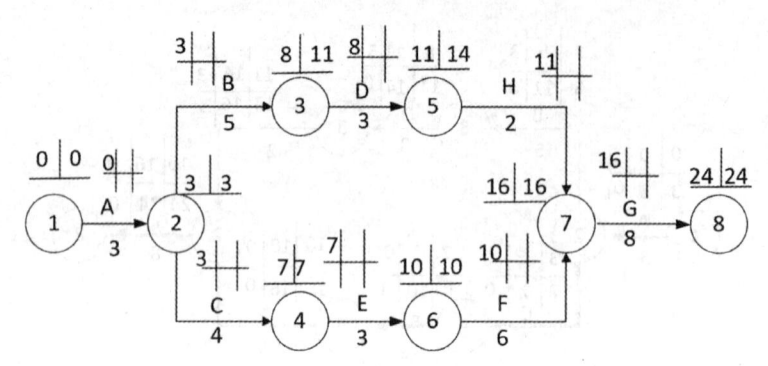

图 2-56　图 2-55 各项工作最早开始时间

第二步：利用 $EF_{i-j} = ES_{i-j} + D_{i-j}$ 计算各项工作最早结束时间 EF_{i-j}，具体计算结果如图 2-57 所示。

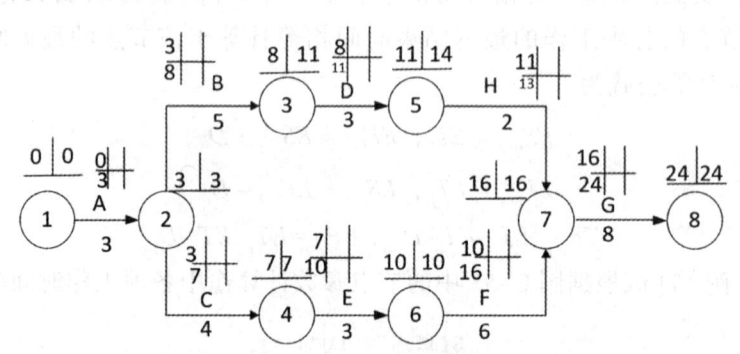

图 2-57　图 2-55 各项工作最早结束时间

第三步：利用公式 $LF_{i-j}=LT_j$ 计算工作最迟结束时间 LF_{i-j}。

$LF_{7-8}=LT_8=24$，$LF_{5-7}=LT_7=16$，$LF_{6-7}=LT_7=16$，$LF_{3-5}=LT_5=14$，$LF_{4-6}=LT_6=10$，$LF_{2-3}=LT_3=11$，$LF_{2-4}=LT_4=7$，$LF_{1-2}=LT_2=3$，具体计算结果如图 2-58 所示。

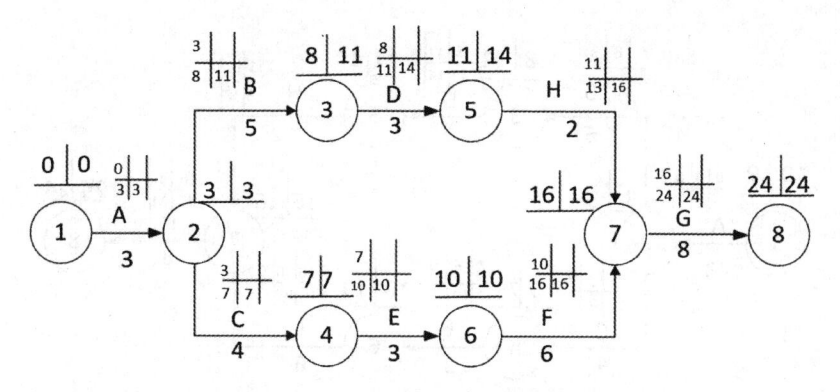

图 2-58　图 2-55 各项工作最迟结束时间

第四步：利用公式 $LS_{i-j} = LF_{i-j} - D_{i-j}$ 计算各项工作最迟开始时间 LS_{i-j}，具体计算结果如图 2-59 所示。

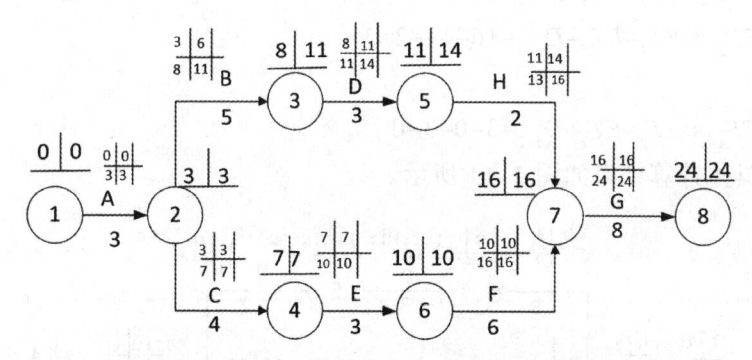

图 2-59　图 2-55 中各项工作最迟开始时间

第五步：利用公式 $TF_{i-j}=LT_j-ET_i-D_{i-j}$ 计算各项工作总时差 TF_{i-j}。
$TF_{7-8}=LT_8-ET_7-D_{7-8}=24-16-8=0$
$TF_{5-7}=LT_7-ET_5-D_{5-7}=16-11-2=3$
……
$TF_{1-2}=LT_2-ET_1-D_{1-2}=3-0-3=0$
具体计算结果如图 2-60 所示。

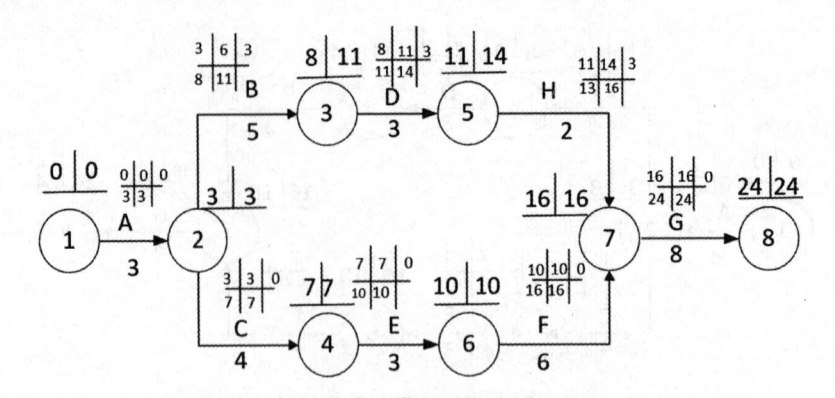

图 2-60　图 2-55 中各项工作的总时差

第六步：利用 $FF_{i-j}=ET_j-ET_i-D_{i-j}$ 计算各项工作的自由时差。

$FF_{7-8}=ET_8-ET_7-D_{7-8}=24-16-8=0$

$FF_{5-7}=ET_7-ET_5-D_{5-7}=16-11-2=3$

……

$FF_{1-2}=ET_2-ET_1-D_{1-2}=3-0-3=0$

具体计算结果如图 2-61 所示。

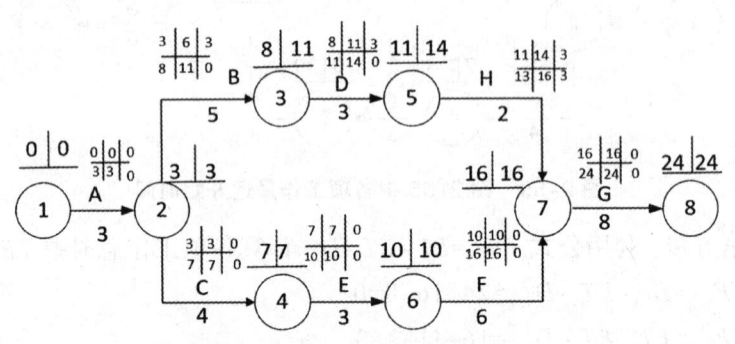

图 2-61　图 2-55 中各项工作自由时差

6. 关键线路

（1）确定关键线路的方法。对关键线路的确定有以下几种方法。

方法一：在网络计划中，通过计算所有线路时间长短来确定。持续时间最长的线路为关键线路，位于关键线路上的工作为关键工作，关键工作可以是虚工作。

方法二：通过计算工作的总时差来确定关键线路。关键线路上各项工作总时差最小或为0,由所有总时差最小或为0的工作组成的线路是关键线路。若计划工期等于计算工期,关键线路上各项工作的总时差为0。需要说明的是,关键工作的总时差最小或为0,但不是所有总时差最小或为0的工作都是关键工作。

方法三:通过节点参数确定关键线路。若某项工作的开始节点的最早时间参数与最迟时间参数相等,并且结束节点的最早时间和最迟时间参数也相等,且结束节点最早时间参数与开始节点的最迟时间参数之差与该项工作的持续时间相等,那么该项工作就是关键工作,由所有的关键工作连城的通路就是关键线路。关键线路上经过所有节点都是关键节点,关键工作的两端节点均为关键节点,关键节点的显著特点是节点的最早时间参数与最迟时间参数相等,即 $ET=LT$。需要注意的是,虽关键工作的两端节点是关键节点,但两关键节点间的工作未必是关键工作。

通过节点参数确定关键线路和关键节点,方法如下。

①确定关键工作:找到开始节点的最早时间参数和最迟时间参数相等,且结束节点的最早时间参数和最迟时间参数也相等的工作。同时,这些工作的持续时间与它们开始节点的最迟时间参数与结束节点最早时间参数之差相等。这些工作即为关键工作。

②识别关键线路:将所有的关键工作连接起来,形成一条通路,即关键线路。在关键线路上的每个节点都被认为是关键节点。关键节点的显著特点是最早时间参数(ET)和最迟时间参数(LT)相等,即 $ET=LT$。

需要注意的是,尽管关键工作的两端节点是关键节点,但两个关键节点之间的工作并不一定是关键工作。

(2)关键线路一般用双线箭线、粗箭线或红、蓝彩色粗线标出。

(3)关键工作的自由时差都为0,非关键工作的自由时差可以是0,也可以不是0,各项工作的自由时差小于等于总时差。自由时差是总时差的构成部分,总时差若是0,自由时差一定为0。

[例18] 确定图2-62中的关键线路。

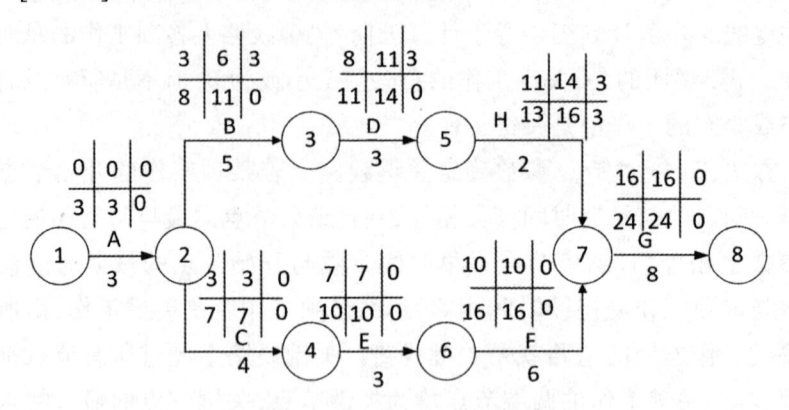

图2-62 某双代号网络图

解：从图2-62中的时间参数可以看出，计划工期等于计算工期，关键线路上各项工作的总时差为0，总时差为0的工作线路：1—2—4—6—7—8，线路中的各项工作总时差均为0，所以为关键线路，并用粗箭线表示，如图2-63所示。

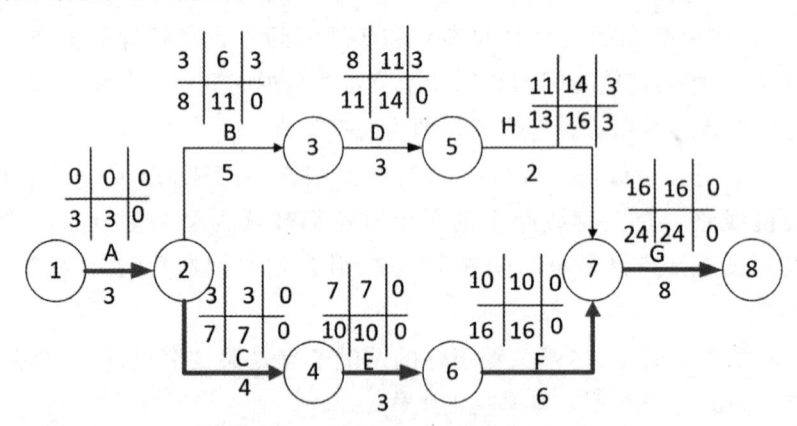

图2-63 双代号网络图的关键线路

2.2.3 双代号时标网络计划

双代号时标网络计划实质上是将一般的网络图绘制在时间坐标里，如图2-64所示。由图中可以看出，时标网络图中具有时间坐标，除了具有网络图的特点还有横道图的特点，时标网络图结合了横道图和网络图的优点，既能清晰地表达各项工作间的逻辑关系，又能按天统计资源、编制资源需求计划。时标网络图中箭线的水平投影长度表示工作的持续时间,从时标网络图中能够直观地看出各项工作的开始时间、结束时间以及计算工期等时间参数。

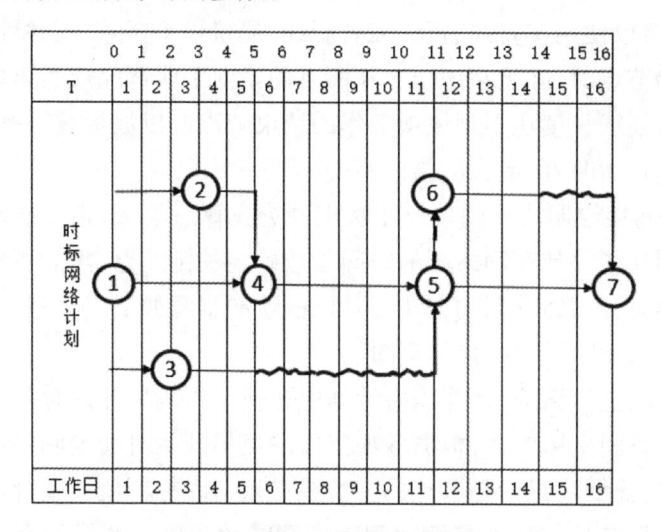

图 2-64 某双代号时标网络图

1. 绘制时标网络计划的一般规定

(1)时标网络计划必须以水平时间坐标为尺度来表示工作时间,时标的时间单位需要根据网络计划的实际情况确定,可以小时为单位,也可以天、周、旬、月、季等为单位。

(2)时标网络图中的工作用实箭线表示,虚工作用虚箭线表示,时标网络图中的波形线表示工作的自由时差。

(3)时标网络中所有符号在时间坐标上的水平投影位置须与其时间参数对应,节点中心须对准相应的时标位置。虚工作以垂直方向的虚箭线表示,自由时差用波形线表示。

(4)时标网络计划图宜按最早时间编制。

2. 时标网络图的绘制方法

时标网络图可以直接绘制,也可以先绘制无时标网络图再绘制时标网络图。直接绘制时标网络计划的方法称为直接绘制法,根据无时标网络图计划绘制时标网络计划称为间接绘制法。

（1）直接绘制法。直接绘制法是不绘制无时标网络计划，不计算时间参数，直接在时间坐标上进行绘制网络计划的方法。自左而右依次确定其他节点，直至终点节点定位绘完。由工作的持续时间确定箭线的长短，箭线可以使用实直线、折线或者斜线，尽量横平竖直。在绘制某项工作的开始节点时，必须在该项工作所有的紧前工作都完成后再确定。某项工作的箭线长度达不到该项工作的结束节点时以波形线补齐，表明该项工作有自由时差，箭头的指向不变。

（2）间接绘制法。间接绘制法也称为先算后绘法，指先绘制无时标网络计划草图并计算网络图的时间参数确定关键线路，然后再在时间坐标里绘制时标网络计划的方法。具体的绘制步骤如下。

①绘制无时标网络计划草图。

②用图上计算法，计算网络计划中各项工作最早开始时间。

③在时间坐标表上，根据各项工作的最早开始时间绘制每项工作的开始节点，需要注意的是节点的中心线必须与时标刻度线重合。

④根据各项工作的持续时间确定箭线的长度。箭线的水平投影长度与工作持续时间相等；虚工作用虚线表示，因虚工作既不消耗资源也不占用时间，所以表示虚工作的虚箭线一般都垂直于节点。

⑤对于箭线长度达不到紧后工作开始节点的工作，用波形线将实线部分与其紧后工作的开始节点连接起来，表示该项工作的自由时差。

[例19] 某基础工程双代号网络计划如图2-65所示，试绘制时标网络计划。

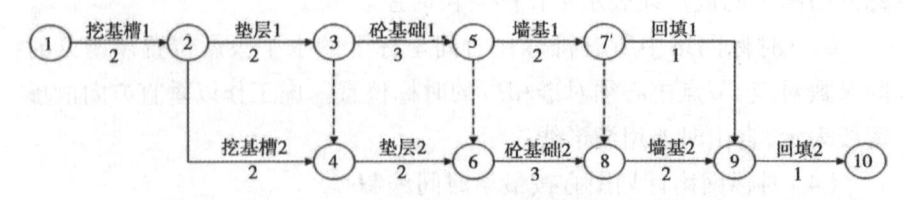

图2-65 某双代号网络图

解：采用直接绘制法，自左而右依次确定中间节点，直至终点节点，最后找出存在逻辑关系的虚工作并用波形线和虚箭线来组合表示，具体绘制结果如图2-66所示。

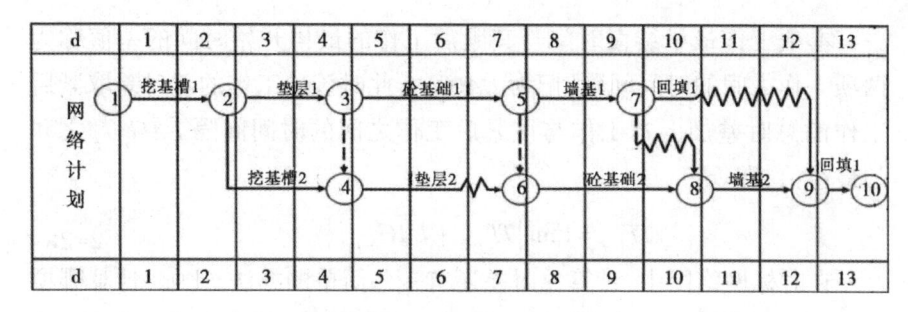

图 2-66 双代号时标网络图

4. 关键线路和计算工期的确定

在时标网络计划中,逆着箭线的方向,从终点节点开始,自右向左,不存在波形线的线路为关键线路。时标网计划中的整个计划的结束节点至开始节点所在位置的时标值之差是时标网络的计算工期。

5. 时标网络计划时间参数的确定

(1) 最早开始时间 ES_{i-j} 和最早结束时间 EF_{i-j}。在时标网络图中,通过箭线的箭头节点和箭尾节点所对应的时间坐标值分别确定各项最早开始时间 ES_{i-j} 和最早结束时间 EF_{i-j},箭尾节点对应时间坐标值是该项工作的最早开始时间,箭尾节点对应的时间坐标值是该项工作的最早结束时间。

(2) 自由时差 FF_{i-j}。代表各工作的箭线中的波形线在坐标轴上的水平投影长度是该项工作的自由时差。波形线起点位置对应的时间坐标为该项工作的最早结束时间,波形线的末端所对应的时间坐标为该项工作的紧后工作的最早开始时间。

注意:当本工作箭线上没有波形线、本工作之后的虚工作中存在波形线,本工作的自由时差取紧接在本工作之后的所有虚箭线中波形线水平投影长度的最小值;如果本工作之后不只紧接虚工作时,该工作的自由时差为 0。

(3) 总时差。从时标网络计划中不能直接观察总时差,但可以通过自由时差进行计算。工作总时差应自右向左逆箭线推算,本工作的总时差等于本工作的自由时间与其所有紧后工作总时差的最小值之和。

$$TF_{i-j}=FF_{i-j}+\min\{TF_{j-k},TF_{j-l},TF_{j-m},....\} \qquad (2-27)$$

本项工作最早结束时间与其紧后工作的最早开始时间的差值称为两项工作之间的时间间隔,记为 LAG_{i-j-k},此时该项工作的总时差取紧后工作的总时差加上本工作与该紧后工作之间的时间间隔 LAG_{i-j-k} 之和的最小值,即

$$TF_{i-j} = \min\{TF_{j-k} + LAG_{i-j-k}\} \qquad (2-28)$$

在时标网络图中,计算总时差还有一些简单的办法,比如,计算哪项工作的总时差,就以哪项工作为起点,寻找通过该工作的所有线路,计算每一条线路中波形线的长度之和,找出最小值,这个最小值就是该项工作的总时差。

(4)最迟开始时间 LS_{i-j} 和最迟结束时间 LF_{i-j}。根据总时差计算最早开始和最早结束时间,推算最迟开始和最迟结束时间。工作的最早开始时间加总时差等于最迟开始时间,工作最早结束时间加总时差之和等于工作的最迟结束时间,公式如下:

$$LS_{i-j} = ES_{i-j} + TF_{i-j} \qquad (2-29)$$

$$LF_{i-j} = EF_{i-j} + TF_{i-j} \qquad (2-30)$$

[例20] 计算如图2-65所示的时标网络计划中各项工作的时间参数,确定关键线路。

解:

第一步:确定关键线路。如前所述,在时标网络计划中,逆着箭线方向寻找没有波形线的线路是1—4—5—7,1—2—4—5—7这两条线路,所以关键线路有两条,分别为1—4—5—7,1—2—4—5—7。

第二步:计算自由时差。代表各工作的箭线中的波形线在坐标轴上的水平投影长度是该项工作的自由时差。如工作箭线上不存在波形线,其紧接的虚箭线中波形线水平投影长度的最小值是本工作的自由时差;本工作之后不只紧接虚工作时,该工作的自由时差为0。

$FF_{1-2}=0$,$FF_{1-3}=0$,$FF_{2-4}=0$,$FF_{3-5}=6$,$FF_{4-5}=0$,$FF_{5-7}=0$,$FF_{6-7}=2$

第三步:计算总时差(由后向前计算)。

$TF_{6-7}=2$,$TF_{5-7}=0$,$TF_{4-5}=0$,$TF_{5-6}=2$,$TF_{3-5}=6$,$TF_{1-3}=6$,$TF_{1-2}=0$,$TF_{2-4}=0$

第四步:计算最迟开始时间。

工作的最迟开始时间 LS_{i-j} 等于该项工作最早开始时间与该项工作总时差之和。

$LS_{1-2}=ES_{1-2}+TF_{1-2}=0+0=0$

$LS_{1-4}=ES_{1-4}+TF_{1-4}=0+0=0$

$LS_{1-3}=ES_{1-3}+TF_{1-3}=0+6=6$

$LS_{2-4}=ES_{2-4}+TF_{2-4}=3+0=3$

$LS_{4-5}=ES_{4-5}+TF_{4-5}=5+0=5$

$LS_{3-5}=ES_{3-5}+TF_{3-5}=3+6=9$

$LS_{5-7}=ES_{5-7}+TF_{5-7}=11+0=11$

$LS_{6-7}=ES_{6-7}+TF_{6-7}=11+2=13$

第五步：计算最迟完成时间。

工作的最迟结束时间 LF_{i-j} 等于最早结束时间加总时差之和。

$LF_{1-2}=EF_{1-2}+TF_{1-2}=3+0=3$

$LF_{1-4}=EF_{1-4}+TF_{1-4}=4+0=4$

$LF_{1-3}=EF_{1-3}+TF_{1-3}=2+6=8$

$LF_{2-4}=EF_{2-4}+TF_{2-4}=5+0=5$

$LF_{4-5}=EF_{4-5}+TF_{4-5}=11+0=11$

$LF_{3-5}=EF_{3-5}+TF_{3-5}=5+6=11$

$LF_{5-7}=EF_{5-7}+TF_{5-7}=16+0=16$

$LF_{6-7}=EF_{6-7}+TF_{6-7}=14+2=16$

2.2.4 单代号网络计划

单代号网络计划在工程项目进度管理中应用广泛，是以节点及其编号表示工作的一种网络计划。

1. 单代号网络图的组成

（1）节点。单代号网络图中用节点及其编号表示工作，箭线表示工作间的逻辑关系与先后顺序，一个节点代表一项工作。绘制单代号网络图时，可用圆圈或者矩形框表示节点，并在节点内标注工作代号、工作名称、工作持续时间等，如图 2-67 所示。

单代号网络图中的节点必须编号，此编号即工作代号，编号标注在节点内，编号原则是箭尾节点编号大于箭头节点编号，号码可以连续也可以间断，严禁重复。单代号网络图中的每一个节点及相应的编号必须也只能表示一项工作。

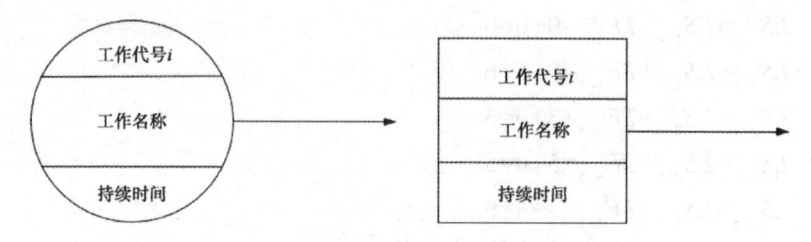

图 2-67 单代号网络图中工作的表示方法

（2）箭线。单代号网络图中，箭线指标是紧前与紧后工作之间的先后顺序与逻辑关系，不消耗资源也不占用时间，可以用水平直线、斜线、折线等表示。箭线水平投影的方向表示工作的行进方向应自左向右进行。工作之间的逻辑关系与双代号网络图一样，包括工艺关系和组织关系。

（3）线路。单代号网络图中的线路与双代号网络图中的线路含义是一样的，即沿着箭线水平投影方向自左向右，从起始节点到结束节点的所有通路都称为线路，用线路上的节点编号按照从小到大的顺序依次表述。

2. 单代号网络图的绘制

（1）单代号网络图的绘制规则。

①当工作名称用数字表示时，宜按活动顺序采用由小到大的数字进行表示。

②单代号网络图绘制中，严禁出现闭环（循环）回路。

③严禁箭线没有箭头或双箭头，严禁出现箭头没有箭头节点和箭尾节点。单代号网络图绘制中的箭线最好不要交叉，当交叉不可避免时，可采用过桥法和指向法来绘制。

④单代号网络图中应只有一个起点节点和一个终点节点，若当网络图中有多个起点节点或多个终点节点时，应在网络图的开始端和结束端分别设置一项虚工作，作为该网络图的起点节点（S_t）和终点节点（F_{in}），其他再无虚工作。如图 2-68 所示。

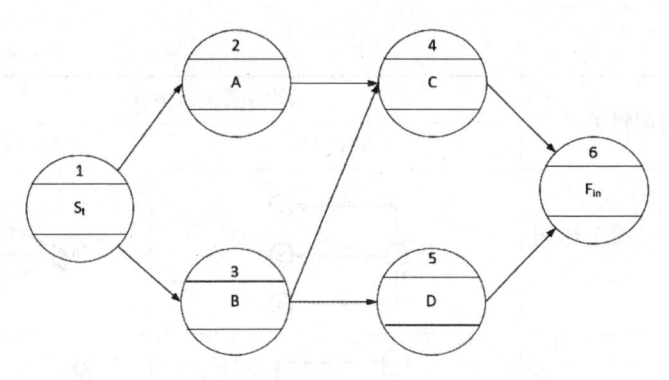

图 2-68 标注起始节点和终点节点的单代号网络图

⑤在同一个网络图中,不能同时采用单代号和双代号的绘制方法。
⑥单代号与双代号网络图的绘制区别见表 2-10 所列。

表 2-10 单代号与双代号网络图的绘制区别

双代号网络图	单代号网络图
两个节点加一个箭线代表一项工作	用节点表示工作,一个节点代表一项工作
实箭线反映消耗一定的资源与时间	箭线不反映消耗资源和时间
箭线反映分享工作之间的逻辑关系与先后顺序	箭线反映各项工作之间的逻辑关系与先后顺序
存在虚箭线	不存在虚箭线
非时标网络图中箭线长短与时间长短无关	箭线不反应时间消耗,可长可短,跟网络图布局有关
节点不需要消耗时间和资源	节点代表工作,所以节点内消耗资源

(2)单代号网络图中逻辑关系的表示方法。

与双代号网络绘制对比,单代号网络的逻辑关系表示方法见表 2-11 所列。

表 2-11 单代号网络图中逻辑关系表示(双代号网络图的对比)

工作间逻辑关系	网络图表示方法	
	双代号	单代号
A、B、C 三项工作依次进行	①→A→②→B→③→C→④	Ⓐ→Ⓑ→Ⓒ

续表

工作间逻辑关系	网络图表示方法	
	双代号	单代号
A、B、C 三项工作同时开始		
X、Y、Z 三项工作同时结束		
A、B、C 三项工作，B、C 在 A 完成后才能开始		
B、C、D 三项工作，D 在 B、C 完成后才能开始		
H 工作在 E 工作结束后才能开始；I 在 E、F 工作均结束后才能开始		
L、M 在 J、K 两项工作均完成后才能开始		
B、C 工作在 A 工作结束后可同时开始；D 在 B、C 工作均完成后才能开始		
A、B、C 三项工作分为三个施工段，进行搭接流水施工		

[例21] 某工程项目各项工作间的逻辑关系见表2-12所列,试绘制单代号网络图。

表2-12 某工程项目逻辑关系表

工作	A	B	C	D	E	F
紧前工作	—	—	A、B	B	C	C、D
持续时间	3	5	2	4	4	3

解:在网络图的两端分别设置一项虚工作,作为该网络图的起点节点和终点节点,其各自的持续时间均为0。具体绘制结果如图2-69所示。

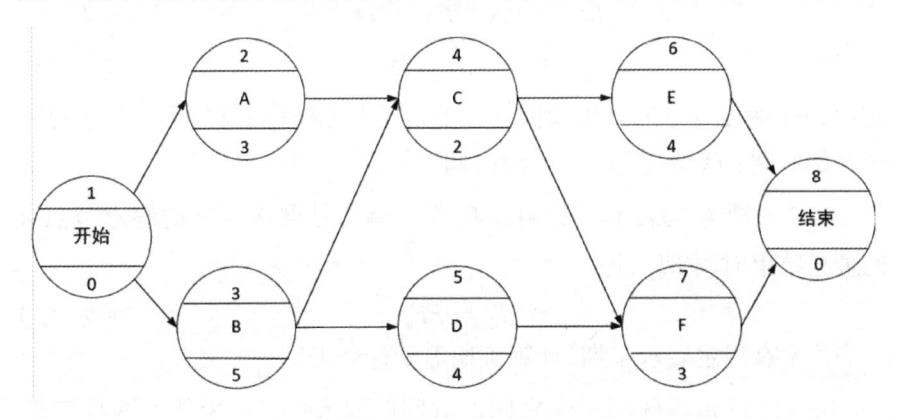

图2-69 单代号网络图

2. 单代号网络图时间参数的计算

与双代号网络图一样,单代号网络计划也有六个时间参数,即最早开始时间 ES_i 和最早结束时间 EF_i、工作总时差 TF_i、工作自由时差 FF_i、工作的最迟开始时间 LS_i 和最迟完成时间 LF_i,时间参数在网络图中的标注形式如图2-70所示。

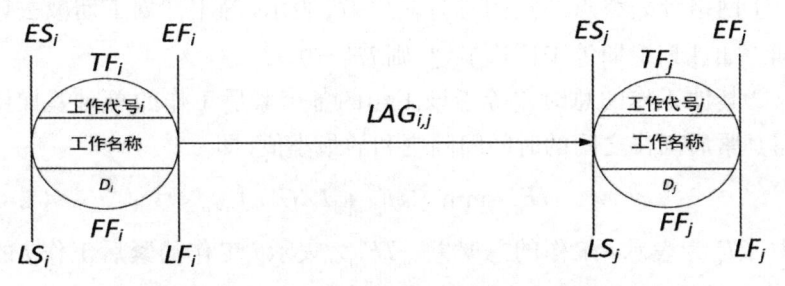

图2-70 单代号网络计划时间参数的标注形式

（1）最早时间参数计算。单代号网络计划时间参数的计算原理同双代号网络计划的计算原理是一样的，计算最早时间参数时，顺着箭线方向自左向右、从起点结点开始逐项计算，某项工作的最早开始时间等于紧前工作最早结束时间的最大值，最早结束时间等于最早开始时间加上该项工作的持续时间。

单代号网络计划中起点节点的最早开始时间为0，即

$$ES_i = 0(i=1) \quad (2-31)$$

$$ES_j = \max[EF_i] \quad (2-32)$$

或

$$ES_j = \max[ES_i + D_i] \quad (2-33)$$

$$EF_i = ES_i + D_i \quad (2-34)$$

式中，ES_i 为工作 j 的各项紧前工作的最早开始时间；ES_j 为工作 j 的最早开始时间；D_i 为工作 i 的持续时间。

（2）工期 T_C 的计算。计算工期等于单代号网络计划的终点节点 n 的最早结束时间 EF_n，即

$$T_C = EF_n \quad (2-35)$$

若没有规定要求工期，计算工期等于计划工期。

（3）计算相邻两项工作之间的时间间隔 $LAG_{i,j}$。相邻的两项工作之间的时间间隔指紧后工作的最早开始时间与本工作的最早结束时间的差值，若用 $LAG_{i,j}$ 表示相邻两项工作 i 和 j 之间的时间间隔，则

$$LAG_{i,j} = ES_j - EF_i \quad (2-36)$$

（4）工作总时差计算。计算工作总时差应逆着网络图中箭线的方向，从网络计划的终点节点开始，按照编号由大到小依次逐项计算，用 TF_i 表示。

① 网络计划终点节点的总时差用 TF_n 表示，等于计划工期减去计算工期。如计划工期等于计算工期，则 $TF_n = 0$。

② 其他工作的总时差等于该工作的各个紧后工作的总时差加该工作与其紧后工作之间的时间间隔之和的最小值，即

$$TF_i = \min[TF_j + LAG_{i,j}] \quad (2-37)$$

式中，TF_i 为表示 i 工作的总时差；TF_j 为表示 i 工作的紧后工作 j 的总时差（i 工作的紧后工作可以有多个）；$LAG_{i,j}$ 为表示 i 工作与紧后工作 j

之间的时间间隔。

（5）工作自由时差的计算。

①单代号网络计划中终点节点的自由时差等于计划工期减该工作的最早结束时间，用 FF_n 表示终点节点工作的自由时差，T_P 表示计划工期，EF_n 表示该项工作的最早结束时间，则

$$FF_n = T_P - EF_n \quad (2-38)$$

②其他节点工作的自由时差等于该工作与其紧后工作之间时间间隔的最小值，用 FF_i 表示 i 工作的自由时差，$LAG_{i,j}$ 表示 i 工作与其紧后工作之间的时间间隔，则

$$FF_i = \min\left[LAG_{i,j}\right] \quad (2-39)$$

（6）最迟时间参数的计算。工作 i 的最迟开始时间 LS_i 等于该工作的最早开始时间 ES_i 与其总时差 TF_i 之和，即

$$LS_i = ES_i + TF_i \quad (2-40)$$

工作 i 的最迟完成时间 LF_i 等于该工作的最早结束时间 EF_i 与其总时差 TF_i 之和，即

$$LF_i = EF_i + TF_i \quad (2-41)$$

（7）关键线路的确定。单代号网络计划关键线路的确定方法主要有以下几种。

方法一：根据总时差确定关键线路。找出总时差最小或为0的工作，将这些工作相连，且保证两项相邻工作之间的时间间隔为0，由此形成的通路就是关键线路。关键线路上的工作是关键工作，关键工作的总时差最小或为0，两项相邻的关键工作之间的时间间隔为0。

方法二：根据线路持续时间长短确定关键线路。找出网络计划中持续时间最长的线路，即为关键线路。

方法三：根据两项相邻工作之间的时间间隔确定关键线路。从单代号网络计划的终点节点开始，逆着箭线方向寻找两项相邻工作之间的时间间隔为0的工作，连起来的通路就是关键线路。

3. 单代号网络计划时间参数图上标注方法

[例22] 计算前一例题中单代号网络计划的各时间参数，标出关键线路。假定计划工期等于计算工期。

解：

第一步：计算各项工作的最早时间参数。

$ES_1 = 0 \quad\quad EF_1 = ES_1+D_1 = 0+0 = 0$

$ES_2 = EF_1 = 0 \quad\quad EF_2 = ES_2+D_2 = 0+3 = 3$

$ES_3 = EF_1 = 0 \quad\quad EF_3 = ES_3+D_3 = 0+5 = 5$

$ES_4 = \max[EF_2, EF_3] = 5 \quad\quad EF_4 = ES_4+D_4 = 5+2=7$

$ES_5 = EF_3 = 5 \quad\quad EF_5 = ES_5+D_5 = 5+4 = 9$

$ES_6 = EF_4 = 7 \quad\quad EF_6 = ES_6+D_6 = 7+4 = 11$

$ES_7=\max[EF_4,EF_5] = \max[7,9] = 9 \quad\quad EF_7 = ES_7+D_7 = 9+3 = 12$

$ES_8=\max[EF_6,EF_7] = \max[11,12] = 12 \quad EF_8 = ES_8+D_8 = 12+0 = 12$

根据题意可得，计划工期等于计算工期等于 EF_8，计划工期等于 12。

第二步：计算网络计划中相邻两项工作之间的时间间隔。

$LAG_{1,2} = ES_2-EF_1 = 0-0 = 0, LAG_{1,3} = ES_3-EF_1 = 0-0 = 0$

$LAG_{2,4} = ES_4-EF_2 = 5-3 = 2, LAG_{3,4} = ES_4-EF_3 = 5-5 = 0$

$LAG_{3,5} = ES_5-EF_3 = 5-5 = 0, LAG_{4,6} = ES_6-EF_4 = 7-7 = 0$

$LAG_{4,7} = ES_7-EF_4 = 9-7 = 2, LAG_{5,7} = ES_7-EF_5 = 9-9 = 0$

$LAG_{6,8} = ES_8-EF_6 = 12-11 = 1, LAG_{7,8} = ES_8-EF_7 = 12-12 = 0$

第三步：计算各项工作的总时差。

由题意知计算工期等于计划工期，故终点节点总时差为 0，$TF_8 = 0$

$TF_7 = TF_8+LAG_{7,8} = 0+0 = 0, TF_6 = TF_8+LAG_{6,8} = 0+1 = 1$

$TF_5 = TF_7+LAG_{5,7} = 0+0 = 0,$

$TF_4 = \min[(TF_6+LAG_{4,6}), (TF_7+LAG_{4,7})] = \min[(1+0), (0+2)] = 1$

$TF_3 = \min[(TF_4+LAG_{3,4}), (TF_5+LAG_{3,5})] = \min[(2+0), (0+0)]=0$

$TF_2 = TF_4+LAG_{2,4} = 1+2 = 3$

$TF_1 = \min[(TF_2+LAG_{1,2}), (TF_3+LAG_{1,3})] = \min[(2+0), (0+0)] = 0$

第四步：计算工作的自由时差 FF_i。

由题意可得，终点节点的自由时差为 0，即 $FF_8 = T_p-EF_8 = 12-12=0$

$FF_7 = LAG_{7,8} = 0, FF_6 = LAG_{6,8} = 1, FF_5 = LAG_{5,7} = 0,$

$FF_4 = \min[LAG_{4,6}, LAG_{4,7}] = \min[0,2] = 0$

$FF_3 = \min[LAG_{3,4}, LAG_{3,5}] = \min[0,0] = 0$

$FF_2 = LAG_{2,4} = 2, FF_1 = \min[LAG_{1,2}, LAG_{1,3}] = \min[0,0] = 0$

第五步：计算各项工作的最迟时间参数：

$LS_1 = ES_1+TF_1 = 0+0 = 0 \quad LF_1 = EF_1+TF_1 = 0+0 = 0$

$LS_2 = ES_2+TF_2 = 0+3 = 3 \quad LF_2 = 3+TF_2 = 3+3 = 6$

$LS_3 = ES_3+TF_3 = 0+0 = 0 \quad LF_3 = EF_3+TF_3 = 5+0 = 5$

$LS_4 = ES_4+TF_4 = 5+1 = 6 \quad LF_4 = EF_4+TF_4 = 7+1 = 8$

$LS_5 = ES_5+TF_5 = 5+0 = 5 \quad LF_5 = EF_5+TF_5 = 9+0 = 9$

$LS_6 = ES_6+TF_6 = 7+1 = 8 \quad LF_6 = EF_6+TF_6 = 11+1 = 12$

$LS_7 = ES_7+TF_7 = 9+0 = 9 \quad LF_7 = EF_7+TF_7 = 12+0 = 12$

$LS_8 = ES_8+TF_8 = 12+0 = 12 \quad LF_6 = EF_8+TF_8 = 12+0 = 12$

以上是采用公式法计算的单代号网络计划的各项工作的时间参数，采用图上计算法的计算结果如图2-71所示。

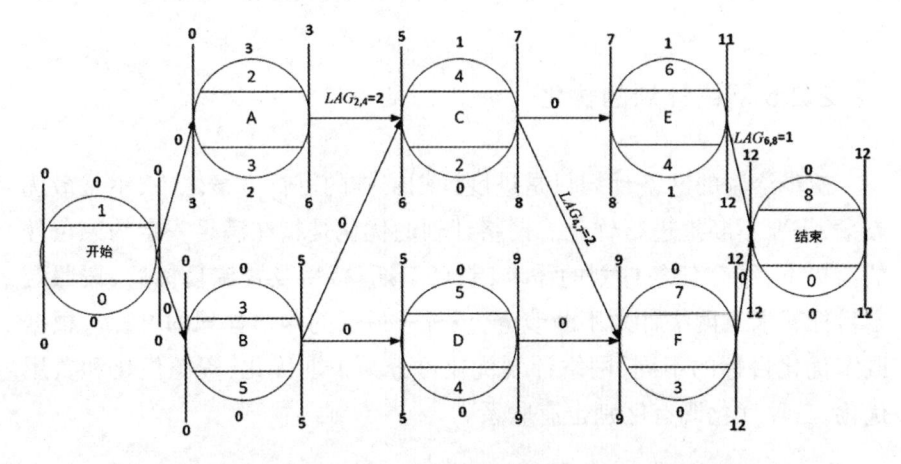

图2-71 图2-70中单代号网络图时间参数计算结果

第六步：确定关键工作和关键线路的确定。

根据计算结果，总时差为零的工作为开始节点、B、D、F、结束节点，为关键工作；关键线路为①—③—⑤—⑦—⑧，用双箭线在网络图中标出，如图2-72所示。

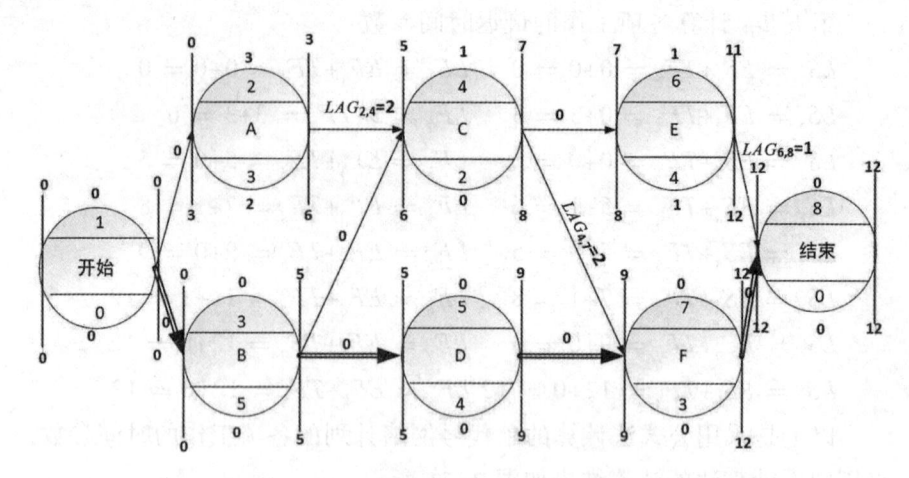

图 2-72　图 2-71 中的单代号网络图关键线路及关键工作

2.2.5 网络计划的优化

初步绘制的网络计划只是进度计划安排的可行方案之一，不是最优方案，需要不断地进行优化。网络计划的优化是指在满足一定约束条件的前提下，结合任务计划的需求，制订工期、费用及资源目标后，按照既定目标要求对网络计划不断改进，以寻求最优的网络计划的过程。根据既定优化目标的不同，网络计划优化可分为工期优化、资源优化和费用优化，三种优化既有区别也有联系。

1. 工期优化

当初始网络计划的计算工期与目标工期不一致时，需要进行工期优化，计算工期可能大于或小于目标工期，可以通过缩短或延长计算工期以达到工期目标。

通常所说的工期优化是指在计算工期大于目标工期的情况下进行优化，可通过对关键线路上工作采取一定的施工技术或施工组织措施来缩短工作的持续时间，以达到目标工期的要求，实现工期优化。若无论怎么优化都无法达到预期目标时，可以考虑重新制订方案。

（1）压缩关键工作的原则。

在对关键工作进行压缩时，应遵循以下原则。

①充分利用非关键工作的机动时间,将非关键工作的部分资源转移至需压缩的关键工作上以增加要压缩的关键工作的资源,从而达到压缩关键工作的目的。增加关键工作的资源投入的前提是要有足够的工作面。

②要符合劳动法的相关规定。若需要工人通过加班达到缩短工期的目的,需要遵循劳动法的规定来组织。

③不能以降低质量或增加成本等为代价来缩短工期,应压缩不影响安全和质量的工作。

④当只有一条关键线路时,优先选择缩短工作时间增加费用较少的工作进行压缩。当有多条关键线路时,同时压缩多条关键线路相同的持续时间,压缩赶工费用组合最小的工作。

关键工作压缩后,往往会导致原来的非关键线路变成关键线路从而出现新的关键线路,再次压缩时需要压缩新的关键线路上增加费用较少的关键工作。

(2)网络优化的步骤

①通过初始网络计划时间参数计算,找出关键线路、关键工作以及计算计划工期,如果计划工期长于要求工期,则需要进行压缩,压缩目标(工期优化目标)为计划工期减去要求工期的差。

②确定各关键工作能够压缩的时间,优先压缩赶工费率低的关键工作。先考虑将关键工作持续时间压缩至极限持续时间,此时可能出现原来的非关键线路变成关键线路,而压缩后的关键线路成为非关键线路,这时应该减少原关键线路的压缩时间使原关键线路一直保持为关键线路,即"松弛"。

③完成上述步骤后,如果还不能满足工期目标要求,则继续压缩某些关键工作的持续时间。

④重复上述步骤直至达到工期目标的要求。

[例23] 试将图2-73的双代号网络计划进行优化。图中箭线下面括号外的数字表示工作的正常持续时间,括号内的数字表示工作最短持续时间。要求工期为40天。各项工作的赶工费率由低到高为G、B、C、H、E、D、A、F。

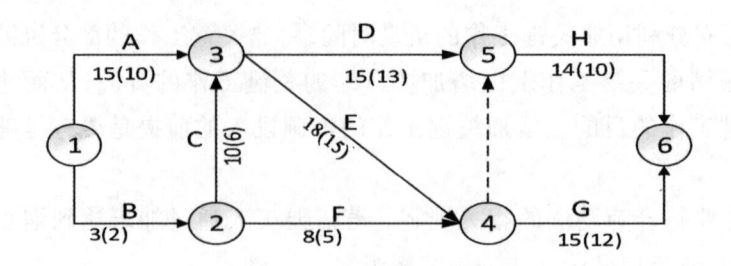

图 2-73 某双代号网络图

解:(1)计算双代号网络计划节点时间参数,确定关键线路与关键工作,如图 2-74 所示。

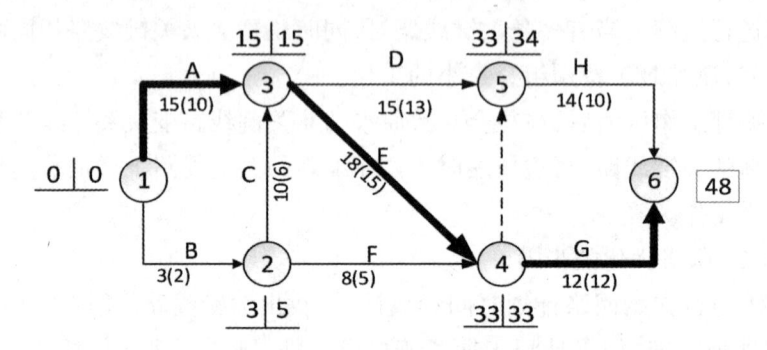

图 2-74 图 2-73 中的关键线路与关键工作

(2)要求工期是 40 天,通过时间参数计算确定计划工期为 48 天,所以工期优化需要压缩的时间为 8 天。

(3)由已知条件及关键工作确定优先压缩 G 工作,G 工作的最短时间为 12 天,将 G 工作的持续时间压缩为 12 天,压缩后的结果如图 2-75 所示。

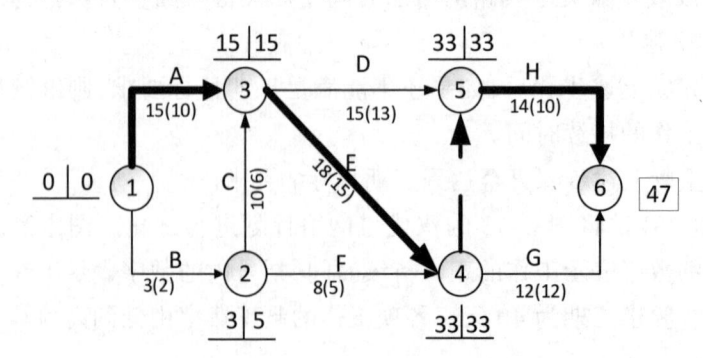

图 2-75 G 工作压缩后的结果

重新计算网络计划节点时间参数,确定关键线路。

通过节点参数计算发现,原来的关键线路变成非关键线路,出现了新的关键线路与关键工作,如图 2-76 所示。此时 G 工作变成非关键工作,应采取"松弛"办法,G 不能压缩两天,新的关键线路计算工期 47 天,所以 G 工作只能压缩 1 天。如图 2-77 所示。

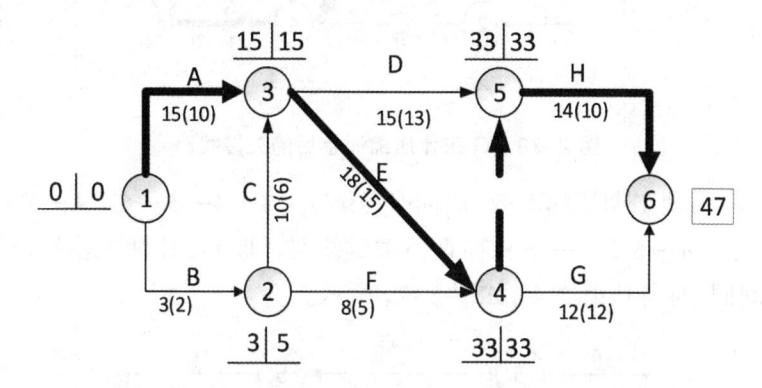

图 2-76 第二次计算网络计划节点时间参数与关键线路

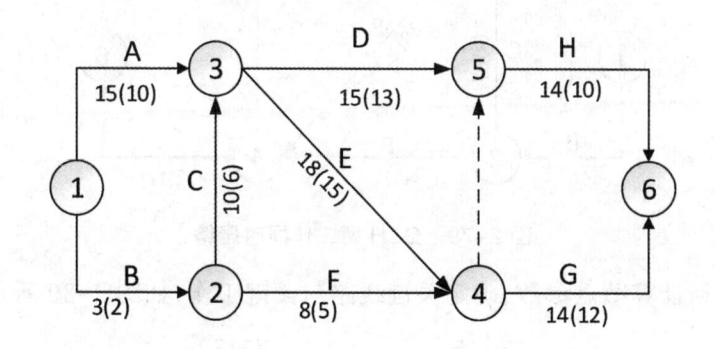

图 2-77 恢复 G 工作的压缩幅度

经过调整后出现两条关键线路,即 1—3—4—5—6(A—E—H)和 1—3—4—6(A—E—G)两条关键线路;G 工作在关键线路上,恢复了关键工作的地位。(图 2-78)

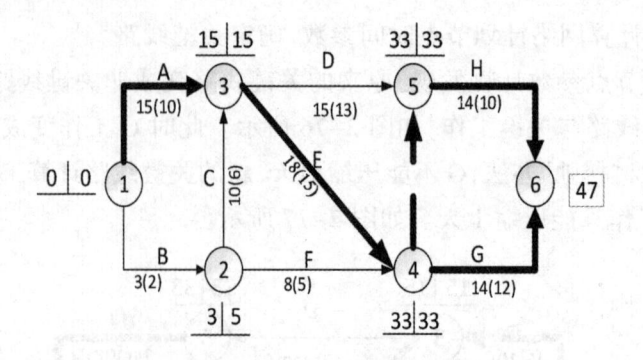

图 2-78 G 工作压缩调整后的关键线路

（4）为使工期压缩有效，应同时压缩 1—3—4—5—6（A—E—H）和 1—3—4—6（A—E—G）两条关键线路。取 G、H 两工作的极限持续时间同，时各压缩 2 天，如图 2-79 所示。

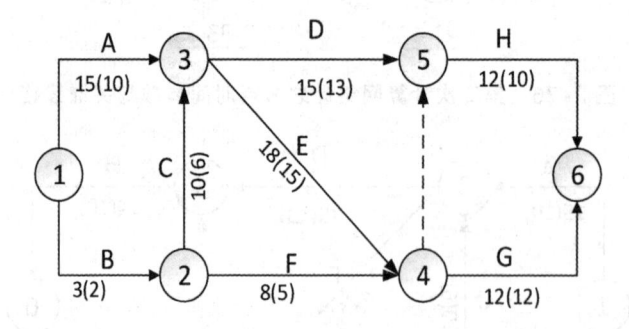

图 2-79 G、H 两工作同时压缩

重新计算节点参数，确定关键线路与关键工作，如图 2-80 所示。

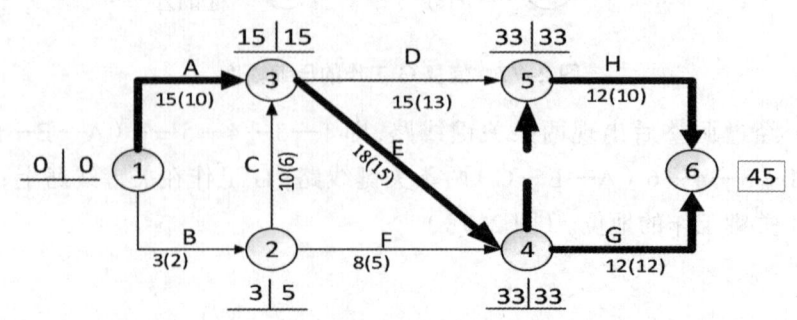

图 2-80 重新计算节点参数

关键线路为 1—3—4—5—6(A—E—H)和 1—3—4—6(A—E—G)。
（5）由已知条件中给出的压缩顺序，接下来压缩 E 工作，E 工作的压缩极限是 3 天,先压缩 E 工作至极限持续时间(3 天),再压缩 A 工作至适当程度(2 天),达到工期优化目标 40 天,工期优化结束。优化后的网络计划详见图 2-81,节点参数及关键线路与关键工作如图 2-82 所示。

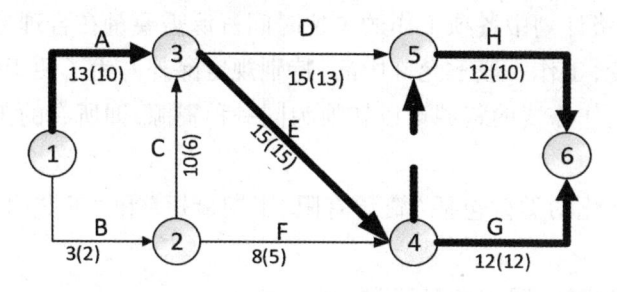

图 2-81 压缩 E、A 两项工作

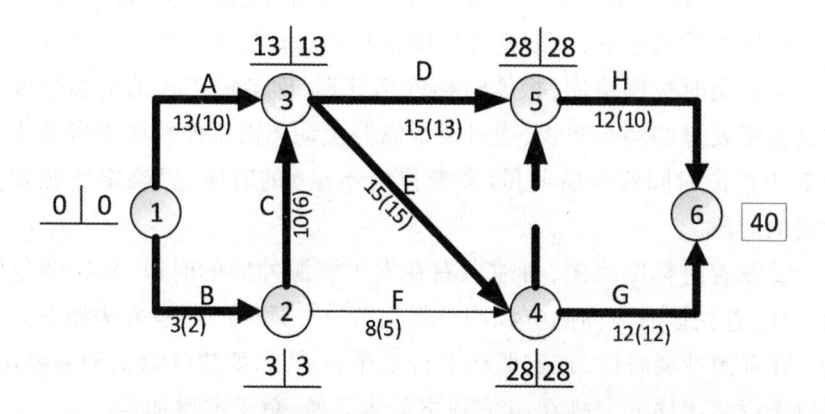

图 2-82 重新计算节点参数、工期、确定的关键线路

关键线路除 1—3—4—5—6(A—E—H)和 1—3—4—6(A—E—G)外,新增了 1—3—5—6(A—D—H)、1—2—3—5—6(A—B—C—D—H)和 1—2—3—4—6(A—B—C—E—G)3 条关键线路,整个网络计划有 5 条关键线路,所有工作中只有 F 工作不是关键工作,其他工作都是关键工作。

2. 资源优化

工程项目的正常实施离不开合理的资源供应,工程项目实施过程中所需要投入的人工、材料、机械和资金都属于资源,任何工程项目离开了资源都无法正常实施,因此合理配置资源是施工组织设计的一项重要内容。资源优化不是减少某一项工作所需要的资源量,而是对资源进行优化配置。通过利用各项工作的总时差，合理改变工作的开始和完成时间，从而实现资源配置更加均衡的优化目标。

在资源优化过程中不改变各项工作间的逻辑关系及各项工作的持续时间，网络计划中各项工作的单位时间资源需要量在合理的情况下保持固定不变，工作一般不允许中断（特别规定除外）。为了便于分析问题，假定所有工作需要的资源可以转换为同一种资源，即所有的工作只需要一种资源。

资源优化的类型包括"资源有限、工期最短"和"工期固定、资源均衡"两类。

（1）"资源有限工期最短"的优化

"资源有限工期最短"是指通过调整网络计划进度安排，达到在满足资源限制的条件下，工期延长幅度最小的优化过程。优化步骤如下。

①绘制时标网络图，根据时标网络计划，即各项工作的资源强度绘制资源需要量的动态曲线，通过资源需要量动态需求曲线检查资源供应量低于单位时间资源需要量（资源供应不足）的时段，以确定资源发生冲突的时段。

②顺着时标网络图，自左向右在发生资源冲突的时段，每次调整两项工作，直到该时段内的资源冲突得到解决。具体的调整方法如下。

在资源冲突时段，选定两项平行工序 m 和 n，要想降低资源需要量，可以考虑将工序 n 安排在 m 完成之后再开始，总工期增加为

$$\Delta T_{m,n}=EF_m-LS_n$$

式中，$\Delta T_{m,n}$ 为总工期增长值；EF_m 为工序 m 最早可能完成时间；LS_n 为工序 n 最迟必须开始时间。

LS 最大的工序排在 EF 最小的工序后才能使工期增长值 $\Delta T_{m,n}$ 最小，从而达到资源优化的目标。

③调整后的网络计划需要重新编制资源动态曲线，重新计算单位资源需要量。

④重复上述步骤，直至没有资源需要量冲突，达到资源优化的目的。

[例24] 如图2-83所示某时标网络计划，资源最大供应量 $R_a=12$，时标网络计划中工作的持续时间标注在箭线下方，工作的资源强度标注在箭线上方。试进行"资源有限、工期最短"的优化。

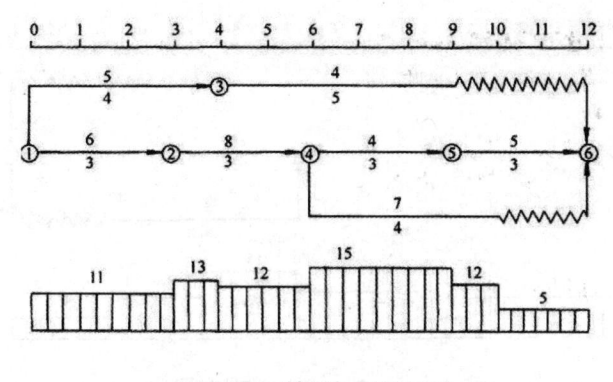

图 2-83 某时标网络计划

解：

（1）根据时标网络计划，计算每个时间单位的资源需用量，绘制资源需用量动态曲线，如图 2-83 中下方曲线所示。

（2）顺着网络计划箭头方向，从左至右检查资源需要量超过资源最大供应量的时段，通过图 2-83 可以看出 [3,4] 这段资源需要量是 13，大于资源供应量 12，存在资源冲突，首先进行调整。

（3）通过图 2-83 可以看出，工作 1—3 和 2—4 在 [3,4] 时段平行作业。通过公式 $\Delta T_{m,n}=EF_m-LS_n$ 计算网络计划的工期延长值为 ΔT，其结果见表 2-13 所列。

表 2-13 ΔT 值计算表

工作序号	工作代号	最早完成时间	最迟开始时间	$\Delta T_{1,2}$	$\Delta T_{2,1}$
1	1—3	4	3	1	—
2	2—4	6	3	—	3

从表 2-12 可以看出，$\Delta T_{1,2}=1$ 最小，应该将 2—4 工作安排在 1—3 工作之后进行，总工期只延长了 1（由原来的 12 变成了 13），调整后的网络计划如图 2-84 所示。

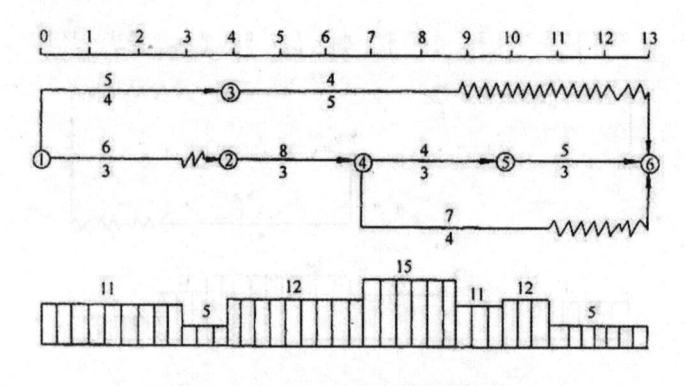

图 2-84 第一次调整后网络计划

（4）按照调整后的时标网络计划重新绘制资源需用量动态曲线，如图 2-83 中下方曲线所示。从图中可知，[7,9] 时段资源需要量是 15，超过资源的最大供应量 12，需调整。

（5）在 [7,9] 时段，平行作业的工作有工作 3—6、工作 4—5 和工作 4—6，利用公式 $\Delta T_{m,n}=EF_m-LS_n$ 计算 ΔT 值，其结果见表 2-14 所列。

表 2-14 ΔT 值计算表

工作序号	工作代号	最早完时间	最迟开时间	$\Delta T_{1,2}$	$\Delta T_{1,3}$	$\Delta T_{2,1}$	$\Delta T_{2,3}$	$\Delta T_{3,3}$	$\Delta T_{3,2}$
1	3-6	9	8	2	0	—	—	—	—
2	4-5	10	7	—	—	2	1	—	—
3	4-6	11	9	—	—	—	—	3	4

从表 2-14 可以看出，$\Delta T_{1,3}=0$ 最小，说明将工作 4—6 安排在工作 3—6 之后进行，工期不延长，依然为 13。调整后的网络计划如图 2-85 所示。

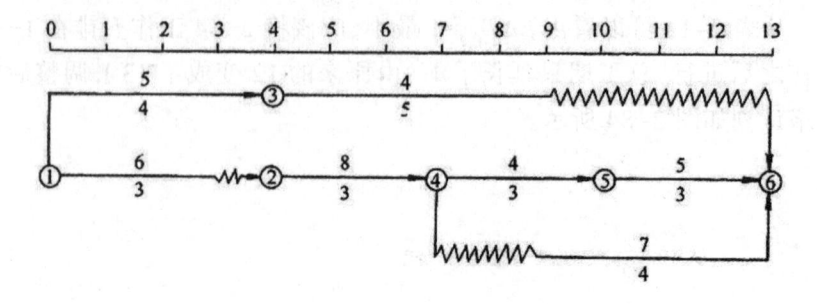

图 2-85 优化后的网络计划

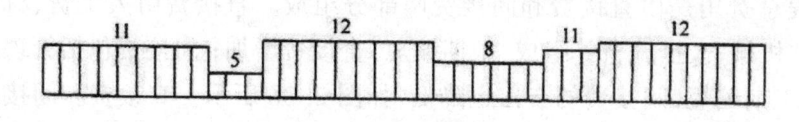

图 2-85 （续）

（6）重新绘出资源需用量动态曲线，如图 2-86 下方曲线所示。由于此时整个工期范围内的资源需用量均未超过资源限量 12，达到资源优化目的，其最短工期为 13。

（2）"工期固定、资源均衡"的优化。在安排工程项目进度计划时，资源需要量尽可能保证均衡，每个单位时间的资源需用量不出现过多的高峰或低谷，否则需要优化资源，使之均衡；"工期固定、资源优化"的优化方法有很多，这里只介绍方差值最小法。具体步骤如下。

①)判别均衡性指标。设 R 为时间 t 所需要的资源量，T 为规定工期，则资源需用量方差 $\sigma^2 = \dfrac{1}{T}\sum\limits_{i=1}^{T}(R_t - R_m)^2 = \dfrac{1}{T}\sum\limits_{i=1}^{T}R_t^2 - R_m^2$ 可描述资源的均衡性。

②优化方法。要保持工期固定，只能调整有时差的工作(非关键工作)，即左移或者右移某些工作；多次调整，直至所有工作不能移动。

左移或右移一项工作是否使资源更加均衡应根据以下判据。

设 k 工作从 i 时间单位开始，j 时间单位完成，资源强度为 γ_k，R_i 为 i 时间单为的资源用量。

k 工作右移一个时间单位能使资源均衡的判据为

$$R_{j+1} + \gamma_k \leqslant R_i$$

k 工作左移一个时间单位能使资源均衡的判据为

$$R_{i-1} + \gamma_k \leqslant R_j$$

k 工作右移数个时间单位能使资源均衡的判据为

$$(R_{j+1} + \gamma_k) + (R_{j+2} + \gamma_k) + (R_{j+3} + \gamma_k) + \cdots \leqslant R_i + R_{i+1} + R_{i+2} + \cdots$$

k 工作左移数个时间单位能使资源均衡的判据为

$$(R_{i-1} + \gamma_k) + (R_{i-2} + \gamma_k) + (R_{i-3} + \gamma_k) + \cdots \leqslant R_j + R_{j-1} + R_{j-2} + \cdots$$

3. 费用优化

工程网络计划一经确定，工期即确定，同时总费用也相应确定下来。

工程总费用是由直接费和间接费两部分组成。直接费由人工费、材料费和机械费、措施费等组成，工期缩短，直接费增加；间接费包括管理费等，工期缩短，间接费的支出也降低，如图2-86所示。直接费和间接费两者进行叠加，必然存在一个能使总费用最低的工期，即达到费用优化的目的之一，也即是工程费用（C_o）最低相对应的总工期（T_o）；费用优化的另一个目的是求出在规定工期条件下最低费用。

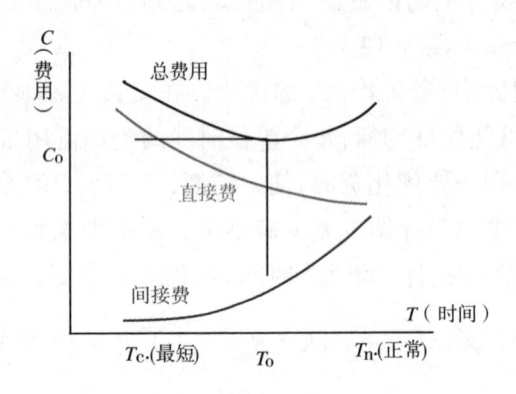

图2-86 工程费用-工期的关系曲线

第 3 章 建筑工程施工组织设计

3.1 施工组织总设计

3.1.1 概述

1. 施工组织总设计的概念

施工组织总设计,也被称为施工总体规划,是在建设工程项目的初步设计或扩大初步设计阶段,对整个工程项目的总体战略部署进行规划。它可以针对一个独立的建筑工程项目(如工厂或机场),或者对由若干个单位工程组成的群体工程或特大型项目进行综合规划。

施工组织总设计扮演着指导性和全局性的角色,它通过技术和经济的纲要来统筹规划和重点控制整个施工过程。其目的是确保施工过程的顺利进行,并达到预期的技术和经济目标。

2. 施工组织总设计的作用

(1)为全局战略部署。施工组织总设计从整体的角度出发,对整个建设项目的施工进行全面的战略规划和部署。

(2)提供基本建设计划支持。施工组织总设计为建设单位提供编制基本建设计划的依据。

(3)作为施工单位依据。施工组织总设计为施工单位(承包商)编制施工规划单位工程的施工组织设计提供支持和指导。

（4）提供总体部署和方案。施工组织总设计为整个施工作业提供总体部署和科学方案，以确保施工流程的高效和顺利进行。

（5）作为投资和技术供应依据。施工组织总设计为工程建设相关部门提供依据，以组织投资和供应技术支持。

（6）评估施工可行性和提供经济合理性支持。施工组织总设计为评估设计方案的施工可行性和经济合理性提供依据。

3. 施工组织总设计的编制原则

（1）遵守党和国家关于基本建设的规定，执行基本建设程序。

（2）严格遵循合同规定的工程竣工和交付使用期限。

（3）根据实际情况合理安排施工程序和顺序，确保施工连续、均衡、紧凑，充分发挥人力和物力的作用。

（4）采用先进的科学技术，努力提高工业化和机械化施工水平。

（5）根据具体情况因地制宜、就地取材，精心规划场地布置，实现文明施工。

（6）实施目标管理，将质量放在首位，全程管理。严格遵守施工规范和操作规程，制订具体的质量保证和施工安全措施，确保工程顺利进行。

（7）结合施工项目管理，进行有序规划，实现项目的有效管理。

4. 施工组织总设计的编制依据

为了保证施工组织总设计的编制工作能够顺利进行，提高编制的水平和质量，以确保其对施工安排和施工进度控制的指导作用更加有效，需要参考以下依据。

（1）计划批准文件和相关合同规定：包括基础建设或技改项目的计划、可行性研究报告等。此外，还需要有国家相关部门批准的文件，地方主管部门的批准文件，施工单位上级主管部门下达的施工任务计划，等等。合同规定方面，需要关注招标投标文件和工程承包合同中有关施工要求的规定，以及工程所需材料、设备的订货合同和供货合同等。

（2）设计文件和相关规定：涉及已经批准的初步设计、设计图和说明书，以及总概算、修正总概算和已批准的计划任务书等。

（3）工程勘察资料和调查资料：工程勘察资料包括对建设地区的地

形、地貌、水文、地质气象等自然条件的调查。调查资料包括了建筑安装企业和预制加工企业的人力、设备、技术及管理水平等情况，工程材料的来源、供应情况，交通运输情况和水电供应情况，还包括当地政治、经济、文化、科技、宗教等方面的社会调查资料。

（4）现行的规范、规程和相关技术标准：指施工过程中需要遵循的一系列规范、标准和指导文件，包括施工及验收规范、质量标准、工艺操作规程、强制标准、概算指标、概预算定额、技术规定和技术经济指标等。

（5）类似工程的施工组织总设计和经验资料：包括类似、相似或近似建设项目的施工组织总设计实例，以及施工经验总结资料和相关的参考数据等。这些资料可以为当前的项目提供有益的经验和参考。

参考以上依据，可以确保施工组织总设计的编制工作更加科学、准确，提高其指导的有效性和实用性。

6.施工组织总设计的编制内容

施工组织总设计是在进行基础建设或技改项目时的一个重要步骤，根据工程性质、工程规模、建筑结构特点，以及施工的复杂程度和施工条件的不同，施工组织总设计的内容也有所不同，但一般应包括以下主要内容。

（1）工程概况。工程概况是对整个项目的基本情况进行概括性的描述，包括工程的规模、建设地点、工期要求、工程性质、结构形式与特点等。这一部分旨在提供一个整体的背景和基本了解。

（2）施工部署和主要工程项目施工方案。施工部署是指对施工过程中的各个环节进行计划和安排，包括人员的安排、设备的调配、施工顺序的确定等。主要工程项目施工方案则是对具体工程项目进行详细的施工安排和步骤的规划，包括施工方法、工期安排、质量控制等。

（3）施工总进度计划。施工总进度计划是工程项目的时间计划表，它精确地记录了各个工程阶段的起止时间，包括前期准备、主体施工和收尾工作等。制订该计划的目标是协调项目各方的工作，确保整个工程能够按时完成。施工总进度计划针对具体的建设项目，它根据预定的工期和施工条件，在施工组织设计和施工工序计划的基础上，将全工地的施工活动按时间顺序进行合理安排。施工总进度计划提供了对工程项目的全面掌控，确保了各个施工阶段的工作按计划进行。它是一个指导性文档,为项目团队提供了时间目标和参考,有助于控制工程进度。通过合理安排施工活动的时间顺序,施工总进度计划能够帮助团队及时发现和解决潜在的项目延迟或进度偏差,从而提高工程项目的执行效率。

(4)施工准备工作计划。施工准备工作计划是对施工前的各项准备工作进行详细的计划和安排,包括为工程施工提供直接服务的附属单位的工作内容,也包括对临时设施、场地平整、道路交通、排洪排水、供水供电供热,以及动力等的规划和供应实施计划。该计划的主要目的是确保施工开始前的准备工作能够有条不紊地进行。在制订施工准备工作计划时,需要充分考虑项目的特定情况和要求,包括项目的时间框架、资源可用性以及法规和安全要求等因素。通过综合考虑这些因素,可以确保施工前的准备工作得到有效的规划和组织,为施工打下良好的基础。通过详细计划和安排施工准备工作,可以有效地管理和控制项目的进度、资源和质量,以确保施工过程的顺利进行,实现预期的成果。

(5)施工资源需求量计划。施工资源需求量计划是对人力、物资、设备等各种资源需求进行评估和计划的过程。它的目标是确保在施工过程中能够提供足够的资源,以满足施工需要。

施工资源需求量计划包括评估和计划主要工程的实物工程量、资金工作量,以及对机械、设备、构配件、劳动力和主要材料等资源的分类调配和供应。这个计划的主要目的是确定在施工过程中所需的各种资源的数量和时间安排,以确保工程项目能够得到适当的支持。它涉及对施工工作的量化和时序分析,以便在合适的时间和地点提供所需的资源。通过对资源需求的评估和计划,可以帮助项目团队合理分配和管理资源,提高施工效率,保证工程的顺利进行。

(6)施工总平面图。施工总平面图是对整个工程布局的平面展示,包括场地规划、建筑物分布、道路交通等要素,以帮助施工人员对工程的空间布局有清晰的了解。具体而言,施工总平面图包括以下内容:水源、电源及引入工地的临时管线,排水沟渠,工人的临时住所,需要建在工地附近的附属工厂、材料堆场、半成品周转场地、设备堆场,物资仓库,易燃品仓库,垃圾堆放区,工地临时办公室,临时道路系,计划提前修筑以供施工期间使用的正式道路、铁路编组站、专用线、水运码头等。通过施工总平面图的绘制,施工团队可以更好地了解整个工程的空间布局,包括各种临时设施和临时道路的位置和分布,有助于施工人员在工地上有条不紊地进行工作,并为工程进展提供了可视化的参考。通过细致规划和实施施工总平面图上标示的各项要素,可以提高施工效率、安全性和组织性,确保施工的顺利进行。

(7)主要技术组织措施。主要技术组织措施是指在施工过程中需要采取的关键技术措施,以确保施工的安全、高效和优质。这包括各种施工工艺和方法的选择、质量控制措施等。

(8)主要技术经济指标。主要技术经济指标是评估工程施工方案的技术和经济效益的重要参数,包括施工成本、施工周期、资源利用率等。这项指标有助于评估施工方案的可行性和效果。

施工组织总设计的目的是为了全面计划和控制工程施工过程,确保施工的顺利进行并最终达到预期目标。以上这些内容构成了施工组织总设计的主要要素。

7. 施工组织总设计的编制程序

施工组织总设计的编制程序可以分为以下几个步骤。

(1)确定项目目标、需求和约束条件,进行可行性分析,制订施工组织总体方案。

(2)收集项目相关的资料,包括设计文件、技术规范、法规要求等。

(3)根据设计图纸和规范要求,计算工程量,确定施工任务的范围和规模。

(4)根据工程量计算结果,制订施工组织方案,包括施工流程、工期计划、人员配、物资采购等。

(5)根据组织设计方案,安排人力、物力、机械设备等资源,确保施工进度和质量。

(6)根据前面的工作,编制施工组织总设计文件,包括施工总平面布置图、施工流程图、工期计划表、资源配置表等。

(7)对施工组织总设计文件进行内部审核和相关部门的审批。

(8)根据批准的施工组织总设计文件,组织实施施工工作。

(9)监督施工进度和质量,进行必要的调整和控制。

(10)完成施工工作后,进行验收和交接。

3.1.2 施工部署

施工部署是指在施工项目中,根据施工组织总设计文件以及其他相关工程要求,对整个建设工程进行全面安排,包括人力、物力、机械设备等,按照一定的计划和安排将资源布置到具体的施工任务上的过程。施工部署的目的是有效地组织和管理施工过程,确保施工任务按照设计要求和质量标准进行,并保证工期的合理控制,涉及对施工人员的任命和培训、物资的采购和供应、机械设备的调配和维护,以及施工作业的安排和协调等方面。

1. 工程概况

施工组织设计中的工程概况是对拟建项目或建筑群体工程的总体说明,目的是简洁、准确地介绍工程的基本情况,为后续的施工组织设计过程中提供参考和指导。具体来说,工程概况主要包括工程的构成情况、工程所在的具体地理位置、工程的性质和用途、工程的建设规模、建设地区的地理特征、施工条件等,通过提供这些工程概况信息,施工组织设计人员能够对工程项目有一个整体的了解,从而在后续的施工组织设计中制订合理的施工方案、安排资源和计划工期。工程概况应重点突出、简明扼要,确保相关人员能够快速把握工程的关键特征和要求,主要包括以下内容。

(1)工程基本情况说明。

工程基本情况说明包括以下各项内容。

①建设地点:指明工程所处的具体地理位置,包括国家地区、城市、街道等信息。

②工程性质:描述工程的性质和用途,如居住建筑、商业建筑、工业建筑、公共设施等。

③建设规模:说明工程的规模大小,可以是建筑物的总建筑面积、土方工程的开挖体积、结构工程的构件数量等。

④总占地面积:指工程项目所占据的总地面面积。

⑤总建筑面积:表示工程项目的建筑物总体建筑面积。

⑥总工期:描述工程项目的整体工期,即从开工到竣工所需的总时间。

⑦分期分批投入使用的项目及期限：指针对某些大型工程项目，可能会分阶段进行施工，并分期分批投入使用，这里是说明每个阶段的项目和期限。

⑧主要工程量：介绍工程项目中主要的工程量项目，如土方工程、混凝土工程、钢结构工程等。

⑨设备安装及其吨位：描述工程项目所需设备的种类、数量和吨位，并可能涉及设备的安装要求和工艺。

⑩总投资额：指工程项目的总投资金额。

⑪建筑安装工作量：说明工程项目中涉及的各类建筑安装工作的量和要求。

⑫工厂区与生活区的工程量：如果工程项目涉及工厂区和生活区的建设，这里应分别说明这两个区域的工程量。

⑬生产流程和工艺特点：描述工程项目涉及的生产流程和特定的工艺特点，以便在施工组织设计中进行合理的安排和布置。

⑭建筑结构的类型与特点：介绍建筑物的结构类型和相应的特点，例如框架结构、钢结构、混凝土结构等。

⑮新技术与新材料的特点及应用情况：对工程项目中采用的新技术和新材料进行特点和应用情况的介绍，旨在说明项目的创新性和先进性。

这些工程基本情况旨在总结工程项目的重要信息和特点，为后续的施工组织设计和实施提供必要的参考和指导。

（2）工程项目的建设、设计、承包单位。

建设单位、设计单位和承包单位在工程项目中各自承担不同的职责和任务，相互协作、密切配合，共同推动工程项目的顺利实施和成功完成。

①建设单位（也称为业主或项目发起人）：建设单位是工程项目的投资主体和业主单位，负责整个项目的策划、组织、协调和监督。其主要职责包括项目策划与决策、资金筹措、招标发包、协调管理、验收与交付。

②设计单位：根据建设单位的要求，负责工程项目的设计工作，提供设计图纸、设计说明等技术文件。其主要职责包括方案设计、初步设计与施工图设计、设计审查与修改、设计交底与配合施工。

③承包单位（施工单位）：承包单位是根据与建设单位签订的施工合同，负责工程项目施工任务的单位。其主要职责包括施工组织设计、施工准备、施工实施、质量控制、安全管理、竣工验收。

（3）建设地区的特征。

建筑地区的特征主要介绍建设地区的自然条件和技术经济条件。

①自然条件。自然条件包括建设地区的自然环境特征，如气候条件、地形地貌、气候变化模式、水源供应情况、土壤质量等，这些因素会对工程建设和施工产生一定的影响。例如，在沿海地区进行施工时需要考虑海风的影响，在山区建设时考虑地质条件和较大的地形起伏。

②技术经济条件。技术经济条件主要涉及建设地区的技术水平和经济状况。技术水平描述了当地的技术能力、人才水平、业界发展水平等因素，这些因素会影响工程的实施和技术上的要求。经济状况描述了建设地区的经济发展水平、工程投融资情况、当地市场状况等。这些对工程项目的可行性、资金来源、市场前景等方面都有一定的影响。

描述建设地区的特征是为了让施工组织设计人员对工程项目所处的自然环境和当地技术经济情况有一个全面了解，并相应地制订合理的施工方案和选择适用的技术和材料。这有助于在施工过程中充分考虑自然条件和技术经济的现实情况，提高施工的效率和质量，同时也可以促进工程与当地环境和经济的协调发展。

（4）施工条件及其他方面情况。

①施工条件，包括施工企业的多方面情况。

施工企业的生产能力、技术装备和管理水平：指承担工程施工的企业的生产能力和规模，包括公司的资质、人员素质、技术装备等。同时，还要评估企业的管理水平，包括项目管理、施工组织安排、质量控制等多项能力。

市场竞争力和完成指标的情况：指施工企业在市场上的竞争能力，例如经营状况、信誉度、专业技术水平等。此外，还要介绍施工企业的类似项目的完成情况，包括是否按时完成、质量是否达标等。

主要设备、材料、特殊物资的供应情况：描述施工所需的主要设备、材料和特殊物资的供应情况，包括供应来源、供货周期、质量要求等。这对工程的顺利进行具有重要的保障作用。

上级主管部门或建设单位对施工的特殊要求：指上级主管部门或建设单位对施工方面的特殊要求，如安全环保要求、项目进度要求等。这些要求要在施工组织设计中应得到充分的考虑和满足。

②其他与项目实施相关的重要情况，包括与建设项目实施直接相

关的一些重要情况,例如建设项目的决议和协议、土地的征用范围和数量、居民搬迁时间等。这些因素会对施工过程和进度产生直接的影响。

对施工条件的说明主要是为施工组织设计人员提供有关施工企业能力、供应条件、特殊要求等方面的信息,以便制订符合实际情况的施工方案,确保施工的顺利进行并达到预期目标。

2. 施工部署

施工部署与施工方案是施工组织总设计的核心部分,是决定整个建设项目的关键。以下是对施工部署主要内容的解释说明。

(1)建立组织机构。施工部署的第一项内容是建立适当的组织机构,包括确定施工项目的管理层次和职责划分,具体有指定项目经理、工程师和监督人员等,并确保各个角色职责明确、清晰。建立组织机构是为了确保工程施工的有效管理和协调运作,实现项目的顺利进行和高质量完成。根据项目的规模和复杂程度,确定所需的施工管理人员和团队规模。这将取决于项目的大小、工期以及执行的任务等。明确施工过程中各个岗位的职责和要求,确保组织机构中的人员能够胜任各自的工作。例如,项目经理负责项目整体管理,工程师负责技术指导,监督人员负责质量控制等。组建的组织机构内部应具备良好的沟通与协作能力,确保信息流动畅通,团队成员之间能够有效合作以应对和解决工程施工中的问题和挑战。通过建立合理的组织机构,能够合理地分配任务和职责,确保各个岗位和团队之间的工作高效协同地进行,提高工作效率。通过明确岗位职责,让每个人都清楚自己的任务和责任,减少重复和遗漏,提高施工过程中的管理和监督水平。通过建立明确的沟通渠道和协作机制,促进团队成员之间的信息共享和交流,确保信息的准确和及时传递,避免信息断层和误解。合理的组织机构,能够更好地利用人员和资源,提高工程施工的效率和质量,降低成本和风险。

(2)明确施工任务分工和组织安排。施工部署需要明确各项施工任务的分工和责任,并确定相应的组织安排。施工部署首先应明确施工项目的管理机构、体制,划分参与的各个施工单位之间的关系,建立施工现场统一的组织领导机构及职能部门,确定综合的、专业的施工队伍,划分各施工单位的任务项目和施工区段,确定各单位分期分批的主攻项目和穿插项目及其建设期限。具体来讲,应遵循以下原则。

①优化组织结构。通过明确施工项目的管理机构和体制和各参与单位之间的关系,可以建立一个合理、高效的组织结构。这有助于提高决策效率、减少沟通成本,并确保各个单位在施工过程中的协调运作。

②统一指挥和协调。建立施工现场统一的组织领导机构和专门部门,能够提供统一的指挥和协调,确保施工工作的整体推进和顺序进行。这有助于避免冲突和混乱,提高施工现场管理的水平。

③提高专业化水平。确定综合的和专业的施工队伍,能够提供具备不同专业知识和技术的人员,以满足不同任务的施工要求。这有助于提高施工的质量和效率,减少质量问题,降低安全风险。

④精确划分任务和区段。通过划分各施工单位的任务项目和施工区段,可以明确各单位的责任范围和工作内容。这有助于减少任务的重叠和争议,提高工作的协调性和配合度。

⑤控制施工时间和进度。确定各单位分期分批的主攻项目和穿插项目,以及相应的建设期限,可以有序地控制施工的时间和进度。这有助于确保项目在规定的时间内按计划完成,提前发现和解决施工进展方面的问题。

通过以上措施,可以增强施工项目的管理效果、提高施工质量,确保施工工作的有序进行和顺利完成。

(3)编制施工准备工作计划。施工部署还需要编制施工准备工作计划。这个计划包括项目启动前的各项准备工作,如场地准备、临时设施搭建、施工材料采购等,并明确工作计划的时间安排和关键节点。从思想、组织、技术和物资供应等方面做好充足的准备。

(4)主要项目施工方案的拟定。在施工组织总设计中,要对一些主要的工程项目和特殊的分项工程项目的施工方案予以拟定,针对建设项目中工程量大、施工难度大的关键分项工程的施工步骤、方法和技术措施进行规划和设计,以确保施工的安全、高效和质量可控。主要项目施工方案的拟定应包括以下几个方面的内容。

①施工方法。施工方法是指在特定的工程项目中,施工工序的具体操作方式和步骤,要兼顾技术先进性和经济合理性。施工方法的选择需要考虑诸如工程类型、工程地质条件、施工时间、施工难度等因素。通过确定最合适的施工方法,可以达到高效、安全、经济的施工目标。

②工程量。工程量是指在施工过程中所需要完成的工作量和材料

用量。工程量的确定需要根据工程的设计要求和施工标准,结合施工方法和施工工艺流程来进行计算。精确的工程量评估有助于合理安排施工进度、预测工程成本和材料需求。

③施工工艺流程。施工工艺流程是指按照一定的次序和步骤,将工程从起始到完成的全过程。施工工艺流程的确定需要考虑到工程的特点和要求,并且应与施工方法相匹配。通过规划合理的施工工艺流程,可以确保施工过程的顺利进行,并最大程度地提高施工效率。

④施工机械设备。施工机械设备是指在施工过程中使用的各种机械设备和工具。选择适当的施工机械设备,可以提高施工效率、减少人工成本、确保施工质量。在拟定施工方案时,需要明确,具体使用哪些机械设备,以及它们的数量、型号和使用方法。

主要项目施工方案的拟定是为了确保工程施工过程的有序进行,达到高质量、高效率和安全的施工目标。各个方面的内容相互关联,需要综合考虑,以最佳的方式来完成工程项目。

(5)确定工程开展顺序。施工部署的最后一个主要内容是确定工程的开展顺序。这包括确定工程的先后顺序和逻辑关系,以确保施工工序的协调性和流畅性。该顺序可能受到其他因素的影响,如资源供应、施工区域的限制等,主要涉及以下几个方面。

①分期分批建设。在保证工期的前提下,可以将工程划分为若干个阶段,逐步进行建设。这样可以使施工过程更有序,有效地协调各个施工工序之间的关系,并提前投入使用。

②施工统筹安排。对于不同类型的项目,需要进行整体统筹安排,确保各项工程项目按照计划按期投产。这包括协调各个工程的施工进度和工期,合理安排资源供应和人员调配。

③生活设施优先使用。在施工过程中,需要优先考虑使用生产上必需的设施,如机械维修车间、车库、办公室和家属宿舍等。确保这些设施的正常运作,有助于提高施工效率和工作环境的舒适度。

④施工顺序原则。一般工程项目的施工顺序应按照一定的原则进行安排。例如,先进行地下施工,再进行地上施工;先进行深层施工,再进行浅层施工;先完成干线工程,再进行支线工程。这样的安排有助于保证施工的安全性和连续性。

⑤季节考虑。在确定施工顺序时,需要考虑季节对施工的影响。例

如,在雨季或寒冷季节,可能会对施工进度和质量产生一定影响。因此在安排工程的开展顺序时,需要充分考虑季节因素,并采取相应的措施,如合理安排施工工序和加强临时防护措施等。

确定工程的开展顺序是施工部署中的一个重要环节,它需要考虑多个因素来确保施工工序的协调性和流畅性,以达到按期完成工程的目标。

3.1.3 施工总进度计划

施工总进度计划是在建设项目过程中制订的一份具体计划,其目的是指导和管理整个施工过程。该计划是以拟建项目的交付使用时间为目标,用于控制总建设工期和各单位工程施工期限,并确保施工按时、按质、按量完成,最终达到项目的整体目标。

施工总进度计划的制订是基于工程设计、合同约定和施工要求等相关信息。它提供了一份详细的施工蓝图,通过合理安排和协调施工过程中的各项工作,确保施工进展顺利。同时,施工总进度计划也为项目的监控和评估提供了依据,便于及时调整和控制工程进度。

施工总进度计划在建设项目中具有重要的作用,它是控制施工工期和协调各单位工程的关键依据,保证了施工的有序进行,满足了项目的时间、质量和成本的要求。

1. 施工总进度计划的编制依据

施工总进度计划的编制依据包括以下几个方面。

(1)施工合同。编制施工总进度计划时需要考虑施工合同的约定。合同通常包含项目的起止时间、工期要求、分期分批开工日期和竣工日期等关于工期的规定,以及对工期延误、调整加快等方面的条款。这些约定对于制订施工总进度计划来说至关重要,提供了计划编制的基本信息和约束条件,是编制施工总进度计划非常重要的参考依据。

(2)施工进度目标。施工总进度计划的编制需要明确项目的进度目标,即确定项目在特定时间内需要达到的施工阶段和目标。除了合同中对工期目标的约定,企业可能会根据项目的实际情况设定自己的进度目标。这些进度目标的设定对施工进度计划的编制起着指导作用,确保计划能够对项目进行准确的指导。

（3）工期定额中规定的工期。工期定额是用于制订和控制工期的一种工具。其中规定的工期是对施工项目的最长工期限制，也是发包人和承包人之间签订合同的依据。在编制施工总进度计划时，需要参考工期定额中规定的工期要求，以确保施工进度的合理性和可行性能够得到满足。这样做可以有效地使计划与工期定额保持一致，进而实现对工期的有效控制。

（4）有关技术经济资料等。编制施工总进度计划还需要参考相关的技术经济资料，例如过往类似项目的施工经验和数据资料，以及地质、环境和统计方面的资料。通过这些资料可以了解施工过程中可能面临的问题和风险，有助于合理制订施工计划。

（5）施工部署与主要工程施工方案。施工总进度计划的编制还需要考虑施工部署和主要工程施工方案。施工部署包括施工队伍的组织安排、资源配置和施工顺序等，并且需要与施工总进度计划一致。主要工程施工方案涉及工程施工的详细步骤和工艺安排，也需要与施工总进度计划匹配。

2. 施工总进度计划的编制步骤

施工总进度计划的编制是一个系统性的过程，可以按照以下步骤进行。

（1）计算工程项目及全工地性工程的工程量。在计算工程项目及全工地性工程的工程量这一步骤中，需要进行全面而准确的工程量测算，以确定项目的整体规模和范围。

①划分项目。在进行工程量计算之前，需要对工程项目进行合理的划分。这里指的是将工程项目按照一定的原则和逻辑进行分解，划定不同的施工分部或单位工程。划分项目需要突出重点，避免过细或过粗，以便更好地控制和管理施工进度。

②计算主要工程项目的工程量。在完成项目划分后，针对各个主要工程项目或单位工程，进行工程量的计算。这里的主要工程项目通常是指对整个工程项目具有重要影响的关键构件、设备或装置。通过对主要工程项目进行工程量计算，可以获得它们的实物量，并据此确定项目的总体规模和范围。

在计算工程量时,可以依据批准的总承建工程项目一览表,按照工程开展的程序和单位工程的特点,进行粗略计算。这意味着计算可以基于经验或预估进行,而不必过于精确和详细。这样可以达到快速评估项目规模的目的,为后续进度计划的编制提供基本依据。

计算工程项目及全工地性工程的工程量是确保施工总进度计划准确性和合理性的重要环节。通过合理的项目划分和主要工程项目的工程量估算,可以对施工项目的规模和范围有初步的了解,为后续步骤的工作提供基础数据。

(2)确定各单位工程(或单个建筑物)的施工期限。根据项目计划、合同规定以及项目管理的要求,需要确定各单位工程(或单个建筑物)的施工期限。这一过程需要综合考虑多个因素,如建筑类型、结构特征、工程量、施工方法、资源分配、施工技术与管理水平,以及现场的施工条件等,以确保施工任务能够在合理的时间内完成。

①建筑类型和结构特征。不同建筑类型(如住宅、商业、工业)以及不同的结构特征(如框架结构、钢结构、混凝土结构)会对施工时间产生影响。不同类型和结构的建筑物在施工工序上可能存在差异,因此需要根据具体情况评估和确定施工期限。

②工程量。工程量是施工期限需要考虑的另一个重要因素。大量的工程量可能需要更长的施工时间,而较小的工程量则可能需要较短的施工时间。因此,对每个单位工程(或单个建筑物)的工程量进行评估和测算,可以确定合理的施工期限。

③施工方法与资源分配。不同的施工方法和资源分配策略会对施工期限产生影响。例如,采用预制构件可以加快施工速度,但同时需要充足的预制构件供应和专业的施工队伍。因此,需要考虑施工方法和资源分配方案,并与项目计划相匹配,以确定合理的施工期限。

④施工技术与管理水平。施工技术和管理水平对施工期限的控制起着关键作用。高效的施工技术和优秀的项目管理能力可以提高工作效率并确保施工进度。因此,需要评估施工技术和管理水平,以确定符合实际可行性和质量要求的施工期限。

⑤现场施工条件。现场的施工条件会影响施工期限。例如,恶劣的天气条件、特殊的地质情况或其他难以预见的困难都可能导致施工延误。因此,在确定施工期限时,需要考虑现场的实际情况和潜在的施工

风险。

通过综合考虑以上因素,可以确定各单位工程(或单个建筑物)的合理施工期限,以确保施工任务按时完成,并满足项目计划和合同约定的要求。

(3)确定单位工程的开工、竣工时间和相互搭接关系。在这个阶段,需要确定每个单位工程或单个建筑物的具体开工和竣工时间及其之间的相互搭接关系。搭接关系指的是不同单位工程之间施工时间的先后顺序和依赖关系,以确保施工进度的连贯性和协调性。主要应考虑以下几个因素。

①控制开工项目数量。在同一时间段内,不应该同时开工过多的项目,应避免人力和物力的过度分散。

②均衡劳动力和技术物资消耗量。尽量平衡每个单位工程所需的劳动力和技术物资的消耗量,以确保整个工程的资源需求量均衡。

③合理安排土建施工、设备安装和试生产的时间。在综合考虑时间安排时,应合理安排土建施工、设备安装和试生产的顺序,合理安排每个项目和整体建设项目。

④设定后备项目。确定一些次要工程作为后备项目,这些项目可以用来调整主要项目的施工进度。这样可以应对项目执行中可能出现的变化和延迟,确保整个工程能够按计划进行。

(4)编制施工总进度计划。根据前面的信息,编制施工总进度计划。这一计划将每个单位工程(或单个建筑物)的开工、竣工时间以及搭接关系以图形化的方式展示出来,通常采用甘特图或网络图等形式。施工总进度计划可以帮助项目团队了解整体施工进程,进行合理的资源调配和进度控制。

以一个住宅建设项目的施工总进度计划为例,编制步骤如下。

①计算工程项目及全工地性工程的工程量。通过测算土方工程、砌体工程、装修工程等各部分的工程量,得到项目的总工程量。

②确定各单位工程(或单个建筑物)的施工期限。根据项目经理和工程师的经验,结合项目计划和相关合同规定,确定每个单元楼或建筑物的施工期限。

③确定单位工程的开工、竣工时间和相互搭接关系。确定每个单元楼的实际开工和竣工时间,并考虑它们之间的搭接关系,如地下室施工

完成后才能进行上部结构施工等。

④编制施工总进度计划。根据前面的信息，将每个单元楼的开工、竣工时间以及搭接关系整合到一个施工总进度计划中。计划可以使用甘特图或网络图来展示，以便项目团队更好地理解施工计划和控制施工进度。

3.1.4 资源总需求计划

依据总施工部署、总进度计划，编制施工中各种资源的总需求计划，确保资源的组织和供应，从而保证项目顺利进行。

1. 施工准备工作计划

为了确保工程能够按时开工并按照总进度计划如期完成，需要根据建设项目的施工部署、工程施工的展开程序以及主要工程项目的施工方案，及时制订全场性的施工准备工作计划。

这个施工准备工作计划可以类比为一份指南，将详细列出在工程施工之前需要进行的各项准备工作，包括重要的资源调配、施工人员组织、工程材料供应、安全措施、工序安排、预算控制等内容。通过制订这份施工准备工作计划，能够系统地规划和组织施工准备活动，确保所有的准备工作按照时间节点进行，并能够顺利地衔接下一阶段的施工工作。这个计划的编制将根据具体的项目要求和特点而有所不同，但核心目标是确保准备工作能够有序地进行，最大限度地减少工期延误和资源浪费的风险。

施工准备计划表样式见表 3-1 所列。

表 3-1 施工准备工作计划

序号	施工准备工作内容	负责单位	设计单位	要求完成日期	备注

2. 施工资源需要量计划

根据建设项目施工总进度计划，按照工程量汇总表，将主要实物工程量进行汇总，编制工程进度计划，根据工程量汇总表计算劳动力及施工技术物资需求量。

工程量汇总表将对各个主要实物工程项目的数量进行统计和总结，这有助于全面了解项目的工程范围和规模。利用工程量汇总表中的数据，可以制订一个工程进度计划，安排每个工程项目的开始时间、完成时间和工期。这样可以确保施工过程按时进行，有利于控制项目进度。在编制工程进度计划的同时，可以根据工程量汇总表来计算所需的劳动力和施工技术物资的需求量，包括对每个工程项目所需的人员数量和技术物资的种类、数量进行评估和计算。编制工程量汇总表可以合理安排劳动力资源和物资供应，确保在项目中的适时调配和使用各类资源，满足施工过程中的需求并保障施工质量。

（1）劳动力需求量及使用计划。劳动力需要量及使用计划是指针对建设项目的具体工作范围和工期，对所需劳动力数量进行评估和计划，并确定其使用方式和时间安排的计划。

劳动力需要量及使用计划是一个重要的施工管理工具，是规划临时设施工程和组织劳动力进场的工具，用于确定项目期间所需的劳动力数量，并规划其使用方式和时间安排。

①编制依据。

项目的总施工部署和总进度计划：根据项目的整体安排和时间要求，确定工程各个阶段的劳动力需求。

工程量汇总表：根据工程量汇总表统计的实物工程量，来评估和计算所需劳动力的数量。

工程工序及施工技术要求：不同工程工序和施工技术要求可能需要不同的劳动力技能和人员配置，因此这些要求也是编制劳动力计划需要考虑的重要因素。

劳动力的生产力水平和工作效率：根据历史数据或经验，评估劳动力的生产力水平和工作效率，以制订合理的计划。

②编制过程。

确定劳动力需求：结合项目的工程量、工期和技术要求，通过计算和评估，确定各个阶段所需的劳动力数量。

人员配置和岗位分工：根据劳动力需求和工作内容，制订合理的人员配置和岗位分工计划。考虑到不同工种和技能的要求，确保团队的协作和高效运作。

时间安排和任务分配：在制订计划时，需考虑施工工序的先后顺序,合理安排工人的到场时间,并分配具体的工作任务。

考虑安全和劳工法规:在制订劳动力使用计划时,必须充分考虑安全和劳工法规的要求,确保工人的工作环境安全可靠,且遵守劳动法规。

劳动力需要量及使用计划的编制对项目的顺利进行和资源管理至关重要。它可以帮助提前预判劳动力需求,合理安排劳动力的使用,确保项目按时完成,并能够最大程度地发挥劳动力的效能。编制要求见表3-2所列。

表3-2 劳动力需求量及使用计划

序号	工种名称	劳动量/工日	全工地性工程						生活用房		暂设工程	用工时间					
			主厂房	辅助车间	道路	铁路	给排水	电气工程	永久性	临时性		××年			××年	
												1	2	…	12	1	2	…
1	钢筋工																	
2	木工																	
3	混凝土工																	
…	…																	

(2)主要施工及运输机械需求量汇总表。通过分析施工进度计划、主要建筑物施工方案和工程量,可以确定需要哪些施工机械设备。通过套用机械产量定额,可以计算出这些机械设备的需求量。同样地,通过考虑辅助工作的概算指标,可以计算出所需的辅助机械的数量。根据总体的施工部署、建筑物施工方案和总进度计划要求,可以确定必要的施工机具的数量和进场日期。这样可以确保所需的机械设备按计划准时进场,并为计算施工用电量和变压器容量等提供依据。主要施工及运输机械的需求量汇总可参见表3-3所列。

表3-3 主要施工及运输机械需要量汇总

序号	机械名称	规格型号	生产效率	电动机功率/kW	数量	需求量计划										
						××年			××年			××年			
						1	2	…	12	1	2	…	12	1	2	3	4

（3）建设项目各种物资需求量计划。根据施工中工程量汇总表和总进度计划的要求，查概算指标即可得出各单位工程所需的物资需求量，从而编制物资需求量计划，见表3-4所列。

表3-4　建设项目各种物资需求量计划

序号	类别	材料名称	全工地性工程					生活用房		暂设工程	用工时间					
			主厂房	辅助车间	道路	铁路	给排水	电气工程	永久性	临时性		××年			××年		
												1	2	…	12	1	2	…
1	构件类																	
…	…																	

3.1.5 施工总平面布置图

施工总平面布置图是根据施工布置和总进度计划的要求，在拟建项目施工场地范围内对拟建项目和各种临时设施进行合理部署的整体布置图。它是施工组织设计中非常重要的一部分，也是实现现场文明施工、节约施工用地、减少临时设施数量和降低工程费用的必要前提。

1. 施工总平面布置图的设计内容

（1）建设项目的建筑总平面图包括地上、地下的已有和拟建的建筑物、构筑物及其他设施的位置和尺寸，即项目中所有建筑和结构物的平面布置，如主体建筑、辅助建筑、设备安装区域等。通过在总平面图上标出建筑物的位置和尺寸，可以清晰了解项目的整体布局。

（2）一切为全工地施工服务的临时设施的布置位置。在施工过程中，通常需要建立一些临时设施，如工棚、施工机械的停放区域、办公区域、材料堆放区等。在施工总平面布置图上要标明这些临时设施的具体位置，以便施工过程中各项工作能够有序进行。

（3）永久性及半永久性坐标位置及取土、弃土位置。施工总平面布置图还要包括项目中各个永久性或半永久性设施的坐标位置信息，包括测量控制点、固定桩位、基础位置等。此外，还需要标注取土和弃土区域，用于施工过程中的土方工程。

施工总平面布置图能够提供项目整体布局的视觉信息,帮助施工管理人员和工程团队更好地进行施工组织和协调,确保施工过程的顺利进行。

2.施工总平面布置图设计原则

(1)平面紧凑合理。通过合理规划和布置建筑物、设施和临时设备,使整个施工区域的布局紧凑有序。在布置图中尽量减少不必要的空地占用,合理利用施工用地,通过最大限度地减少空地面积,可以降低施工用地的占用量,减少土地资源的浪费。同时,合理利用施工用地有助于缩短施工距离、提高施工效率、减少资源浪费。

(2)方便施工流程。布置图应考虑施工流程和施工顺序,使各个施工工序之间的调度和协作更加顺畅。合理的布置可以减少施工过程中的交叉作业和冲突,保持施工均衡、连续、有序,提高施工效率和质量。

(3)运输方便畅通。布置图应合理确定运输通道和存储区域,以确保材料和设备的运输畅通无阻。合理的运输通道可以降低运输时间和成本,并可能加快施工进度。

(4)降低临建费用。布置图的设计应注重节约临时设施和临建费用。通过合理规划临时设施的位置和尺寸,减少不必要的临建工程,从而降低工程成本。

(5)便于生产生活。布置图需要考虑工人的生产和生活需求,合理安排施工工地的办公区、休息区、食堂、洗手间等设施,提供良好的生产和生活环境。

(6)保护生态环境。施工总平面布置图要充分考虑环保因素,合理安排绿化带和临时围墙,减少土地破坏和灾害风险,并选择合适的施工工艺和措施,减少对周边环境的影响。

(7)保证安全可靠。布置图应考虑安全防火、安全施工等安全因素,合理划定安全通道和逃生通道,确保施工期间人员和设备的安全。布置图还应考虑施工过程中的危险因素,并采取相应措施,保证施工的安全可靠性。

3.施工总平面布置图设计所依据的资料

(1)设计资料。包括建筑总平面图、地形地貌图、区域规划图、建设项目范围内有关的一切已有的和拟建的各种地上、地下设施及位置图。通过这些设计资料可以准确了解项目的整体情况,确定建筑物和设施的布置位置,合理规划施工区域,确保施工过程的顺利进行。这些资料提供了施工总平面布置图设计的基本依据,有助于保证施工的高效性和可行性。

(2)建设地区资料。包括当地的自然条件和经济技术条件等。建设区域的地理和地形资料,如地形地貌、地势起伏、地质条件等。这些资料对于确定建筑物的平面布置、临时设施的安置以及运输通道的设计都会起到重要的指导作用。

(3)建设项目的建设概况。包括施工方案、施工进度计划,以便了解各施工阶段情况,合理规划施工现场。

(4)物资需求资料。包括施工所需的材料、设备、机械等物资的种类、规格和数量。这些资料可以帮助确定临时设施的尺寸和布置位置,以及材料和设备的存储和运输需求。

3.2 建筑工程施工组织设计

3.2.1 概述

单位工程施工组织设计是为了指导和约束单位工程的施工过程而编制的设计方案。它是在项目施工阶段针对具体单位工程进行规划和安排的过程。单位工程施工组织设计应结合工程总体设计和项目施工组织设计的要求,考虑实际施工情况,制订具体的施工方案,明确施工任务、施工工序、施工方法、施工步骤、施工工艺和施工人员配备等内容。其目的在于确保单位工程能够按照质量、数量和进度的要求顺利完成。

在单位工程施工组织设计中,需要综合考虑各个方面的因素,以优化施工过程和提高施工质量,包括合理安排施工任务并划分适当的施工工序、选择适宜的施工方法和工艺流程、明确清晰的施工步骤,以及合理配备和管理施工人员。此外,还需要编制详细的施工进度计划、合理分配和利用施工资源,以及制订有效的安全管理措施,从而确保施工过程的顺利进行和安全性。

单位工程施工组织设计是一个系统工程,它需要综合考虑各个方面的因素,以确保单位工程按照要求完成施工任务。通过优化施工过程和管理方式,可以提高施工效率、确保施工质量和安全性。

1. 单位工程施工组织设计与施工组织总设计的区别与联系

单位工程施工组织设计和施工组织总设计都是项目施工过程中的重要内容,它们有一定的区别和联系。

(1)区别。

①定义范围。单位工程施工组织设计是针对具体的单位工程,它是在项目施工阶段对某个单位工程的施工过程进行规划和安排的设计。而施工组织总设计是整个项目施工过程的总体规划,它包括对所有单位工程的施工过程进行统一的设计。

②级别层次。单位工程施工组织设计的层次较低,着重于对具体工程的施工过程进行规划和安排。而施工组织总设计的层次较高,它考虑的是整个项目施工的总体规划和协调。

(2)联系。

①目标一致。单位工程施工组织设计和施工组织总设计都是为了确保施工按照质量、数量和进度的要求逐步开展,以顺利完成项目施工任务。

②相互依赖。单位工程施工组织设计是在施工组织总设计的指导下进行的,它需要符合施工组织总设计的要求和指示,同时也为施工组织总设计提供具体的实施方案和策略。

③协同作用。单位工程施工组织设计和施工组织总设计之间需要保持密切的协作和协调,确保各个单位工程的施工过程相互配合和衔接,以实现整个项目的顺利进行。

2. 单位工程施工组织设计的作用

单位工程施工组织设计是在项目实施阶段制订的一项重要计划,它对项目的顺利进行起着关键作用。

(1)为施工准备工作进行详细的安排。单位工程施工组织设计是在施工前制订的一项计划,通过合理的安排,施工方能有效地组织和管理施工过程,提高效率,降低成本。施工准备的目的是为了在施工阶段能够有序施工,从而确保施工的质量、进度和安全。通过合理的准备工作,能够提前识别和解决施工中可能出现的问题,为施工提供必要的保障。施工准备的内容主要包括以下几个方面。

①熟悉施工图纸和了解施工环境。施工方需要仔细研究和理解项目的施工图纸,包括工程的结构、布置和施工要求。同时,施工方也需要了解施工环境,包括场地、交通道路、土壤条件等,以制订相应的施工方案和安全措施。

②组建施工项目管理机构和配备施工力量。施工方需要建立合理的项目管理机构,确定管理层级和职责分工,以便管理项目的各个方面。同时,根据项目的规模和工期,施工方还需要确定所需的施工人员数量和对应的专业技术要求,并进行招聘、培训和配备相应的施工力量。

③进行施工现场的"七通一平"准备工作。施工前需要对施工现场进行八项基本准备工作,包括道路通、给水通、电通、排水通、热力通、电信通、燃气通和场地平整。这些工作是为了确保施工现场的基础设施完善,满足施工的基本要求。

④采购建筑材料和水电设备并安排其进场。根据项目需求,施工方需要制订采购计划,选择合适的供应商进行建筑材料和水电设备的采购,并安排合适的运输和储存手段,以确保所需材料及时进场。

⑤准备施工设备和起重机等,并进行现场布置。施工方需要确定施工所需设备的种类和数量,并进行采购、租赁或调配。同时,还需要规划施工现场的设备摆放区域、工作通道和安全区域,以确保施工设备能够安全、高效地进行作业。

⑥确定预制构件、门窗和预埋件等的数量和需要日期。施工方根据设计要求确定预制构件、门窗和预埋件等的数量,并与供应商协商确定它们的制造和送达日期,以便协调施工进度。

⑦确定临时设施的面积并组织进场。施工方需要确定施工现场的临时仓库、工棚、办公室、机械房和宿舍等的面积,并组织材料进场,以满足施工需求。

以上是施工前的一些准备工作,合理安排和准备这些工作,能够为后续的施工工作打下坚实的基础。

(2)对项目施工过程中的技术管理做具体安排。

单位工程施工组织设计是指导施工的技术文件。它细化了项目的技术要求,明确了施工过程中各个工序的技术要点和质量控制要求。通过对技术管理的合理安排,可以确保施工过程中技术工作的有序进行,提高施工质量,减少质量问题。

①提出切实可行的施工方案和技术手段。根据具体工程特点,针对施工过程中的技术要求,提出可行的施工方案和技术手段。这包括对施工方法、工序和质量控制要求的具体规划和设计,从而确保施工过程中的技术工作能够有序进行。

②确定各分部分项工程的施工顺序和交叉搭接。在技术管理中,明确各个分部分项工程的施工顺序和交叉搭接方式,确保各个工程之间的协调配合,避免施工中的冲突和延误。

③针对新技术和复杂施工方法采取有效措施和技术规定。对于涉及新技术和复杂施工方法的工程,需要制订相应的措施和技术规定,从而确保其施工过程能够安全、高效地进行。

④协调设备安装的进场时间和土建施工的交叉搭接。技术管理需要合理安排设备进场时间和土建施工的交叉搭接,以确保设备能够按时安装,并与土建工程无缝衔接。

⑤关注施工中的安全技术和采取的措施。在技术管理中需要重视施工中的安全问题,制订相应的安全技术规范和采取必要的措施,以确保施工过程中的安全性。

⑥制订施工进度计划和安排。技术管理需要制订详细的施工进度计划和安排,以确保工程按时进行,避免延期和影响整体进度。

⑦合理安排资源需求量和进场时间。技术管理需要合理评估和安排各种资源的需求量,包括人力、材料、设备等,并确定它们的进场时间,以保证施工过程中所需的资源能够及时供应。

单位工程施工组织设计可以帮助施工方合理组织和管理施工过程,提高效率、降低成本,同时确保施工的质量和安全。

3.单位工程施工组织设计的编制依据

单位工程施工组织设计的编制依据是指在制订施工组织设计方案时需要考虑和依据的一些基本信息和要求。包括以下几个方面。

（1）施工组织总设计。施工组织总设计是对整个工程施工过程进行全面规划和安排的文件，包括施工方法、施工步骤、工期计划等。它是单位工程施工组织设计的基础，提供了制订单位工程施工组织设计所需的基本信息和要求。

（2）施工现场条件及地质勘察资料。施工前需要对施工现场进行详细的调查和研究，包括地形地貌、地上及地下障碍物情况、地下水位、土层情况、地质构造、土壤性质等。这些信息会对施工过程和工程质量产生重要影响。

（3）工程所在地的气象资料。了解工程所在地的气象条件对施工过程的安全和进度控制非常重要。气象资料包括气温、降雨量、风向风速等信息，指导施工组织设计中的天气预测和安全防护。

（4）施工图及规范对施工的要求。施工图是施工的基础文件，规范是必须遵守的技术规定。施工组织设计需参考施工图纸和相关规范，确保施工方案符合设计要求。这包括单位工程的全部施工图样、会审记录和相关标准图等设计资料。

（5）材料、预制构建及半成品的供应情况。材料和构件的供应情况（供货来源及供货方式）直接影响施工进度和质量。施工组织设计需要考虑材料和构件的供应时间、数量和质量要求，应合理安排施工工序和材料使用。

（6）劳动力配备情况。施工组织设计必须考虑施工过程中所需的人力资源，主要从两个方面进行考虑：一方面是企业能提供的劳动力总量和各专业工种的劳动人数，另一方面是工程所在地的劳动力市场情况。合理的劳动力配备可以提高施工效率和质量，从而确保工程按时完成。

（7）施工机械设备供应情况。施工机械设备是完成施工必不可少的工具。施工组织设计需要考虑施工机械设备的类型、数量、技术参数和供应情况，从而确保施工中能够顺利运行和满足施工要求。

（8）施工企业年度生产计划对该项目的安排和规定的有关指标。施工企业的年度生产计划对各个项目的安排和指标有所规定，包括施工队伍、资源调配、工期要求等。施工组织设计需要考虑施工企业年度生产计划中对该项目的安排和要求，从而确保施工进度和质量能够符合企业的要求。

（9）项目相关的技术资料。施工组织设计需要参考项目相关的技术资料,包括标准图集、地区定额手册、国家操作规程及相关的施工与验收规范、施工手册等,同时包括企业相关的经验资料、企业定额等。这些技术资料会对施工方案的制订和施工质量的控制起到重要作用。

(10)建设单位的要求。建设单位对单位工程施工组织设计可能有特定的要求,如施工进度要求、质量要求、安全要求等。编制施工组织设计时,需要充分考虑建设单位的要求,确保施工方案符合其需求。

(11)建设单位可能提供的条件。建设单位可能会提供一些特殊条件或资源支持,如七通一平、临时设施、施工资金等。施工组织设计需要考虑建设单位可能提供的条件,合理利用和安排这些条件,以提高施工效率和质量。

(12)与建设单位签订的工程承包合同。工程承包合同是施工组织设计的重要依据之一。合同中规定了工程的具体要求、支付条件、责任和义务等内容。施工组织设计需要遵循合同约定,应确保施工过程符合合同要求,并履行相关责任和义务。

4.单位工程施工组织设计的编制原则

单位工程施工组织设计在编制设计时应遵循一些基本准则,以确保施工过程的顺利进行和工程质量的达标。

(1)符合施工组织总设计的要求。单位工程施工组织设计应与总体规划和安排一致,确保施工方案符合总体设计的要求,从而保证施工进度、质量和成本能够达到预期目标。

(2)合理划分施工段和安排施工顺序。根据工程的特点和要求,将整个施工过程分为合适的施工段,并合理安排施工顺序。这有助于保证施工的连贯性和高效性,避免冲突和延误。

(3)采用先进的施工技术和施工组织措施。积极引进先进的施工技术和组织措施,包括新的施工方法、工艺和设备,以提高施工效率和质量。这有助于推动施工行业的创新和发展。

(4)专业工种的合理搭接和密切配合。在施工组织设计中,要合理安排不同专业工种的作业,并促进各工种之间的密切配合。这有助于减少施工过程中的协调问题,提高施工效率和质量。

(5)努力改进施工工艺,提高机械化施工水平。施工组织设计应鼓励和支持施工工艺的改进,推动机械化施工的应用,积极慎重使用新技术、新工艺、新材料、新设备。这有助于提高施工效率、降低人工成本,并改善工作环境和施工安全。

(6)对施工方案进行技术经济比较。在编制施工组织设计时,要对施工方案进行技术经济比较,评估不同方案的技术可行性和经济效益。这有助于选择最优方案,确保施工过程的效益最大化。

(7)施工现场布置做到统筹规划,布局合理。施工组织设计需要对施工现场进行统筹规划,将施工作业区与生活办公区分开布置,减少现场的二次搬运。合理布置施工设备、施工区域和人员流动,以确保施工过程的顺利进行和施工环境的优化。

(8)确保工程质量、施工安全和文明施工。施工组织设计应以确保工程质量和施工安全为核心,注重文明施工的要求。这意味着要充分考虑施工过程中的质量控制、安全防护和环保措施,保证施工过程符合规范和标准。

5.单位工程施工组织设计的编制程序

如图3-1所示为单位工程施工组织设计编制的一般程序。

6.单位工程施工组织设计的内容

根据工程的性质、规模和复杂程度不同,单位工程施工组织设计的内容、深度和广度会有所不同。其中,核心内容可以总结为"一案一图一表",即施工现场平面布置图、施工方案和施工进度计划表。一份单位工程施工组织设计通常包括以下内容。

(1)工程概况及施工条件分析。对工程项目进行概述,包括工程的性质、规模、建筑和结构特点、建设条件、施工条件、建设单位及上级的要求等。

(2)施工方案。提供具体的施工方案,包括施工方法、工序安排、资源利用等,以确保施工的顺利进行。

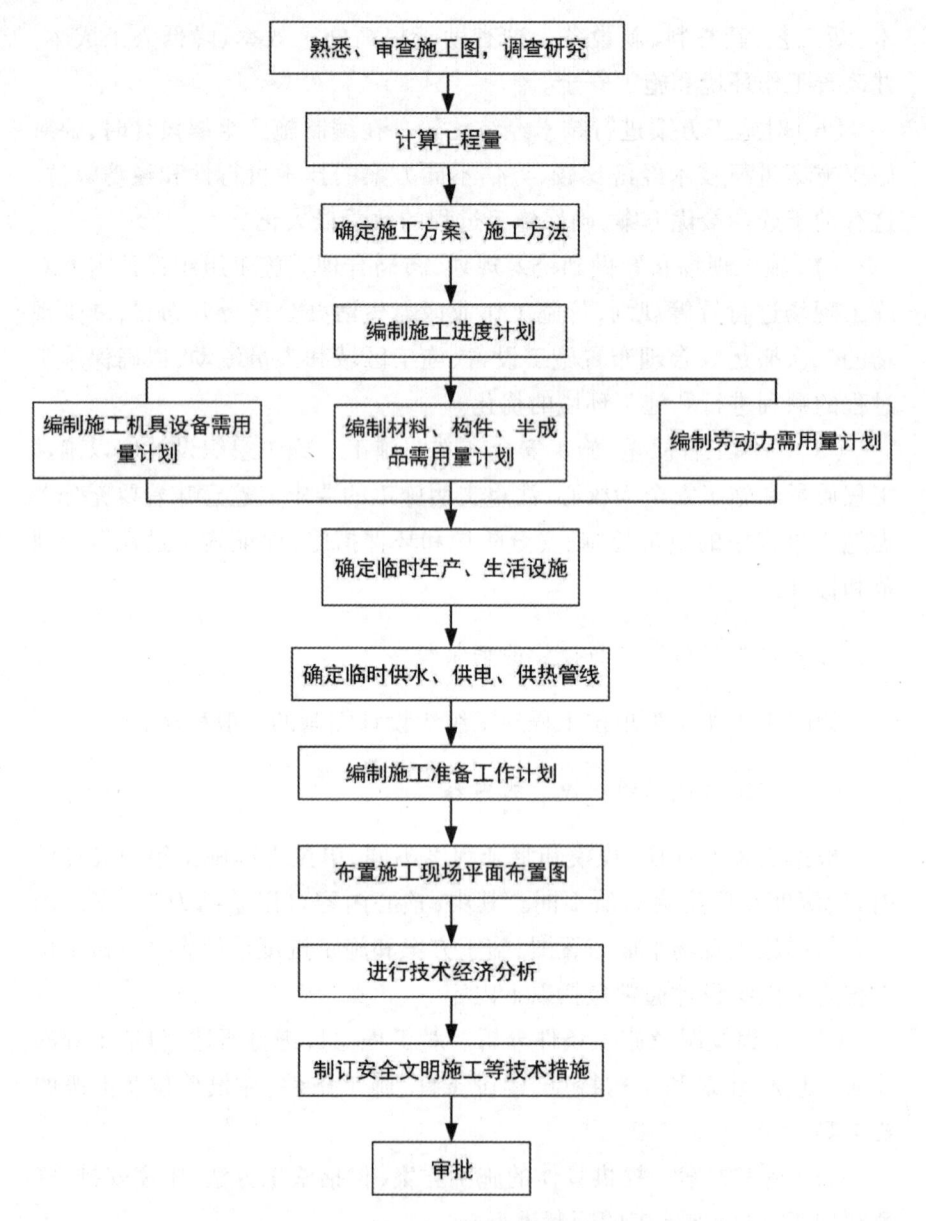

```
熟悉、审查施工图,调查研究
          ↓
        计算工程量
          ↓
    确定施工方案、施工方法
          ↓
      编制施工进度计划
          ↓
┌─────────────┬─────────────┬─────────────┐
│编制施工机具设备需用│编制材料、构件、半成│编制劳动力需用量计划│
│    量计划      │   品需用量计划    │             │
└─────────────┴─────────────┴─────────────┘
          ↓
    确定临时生产、生活设施
          ↓
   确定临时供水、供电、供热管线
          ↓
      编制施工准备工作计划
          ↓
       布置施工现场平面布置图
          ↓
        进行技术经济分析
          ↓
     制订安全文明施工等技术措施
          ↓
          审批
```

图 3-1　单位工程施工组织设计编制的一般程序

（3）施工进度计划。安排工程施工的时间节点和工期,以及各项工作的先后顺序,为施工进度的控制提供依据。

（4）劳动力、材料、构件和机械设备等需要量计划。对施工所需的人力、材料、构件和机械设备等资源进行数量和时间的计划安排。

（5）施工准备工作计划。规划施工前的准备工作，包括场地准备、材料采购、设备安装等。

（6）施工现场平面布置图。通过平面图的形式展示施工现场的布置，包括建筑物位置、临时设施摆放、交通道路等。

（7）保证质量、安全、降低成本与文明施工等技术措施。提出施工过程中质量、安全、成本和环境保护等方面的技术措施，以确保工程施工的质量和顺利进行。

（8）各项技术经济指标。对工程施工的技术和经济指标进行评估和分析，为施工决策提供依据。

3.2.2 工程概况与施工条件

1. 工程概况

工程概况主要包括拟建单位的工程建设概况、工程设计概况及工程施工概况三个方面的内容。

（1）工程建设概况。

工程建设概况主要包括以下基本信息和相关内容。

①建设单位。说明该单位工程的负责单位，即在该工程项目进行中负责筹划、组织、执行和管理的机构或组织。

②工程名称、性质和规模。标明工程项目的具体名称，明确其性质（例如，是住宅建筑、商业建筑、桥梁工程等）和规模（如建筑面积、容积率等）。

③位置和用途。给出工程项目所在地的具体位置，包括街道、地理信息等，同时描述该工程项目的预期用途，如居住、商业、教育等。

④施工周期和工期要求。说明该工程项目的预计施工周期，即从开始施工到完工的所需时间，并强调可能存在的工期要求，如紧急工期或限时要求。

⑤资金来源和工程投资额。说明该工程项目所需资金的来源，例如政府拨款、银行贷款、企业投资等，同时列出该工程项目的总投资额，包括设计、施工、设备购置等费用。

⑥开竣工日期。明确该工程项目的计划开工日期和预计完工日期，

并在此基础上确定工期管理需要考虑的时间要求。

⑦设计单位、监理单位和施工单位。列出参与该工程项目的设计、监理和施工方的相关信息,包括名称、资质和专业背景等。

⑧施工图情况、工程合同和主管部门的要求。描述工程项目的施工图设计现状,概括工程项目的合同情况,并针对施工过程中的主管部门的要求进行说明。

⑨组织施工的指导思想和具体原则要求。陈述在该工程项目的施工过程中所遵循的指导思想和原则,并概括具体的组织施工要求和目标。

(2)工程设计概况。

工程设计概况是对工程设计阶段的情况进行简要说明,主要包括以下方面。

①建筑设计特点。描述拟建工程的平面形状、使用功能划分、尺寸、建筑面积、楼层数、层高和总高度等。还可能涉及室内外装饰的构造和做法,应提供相关的平面、立面和剖面简图作为参考。

②结构设计特点。阐述拟建工程的基础类型与构造、土方开挖和支护要求,以及主体结构的类型、墙体、柱子、梁板等主要构件的具体信息,如截面尺寸、材料和安装位置。此外,还会涉及新材料、新结构的应用要求以及工程的抗震设防等级。

③设备安装设计特点。描述拟建工程的建筑给排水、采暖、电气、通信、通风与空调、消防系统以及电梯安装等方面的设计参数和要求。

(3)工程施工概况。

工程施工概况是对工程施工阶段的情况进行说明,重点包括以下内容。

①施工特点。指出拟建工程在施工阶段的特点,包括施工过程中的一般性要求和特殊性要求。可能涉及的特殊施工工艺、环境限制、安全要求等。举例来说,砖混结构住宅工程的砌筑工程量大,砌墙和安装楼板交替施工,手工操作和湿作业较多,需要考虑材料品种和工种交叉作业等。因此,在施工过程中需要注意砌墙与楼板安装的流水搭接,这是整个建筑物施工的关键。

②施工重点与难点。明确拟建工程施工中的重点和难点,即需要特别关注和解决的问题。这些问题可能涉及技术难题、工程复杂性、资源调配等方面。

2.施工条件

施工条件包括以下内容。

(1)"七通一平"情况:指工程场地需要具备七通(道路通、给水通、电通、排水通、热力通、电信通、燃气通)和一平(土地平整)等的基础建设。这意味着施工前需确保场地已经进行了基础设施的布置,并且地面平整度符合施工的要求。

(2)交通运输条件:包括当地的交通网络和运输能力。这方面包括道路、铁路、水路和航空运输等交通方式。运输能力和方式考虑了货物和人员的运输需求,确保施工物资和工人的顺利运输。

(3)资源供应条件:指项目所需的各种资源供应情况,包括原材料、机械设备、劳动力等。特别要关注运输能力和运输方式,确保项目所需的材料、设备等资源能够及时供应。

(4)施工单位机械、机具、设备、劳动力的落实情况:描述了施工单位在机械、机具、设备和劳动力方面的情况。重点考虑技术工种和数量的平衡,确保拥有足够的、合适的技术工人和必要的设备来支持施工。

(5)施工现场大小及周围环境情况:对施工现场的规模和周边环境进行描述,包括施工区域的面积、地形状况、土壤特性等。周边环境描述可能包括附近的交通状况、居民区和自然环境等。

(6)项目管理条件及内部承包方式:解释了项目管理的条件和内部承包的方式。这涉及对项目的组织和协调管理,以及确定工程分包的方式和相应的承包商。

(7)现场的临时设施、供水、供电问题的解决办法:关注现场所需的临时设施,如临时办公室、临时设备等,以及供水和供电问题的解决方案。

3.2.3 施工方案选择

1.施工方案的概念

选择适当的施工方案在施工组织设计中具有至关重要的地位。施工方案是施工组织设计的核心,合理的施工方案直接影响着工程的效率、质量、工期和经济效益。施工方案的选择涉及以下主要内容。

（1）优化施工程序和起点流向。通过合理安排施工的顺序和流程，减少重复工作的次数。确保施工的顺序和流向能够最大程度地减少重复工作环节。

（2）采用高效的施工方法和机械。选择适合项目特点的施工方法和机械设备，以提高施工效率和减少重复工作。例如，使用现代化的施工设备和工具能够显著提高工作效率。

（3）划分施工段落并组织流水施工。将施工过程划分为不同的段落，并合理组织流水施工，确保施工各个环节之间的衔接和协调。避免重复施工和不必要的停工等。

（4）技术经济比较并选择最优方案。在拟定施工方案时，对可能采用的几种施工方法进行技术经济比较，评估各种方案的效果和成本。选择最优方案可以降低复制比并提高工程的效率和经济效益。

（5）制订施工进度计划和设计施工平面图。制订详细的施工进度计划，确保施工的有序进行，减少因施工过程中的调整和重复工作导致的时间浪费。设计施工平面图，明确各个施工阶段的工作内容和要求，避免重复和不必要的施工。

2. 施工顺序

施工顺序是指在施工过程中，按照一定的次序和时间节点，有序地安排和组织各项工作，反映了各工序相互制约的关系和循序渐进的规律。施工顺序在施工组织设计中扮演着重要的角色，对保证施工的顺利进行和确保工程质量具有至关重要的意义。确定合理的施工顺序需要综合考虑工作之间的逻辑关系、工程的技术要求和质量要求、施工过程中的安全风险、资源的利用情况和经济性等因素。一个合理的施工顺序能够有效地指导施工方案的制订和施工进度计划的编制，保证施工工作的有序进行，从而提高工程的质量和效益。

考虑施工顺序时，应注意以下几点。

（1）先准备、后施工，严格执行开工报告制度。

在开始施工之前，必须进行必要的准备工作，如项目定位和场地清理、测量、勘察等，并且要严格执行开工报告制度，确保施工在合理的时间开始。具备开工条件后要提交开工报告，经上级审批后方可开工。

（2）遵守一般原则的顺序安排。

①先地下后地上。尽量在地上工程开始之前完成地下设施、土方工程和基础工程，为地上部分的施工提供一个良好的施工场地。

②先主体后围护。按照主体结构优先、围护结构次之的顺序进行施工。

③先结构后装修。先完成主体结构的施工，然后再进行装修工作。在需要缩短工期的情况下，也可以同时进行部分主体结构和装修的施工。

④先土建后设备。土建施工应该在水暖、电气、卫生等建筑设备的施工之前完成。然而，土建施工和设备安装之间通常需要相互配合，因此需要妥善处理各工作之间的协作关系。

（3）正确安排土建施工和设备安装的程序。

应根据项目的特点和需要，合理安排土建施工和设备安装的先后顺序和时间节点。确保土建施工和设备安装之间的配合和衔接，提高工程质量和效率。

（4）安排好工程的收尾工作。

主要包括设备调试、生产或使用准备、交工验收等工作。

3. 单位工程的施工起点与流向

单位工程的施工起点和流向是根据生产需要、缩短工期和保证质量等要求确定的。对于单层建筑物而言，可以按照工段和跨间进行分区分段来确定平面上的施工流向。对多层建筑物，除了确定每层平面上的施工流向外，还需要确定层间或单元空间的施工流向，如在多层房屋中内墙抹灰可选择自上而下或自下而上的顺序进行施工。施工流向的确定是组织施工的关键步骤，它涉及一系列施工过程的开展和进程。施工起点和流向的确定取决于建筑的特点和施工过程的要求，通过合理规划和安排，可以达到提高施工效率和质量的目的。

因此，在确定时应考虑以下几个因素。

（1）车间生产工艺过程。

车间的生产工艺过程是确定单位工程施工起点与流向的一个基本因素。根据生产工艺的不同要求，可以决定施工流向的安排。例如，在高层民用建筑、公共建筑中，可以根据主体施工的进度，在相应楼层的施工完成后,先进行地面上若干层的设备安装与室内装饰,以满足生产使用的紧迫需求。

(2)施工的繁简程度和施工过程之间的相互关系。

一般而言,对于技术较复杂、施工进度较慢、工期较长的区段或部位,应优先进行施工。此外,如果存在密切相关的分部分项工程需要进行流水施工,那么一旦确定了前导施工过程的起点和流向,也就可以相应确定后续的施工过程。施工的繁简程度和施工过程之间的相互关系是确定单位工程施工起点与流向的重要考虑因素。通过合理安排施工顺序,可以优化施工进度和质量的控制。

(3)选用的施工机械。

根据施工条件和需要,可以选择不同类型的垂直起重运输机械,包括固定式的井架、龙门架,以及移动式的塔吊、汽车吊、履带吊等。这些机械的布置位置或开行路线将直接影响到分部分项工程施工的起点和流向。对于固定式的井架、龙门架等垂直起重设备,它们往往需要提前安装或搭设在施工现场的特定位置。根据其布置的位置和高度,可以确定其所能服务的施工区域,进而决定了某些分部分项工程的起点和流向。而对于移动式的塔吊、汽车吊、履带吊等机械,它们可以在施工现场灵活移动,根据施工需要进行调整和布置。其开行路线将直接决定它们能够覆盖到的施工区域和可操作的范围,进而确定了相关分部分项工程施工的起点和流向。

根据施工条件选择合适的垂直起重运输机械,并根据其布置位置或开行路线确定施工起点和流向,能够有效地支持施工过程中的物资运输和吊装作业,进而影响分部分项工程的施工顺序和流程。

(4)变形缝。

施工层和施工段的划分部位,包括伸缩缝、沉降缝等,也是确定施工起点和流向时需要考虑的重要因素。在建筑施工中,伸缩缝和沉降缝的设置是为了解决结构变形和沉降差异引起的应力和位移问题。它们通常用于分隔建筑物或结构的不同部分,以允许其在自然环境和使用条件下发生变形而不会导致损坏。

在确定施工起点和流向时,合理划分施工层和施工段,将施工分为相对独立的部分,能够通过伸缩缝和沉降缝的安排来控制变形和位移。例如,如果一个建筑物需要设置多个伸缩缝或沉降缝,可以根据其位置和影响范围划分不同的施工段。通过考虑伸缩缝和沉降缝的位置和作用,可以安排施工起点和流向,确保在适当的时机处理这些构造缝隙,以控制变形和位移的影响。这有助于提高建筑物的稳定性、安全性和使用寿命。

(5)分部工程或施工段的特点。

分部工程具有不同的特点,对于确定施工起点和流向有着不同的影响因素。

对于多层砖混结构工程的主体结构施工起点和流向,通常需要从底层开始逐层向上施工。这是因为在多层砖混结构中,下层的结构先行施工可以提供支撑和稳定,为上层结构的施工提供必要的条件。从平面上看,可以根据具体情况选择从哪一边开始施工,没有固定的规定。

针对装饰工程的施工起点和流向,一般存在两种常见的情况。对于室外装饰,可以采用自上而下的流向,也就是从高处往低处施工。这是因为室外装饰往往涉及外墙、屋面等部位,自上而下的施工流向可以确保施工过程中的安全和便利。而对于室内装饰,可以采用自上而下或自下而上的施工流向,具体选择依赖于具体的装饰部位和施工需求。

单位工程的施工起点和流向受到各种因素的影响。针对不同的工程特点和施工要求,需要综合考虑结构稳定性、施工顺序、安全性、施工便利等因素来确定合适的施工起点和流向。

(6)施工方法。

施工方法是确定施工流向的关键因素,比如建筑物的基础部分采用顺作法还是逆作法,施工的流向是不一样的。根据具体的工程要求、结构特点和施工计划,合理选择施工方法,可以确保施工的顺序、质量和安全,并实现施工流程的高效进行。

4. 选择施工方法和施工机械

如何选择施工方法和施工机械是单位工程施工方案中的重要问题,直接影响着工程的进度、质量、成本和安全。对于每个主要的施工过程,可以采用不同的施工方法和施工机械。

在确定施工方法和施工机械时,需要综合考虑以下因素:建筑基层结构的特点,包括平面形状、尺寸、高度,以及工程量的大小和工期的长短;劳动力和各项资源的供应情况;施工现场条件和周围环境;施工单位的技术和管理水平等。为了选择最优的施工方法和先进的施工机械，可以进行综合的技术经济分析比较。这包括评估各种施工方法和施工机械的效率、成本、质量控制能力、安全性、环保性等，并结合项目的具体要求和条件，反复权衡。通过科学的分析比较，可以根据工程的特点和实际情况选择最合适的施工方法和施工机械。这将有助于提高施工效率，优化资源利用，确保施工质量和安全，同时控制成本。

因此，选择施工方法和施工机械是单位工程施工方案中一项关键任务，需要进行综合考虑，并进行合理的技术经济分析比较，以选择最优和先进的方案。这将为工程的顺利实施提供有力支持。

（1）施工方法的选择。

在进行工程施工时，选择适合的施工方法是施工方案中的关键点，也是施工方案的重要组成部分。在选择施工方法时，需要特别关注工程中的主要施工过程，特别是那些具有复杂施工技术、涉及新技术和新工艺、对工程质量起关键作用，或者是特殊工程、不常见的施工过程。对于这些重要的施工过程，必须进行认真研究，以选择适宜的施工方法。这些施工过程往往要求特定的技术和经验，因此有必要仔细评估不同的施工方法，并选择最合适的方法来保证工程质量和安全。在评估选择施工方法时，可以考虑以下因素：施工技术的复杂性、施工过程中可能存在的技术难点、施工效率、资源消耗、工期要求、对工程质量的影响等。同时，也需要关注新技术、新工艺的应用情况，以及前人的经验和成功案例。选择适宜的施工方法对于保证施工质量、提高工程效率以及控制施工风险都非常关键。因此，在面对技术复杂、作用关键或不熟悉的特殊工程时，应该认真研究并选择合适的施工方法，确保施工顺利进行并达到预期的目标。

①选择施工方法的基本要求。

考虑主导施工过程的要求：主导施工过程是指那些工程量大、施工技术复杂且采用新型的技术、工艺、材料和设备，对整个工程施工质量起重要作用的工序。相对于常规做法和熟悉的施工过程，只需提出其中的特殊问题，无须详细拟定施工方法。

满足施工技术的要求：在选择模板类型和支模方法时，需要考虑模板设计和施工技术的要求。例如，在使用工具式钢模板进行滑模施工时，需满足相关的模板设计要求。

符合工厂化、机械化程度的要求：可以在预制构件厂制造构配件，以实现工厂化生产，减少现场作业。同时，为了提高机械化施工水平，应最大限度地发挥机械利用效率，减少工人的劳动强度。

符合先进、合理、可行、经济的要求：在选择施工方法时，要满足先进、合理的要求，同时考虑施工企业的各方面条件，并进行多方案比较和分析，以选择经济性较高的施工方法。

满足质量、工期、成本和安全等方面的要求：根据施工单位的施工技术水平和实际情况，选择能够提高质量、缩短工期、降低成本和确保工程安全等要求的施工方法。

②主导施工过程施工方法的选择。选择主导施工过程的施工方法的步骤如下。

首先，确定工艺流程和施工组织方法。先确定工艺流程，也就是具体的施工步骤和顺序。然后，针对工艺流程，选择合适的施工组织方法，例如流水线施工或并行施工，尽可能提高施工效率和缩短工期。此外，在组织结构和装修方面的施工中，需要及时协调和穿插施工，以实现施工工序的顺畅进行。

其次，选择材料的运输方式。根据具体施工需要，选择适合的材料运输方式。这可能包括使用运输机械、运输车辆、输送带等不同的运输工具。同时，确定场内临时仓库和堆场的布置位置，以确保材料供应的及时性和方便性。

最后，了解各工种的操作方法和要求。在选择主导施工过程的施工方法时，要深入了解各工种的具体操作方法和技术要求。这将有助于确定合理和高效的施工方法，并确保施工质量和安全性。

选择适合主导施工过程的施工方法，可以提高施工效率、缩短工期，并确保施工工序的顺利进行。同时，深入了解各工种的操作方法和要求，是确保施工质量和安全的关键。

（2）施工机械的选择。

讨论施工方法的选择，必须涉及施工机械的选择。合理选择施工机械，可以提高机械化施工的程度，机械化施工是实现建筑工业化的重要基础。在选择施工机械时，应重点考虑以下几方面的内容。

①选择适宜的机械类型。根据工程的规模和要求，选择最适合的施工机械类型。例如，在起重运输方面，根据工程量的大小选择合适的起

重机类型,如大型塔式起重机适合大量集中的工程,而无轨自行式起重机适合其他情况。在选择起重机型号时,需确保其性能满足起重量、安装高度和起重半径的要求。

②利用现有机械能力。在选择施工机械时,应先充分发挥施工企业现有机械的能力、提高机械利用率、降低成本,再考虑购置或租赁新型或多用途机械,以提升施工技术水平和企业素质。

③辅助机械和运输工具与主导机械协调一致。在选择与主导机械配套的辅助机械和运输工具时,需要确保它们的生产能力与主导机械协调一致,以充分发挥主导机械的效率。例如,运输工具的数量和运输能力应能够满足起重机的连续工作需求。

④尽量减少机械种类和型号。在同一建筑工地上,应尽量减少建筑机械的种类和型号。大量同类但不同型号的机械会增加机械管理的难度,并增加机械转移所需的工时。因此,在工程量大且集中的情况下,宜采用大型专用机械;而对于工程量小而分散的工程,应尽量采用多用途的机械。

4. 制订各项技术组织措施

(1)技术措施。

技术措施是为了满足工程的特殊要求和采用新材料、新工艺、新技术而制订的具体步骤和方法。一般包括以下内容。

①各类平面、剖面等施工图及工程量一览表。在技术措施中,需要提供施工图纸和工程量清单,其中包括各种平面和剖面图,用以指导施工过程中的布局和安装,以及准确记录工程的数量和规格。

②施工方法的特殊要求和工艺流程。针对特殊的施工要求,技术措施中会明确规定所需的施工方法,并说明特殊工艺流程,具体包括特殊的施工顺序、独特的施工工艺、关键节点的控制等。

③装饰材料、构件、半成品、机械、机具的特点、使用方法和需要量。为了确保施工的顺利进行,技术措施中需要详细描述使用的装饰材料、构件、半成品、机械、机具的特点、使用方法和需要的数量。这些信息将有助于施工方配备适当的工具和材料,合理安排施工进度。

④水下及冬雨季施工措施。水下及冬雨季施工措施是针对在水下环境或冬雨季施工时所需采取的特殊措施。这些措施旨在应对水下施工

和冬雨季施工可能面临的挑战,确保施工顺利进行和工程质量的保证。

⑤技术要求和质量安全注意事项。技术要求和质量安全注意事项是在施工过程中需要特别关注的技术要求和质量控制方面的准则。

(2)质量措施。

保证质量的措施,可从以下几个方面来考虑。

①确保定位放线、标高测量等准确无误的措施。在施工前,通过使用精确的测量工具和技术,确保建筑物的定位和标高测量都准确无误。这有助于确保建筑物在规定位置和高度上按照设计要求进行施工。

②确保地基承载力及各种基础、地下结构施工质量的措施。这些措施旨在确保地基承载力的合理设计和施工。通过进行合适的地质勘察和实验室测试,可以评估地基的承载能力,并采取必要的措施来确保地基稳定和基础、地下结构的合理施工。

③确保主体结构中关键部位施工质量的措施。这些措施主要针对建筑物的主体结构,特别是关键部位,如梁、柱、板等。通过使用优质材料、选择合理的施工工艺、采取严格的施工监督与检查等手段,确保关键部位的施工质量符合设计要求,以保证建筑物的结构稳定、安全。

④确保屋面、装修工程施工质量的措施。这些措施旨在确保建筑物的屋面和室内装修工程的质量。通过选择适当的材料、合格的施工队伍以及严格的工艺要求和施工监督,确保屋面防水、保温、装修等工程的施工质量符合相关的标准和要求。

⑤保证质量的组织措施。这些措施包括人员培训、编制工艺卡、质量检查验收制度等。通过提供专业培训,确保工作人员具备必要的技能和知识;编制工艺卡,可以规范施工过程;实施质量检查和验收制度,能及时发现和纠正质量问题。这些组织措施有助于建立质量管理体系,确保施工过程中的质量可控和可管理。

(3)安全施工措施。

保证安全施工的措施,旨在确保工程施工过程中的安全性,可从以下几个方面来考虑。

①保证土石方边坡稳定的措施。对于土石方工程,需要采取相应的措施来保证边坡的稳定,如合理设计边坡坡度、设置防护网和护坡结构、进行地质勘察及边坡稳定分析等,以防止发生滑坡或坍塌等安全问题。

②脚手架、吊篮、安全网的设置以及各类洞口、临边防止人员坠落的措施。在施工过程中，要设置脚手架、吊篮和安全网等设施，提供安全的工作平台和防护措施，同时对洞口和临边进行封闭或设置防护栏杆等，以防止人员从高处坠落。

③外用电梯、井架及塔吊等垂直运输机具的拉结要求和防倒塌措施。对于垂直运输机具，如外用电梯、井架和塔吊等，需要严格按照规定的要求进行安装、使用和维护，同时采取防倒塌措施，确保其在使用过程中的稳定和安全。

④安全用电和机电设备防短路、防触电的措施。在施工现场，要确保安全用电，应使用符合标准的电气设备和线路，并按照规定的要求采取布线、接地和绝缘保护等措施，以防止电气事故的发生。此外，机电设备的安全防护措施也需要得到重视，包括防止短路和触电等。

⑤易燃、易爆、有毒作业场所的防火、防爆、防毒措施。对于有易燃、易爆、有毒作业的工程，需要采取防火、防爆和防毒措施。这包括使用防爆电气设备、采取防火隔离措施、提供适当的通风设备和个人防护装备等，以确保作业场所的安全。

⑥季节性安全措施。如雨期的防洪、防雨，夏期的防暑、降温，冬期的防滑、防火等措施。针对不同季节的特点，需要采取相应的安全措施。例如，雨季要做好防洪和防雨工作，夏季要防止高温中暑，冬季要注意防滑和防火等。

⑦现场周围通行道路及居民的保护隔离措施。在施工现场周围，需要进行合理的交通组织和道路设置，确保施工对周边交通的影响最小化。同时，要采取保护措施，以防止施工对附近居民造成的噪声等污染。

⑧保证安全施工组织措施。包括安全宣传教育和检查制度等。这些措施的目的是确保全体工作人员具备安全意识，遵守相关安全规定，并及时发现和纠正潜在的安全隐患。

(4) 降低成本措施。

可以从以下几个方面考虑降低成本。

①土方平衡与节约土方运输及人工费用。通过合理进行土方平衡，即将挖掘出来的土方用于填方，避免大量土方的运输和处理费用，从而降低成本。

②综合利用吊装机械。通过合理安排吊装作业，减少吊装次数，充

分利用吊装机械的承载能力,以减少台班费用,进而降低成本。

③提高模板精度与采用整装整拆。通过提高模板的精度,使其能够多次重复使用。在施工过程中采用整装整拆的方法,能够加速模板的周转利用,节约木材或钢材的使用,从而实现成本的降低。

④掺外加剂或掺和料。在混凝土、砂浆的配制中掺入外加剂或掺和料,如粉煤灰、硼泥等,可以改善材料的性能、减少水泥的使用量,从而降低成本。

⑤采用先进的钢筋焊接技术。使用先进的钢筋焊接技术,如气压焊,能够降低钢筋的消耗量,提高施工效率,从而达到成本降低的目的。

⑥采用预制拼装、整体安装的方法。将构件及半成品预先制作好,通过拼装的方式进行整体安装,可以节约人工费用和机械费用,提高施工效率,降低成本。

通过优化施工方案和材料使用,减少资源的浪费和成本的消耗,从而达到降低单位工程施工成本的目的。

（5）现场文明施工措施。

现场文明施工措施是为了确保施工现场的秩序、安全和环境卫生,一般包括以下内容。

①施工现场围栏与标牌的设置。在施工现场周边设置围栏和标牌,确保施工区域的安全与清晰,避免未经授权的人员进入,并标明出入口,保障交通安全。

②临时设施的规划与搭设。合理规划和布置施工现场的临时设施,如办公室、宿舍、更衣室、食堂、厕所等,保证员工可以在舒适、卫生的环境中工作和生活。

③材料、半成品、构件的堆放与管理。合理组织和管理施工现场的各种材料、半成品和构件,确保其有序堆放,避免混乱和安全隐患,同时减少损耗和浪费。

④散碎材料、施工垃圾的运输及环境污染防控。合理安排散碎材料和施工垃圾的运输,避免对周边环境造成污染。采取相应的防护和封闭措施,保持施工现场的整洁和环境卫生。

⑤成品保护及施工机械保养。保护好已完成的成品,避免损坏或污染,同时对施工机械进行定期检查和维护,确保其正常运行,提高使用寿命和工作效率。

文明施工措施有助于维护施工现场的良好秩序,确保施工工作的安全、高效进行,并对周边环境产生的影响进行有效控制,符合社会和环境的要求。

3.2.4 单位工程施工进度计划安排

施工进度计划用图表展示工程项目从施工准备阶段到施工开始,再到最终完工的各个过程。这个计划包括了时间上和空间上的安排,以及不同工作过程之间的协调和衔接。它还反映了施工的所有工作内容以及与水暖电气安装之间的配合关系。施工进度计划的图表形式有横道图和网络图两种。

1. 施工进度计划的作用

施工进度计划在施工组织设计中扮演着重要角色,它是施工方案时间上的具体表现,并且为编制施工作业计划和资源需求计划提供依据。以下是施工进度计划的主要作用。

(1)控制工程进度。施工进度计划用于控制各个分部工程和分项工程的施工进度,确保工程按计划进行。它提供了明确的时间目标和工序安排,以便及时发现和解决进度偏差,保证工程按时完成。

(2)确定施工顺序。施工进度计划确定了各主要分部和分项工程的顺序安排,以确保施工活动的合理流程。它描述了各个工程的名称和施工顺序,为施工提供了明确的指引。

(3)确定工程持续时间。通过施工进度计划,可以根据各个分项工程的工作量确定其持续时间。这有助于合理安排施工活动的时间,并进行资源需求的计划。

(4)协调工序关系。施工进度计划确定了工序之间的协调配合关系,包括搭接、平行和流水线作业等。这有助于减少等待时间,提高施工效率,并确保各个工序之间的顺畅衔接。

(5)协调施工安排。根据施工方案,施工进度计划在时间上协调现场的施工安排。它确保进度计划和施工任务能够按时完成,并提前预测可能的延迟和冲突,采取相应的措施进行调整。

(6)平衡资源需求。施工进度计划平衡劳动力需求、月度和旬度作业计划,以及材料和构件等物资资源的需求量。它提供了资源需求的依据,有助于合理安排和管理施工资源。

2.施工进度计划的分类

施工进度计划根据施工项目划分的粗细程度分为控制性施工进度计划和指导性施工进度计划。

(1)控制性施工进度计划。控制性施工进度计划是针对分部工程的施工项目划分,旨在控制每个分部工程的施工时间,并确保它们之间的配合和衔接顺利进行。该计划详细规划了项目的各个阶段、工作包和活动的时间安排,通常根据工作分解结构(WBS)构建。控制性施工进度计划用于监控和控制项目进度,追踪实际进度与计划进度之间的差异,进行进度调整和风险管理。控制性施工进度计划不仅适用于规模较大、施工工艺复杂、工期较长的工程项目,也适用于规模较小或结构相对简单的项目。当规模小、结构简单的项目在施工过程中面临资源短缺、工程建设或结构发生变更等情况时,控制性施工进度计划仍然能起到重要作用。

控制性施工进度计划可以确保每个施工阶段或每个任务都能按时进行,协调资源的使用,以便高效地完成项目。此外,当面临资源不足或工程建设内容与结构变更时,控制性施工进度计划能够灵活地进行调整和管理,以保证项目顺利进行。

因此,不论项目规模大小或结构复杂程度,控制性施工进度计划都是重要的工具,可用于规划、监控和调整施工进度,确保项目顺利完成。

(2)指导性施工进度计划。指导性施工进度计划以分项工程或工序作为施工项目划分的对象,明确了各个施工过程所需的时间以及它们之间的搭接和配合关系。它是在控制性施工进度计划的基础上、进一步详细地拆分和规划。指导性施工进度计划更加关注具体的施工过程和活动,并提供了更详细的指导,包括施工方法、资源需求和关键路径等信息。

指导性施工进度计划在实际施工中作为参考,可以帮助施工团队了解具体的施工顺序和时间安排。它有助于施工人员理解项目的具体要求,协调和安排施工活动,并确保按计划进行施工。指导性施工进度计划主要适用于施工任务明确、施工条件已经落实、各项资源供应正常、施工工期较短的工程。

对于准备参加投标的企业，应先编制控制性施工进度计划。一旦中标，在施工开始之前，企业应制订指导性施工进度计划，以在施工过程中提供更具体的指导和安排。

3.施工进度计划编制的依据及程序

（1）施工进度计划的编制依据。

①经过审批的建筑总平面图及建筑工程施工全套图纸和设备工艺配置图、有关标准图等技术资料。这些资料提供了工程的详细设计和施工要求。在编制进度计划时，需要参考这些技术资料，确保施工进程按照设计要求进行。

②施工组织总设计中有关对本工程规定的内容及要求。施工组织总设计是制订施工方案的依据之一。在编制进度计划时，需要考虑施工组织总设计中对施工顺序、工期要求等方面的规定，以确保施工按计划进行。

③工程承包合同规定的开工、竣工日期，即施工工期要求。工程承包合同中规定了工程的开始和结束日期，这决定了工程的工期要求。进度计划需要根据合同要求安排施工进度，确保工程能够按时完工。

④施工准备工作计划，施工现场的水文、地貌、气象等调查资料及现场施工条件。施工前的准备工作对于施工进度的安排和推进至关重要。进度计划中需要考虑施工准备工作的时间和工作内容，同时也需要考虑现场的水文、地貌、气象等因素，以确保施工能够在现场条件下进行。

⑤主要分部、分项工程施工方案。施工方案包括施工顺序、流水段的划分、劳动力的组织、施工方法、施工机械、质量与安全措施等。在进度计划中，需要根据这些方案确定每个工程阶段的时间安排，确保施工过程顺利进行。

⑥预算文件中的有关工程量，或按施工方案的要求，计算出的各分项工程的工程量。工程量是进度计划编制的基础，根据预算文件或施工方案计算出各分项工程的工程量对于准确安排施工进度至关重要。这可以帮助确定每个工程阶段需要完成的具体任务量。

⑦劳动定额、机械台班定额。劳动定额和机械台班定额是施工过程中劳动力和机械设备工作量的衡量标准。在进度计划中，需要根据这些

定额来计算出施工所需的劳动力和机械设备,以确保资源的合理调配和施工进度的可行性。

⑧施工合同及其他有关资料。施工合同和其他相关资料中可能包含对施工进度的要求、限制条件等内容。在进度计划编制的过程中,需要综合考虑这些规定,遵守合同要求,确保施工进度的合理安排。

⑨施工企业的劳动资源能力。施工企业的劳动力资源能力是编制进度计划时需要考虑的因素之一,需要根据实际情况评估企业的施工能力和资源配置情况。

总之,以上这些依据是编制施工进度计划时必须要综合考虑的因素,从而确保施工进度的合理安排和实际可行性。

(2)施工进度计划的编制程序。

施工进度计划应根据工程规模及复杂程度确定其编制程序,如图3-2所示。

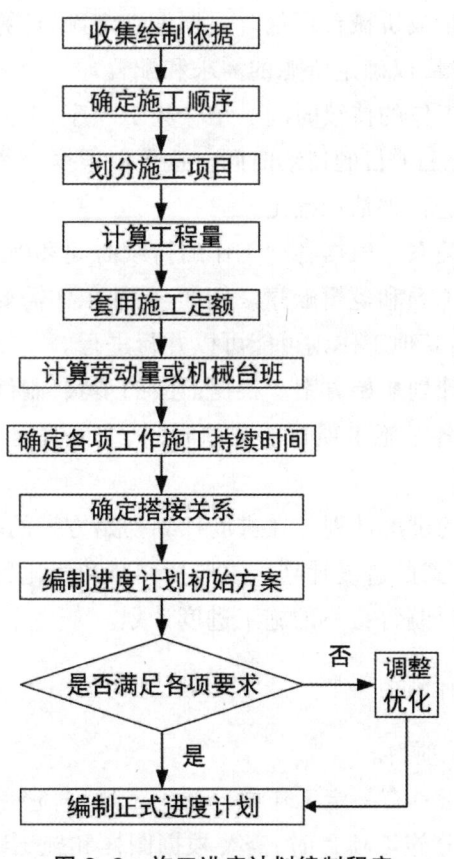

图 3-2 施工进度计划编制程序

①收集绘制依据。首先需要收集和整理与工程相关的各种资料,包括设计图纸、技术规范、施工组织总设计、工程承包合同等。这些资料将作为编制进度计划的依据。

②确定施工顺序。根据工程特点和施工组织总设计的要求,确定各项施工工作的顺序。这可以根据工序的依赖关系、资源的可用性、工艺要求等因素来确定。

③划分施工项目。将整个工程划分为若干个施工项目,通常以各个分部工程或分项工程为单位进行划分。这有助于对施工进度进行更加详细和具体的安排。

④计算工程量。根据设计图纸和技术规范,计算各个施工项目的工程量。这包括材料用量、施工面积、长度、体积等。

⑤套用施工定额。根据工程量,套用相应的施工定额,确定完成每个施工项目所需的人工、材料和设备资源的标准用量。

⑥计算劳动量或机械台班量。根据施工定额,计算所需的劳动力数量或机械台班数量,以确定资源的需求和配置。

⑦确定各项工作的持续时间。结合施工顺序、工艺流程和资源的可用性,确定每个施工项目的持续时间。这可以根据工艺要求、设备限制、人力资源等因素进行评估和确定。

⑧确定搭接关系。根据各项工作的持续时间和施工顺序,确定各项工作之间的搭接关系和逻辑顺序。例如,某些工作需要在前一项工作完成后才能开始,而其他工作则可能可以并行进行。

⑨编制进度计划初始方案。根据前面的步骤,制订初步的进度计划方案。这包括将各个施工项目的开始时间、结束时间、持续时间等信息进行整合和编排。

⑩编制正式的进度计划。在进度计划初始方案的基础上,进一步完善和评估,制订正式的进度计划。这包括调整和优化各项工作的时间安排、搭接关系等,以制订最终的施工进度计划。

4.施工进度计划的编制

(1)划分施工项目。

施工项目是指具有一定工作内容的施工过程,它是进度计划的基本组成单元。在划分施工项目时,需要根据图样和施工顺序,结合施工方法、施工条件、劳动组织等因素列出拟建工程的施工过程。划分施工项目时应注意以下几个问题。

①确定施工项目划分的粗细程度。施工项目的划分粗细程度是根据实际需要来决定的。通常情况下,对于指导性的施工进度计划,我们会将项目划分得更加详细,特别是主导工程和主要分部工程,可以更好地监控施工进度。而对于控制性进度计划,我们可以将项目划分得相对粗略一些,一般只需要列出各个分部工程即可。简而言之,划分施工项目的粗细程度是根据实际需要和计划的目的来决定的。

②施工项目的划分应结合施工方案。施工项目的划分在很大程度上与所采用的施工方案密切相关。不同的施工方案要求不同的施工顺序和方法,因此项目的划分也需要考虑这些因素。

以抹灰施工为例,如果采用自上而下的施工方案,那么在划分施工项目时,可以将室内抹灰划分为顶棚、墙面和地面三个独立的施工项目。这是因为在自上而下的施工过程中,先进行顶棚抹灰,再进行墙面和地面的抹灰,可以确保施工的顺序合理,提高效率。类似地,对于框架结构的混凝土浇筑,在施工方案中可能会要求按照柱混凝土浇筑、梁混凝土浇筑、板混凝土浇筑的顺序进行。因此,在划分施工项目时,可以将这些施工项目分别进行独立划分。这样的划分有助于确保按照施工方案的要求进行施工,提高施工效率和质量。

施工项目的划分需要考虑所采用的施工方案,以确保施工顺序和施工方法的合理性,从而提高施工效率和施工质量。

③简化施工进度计划的方法包括合并穿插性的分项工程、同一施工队的工序以及零星分项工程。具体来说,可以将一些穿插性的分项工程合并到主要分项工程中,例如将门窗框的安装并入砌墙工程。对于由同一施工队同时进行的工序,可以将它们合并为一个过程,以减少分项工程的数量。此外,对于一些次要的零星分项工程,可以将它们合并为一个名为"其他工程"的项,以简化计划内容。

这种简化的方式使施工进度计划更加清晰明了,避免了过多的细分和重复。同时,它也减少了计划编制的复杂性,使项目管理更加高效和可操作。专业施工队负责的工程也能够在适当的时机得到合理安排,从而保证整个工程的顺利进行。

④水、暖、电、卫工程和设备安装工程通常由专业施工队负责。因为

它们需要高度专业的技能和经验。在编制施工进度计划时,无须对这些工程进行过细的划分,只需反映它们与土建工程的配合关系即可。

具体而言,可以通过在施工进度计划中穿插这些专业工程的项目,以表明它们在整个施工过程中的安装顺序和进展。例如,在进行土建工程的同时,可以安排相应的水暖、电气、卫生设备的安装工作。通过适当的穿插安排,可以确保专业工程与土建工程之间的协调进行,保证施工过程的顺利进行。

⑤施工过程按大致的施工顺序排列。施工项目名称可参考现行定额手册上的项目名称,以提供清晰标准的命名。在编制施工进度计划时,施工过程应该按照大致的施工顺序进行排列,以反映出工程的逻辑顺序和先后关系。这样可以保证施工进展的合理性和连贯性。为了提供清晰标准的命名,可以参考现行定额手册上的项目名称来命名施工项目。定额手册通常提供了行业标准的工程项目名称,使用这些标准名称可以实现统一命名,降低歧义性,并方便项目各方的沟通和理解。

在进行划分施工过程时,需要根据实际情况,精确地把握划分的粗细度。过于精细的划分可能会导致过多的分项工程,增加计划编制和管理的复杂性;而过于粗略的划分则可能导致项目进展不明确,无法有效控制项目进度。

⑥根据划分的施工过程,可以列出施工过程一览表。这个表格可以用于监督和跟踪施工进度,与项目管理团队进行交流和协调。它提供了一个全局的视角,便于对项目进展进行管理和决策。

(2)计算工程量。

工程量计算的准确性很重要,它应该严格按照施工图和工程量计算规则进行。当工程预算已经确定并且采用的定额与施工进度计划一致时,可以直接使用预算文件中的工程量,无须重新计算。如果个别项目的工程量有些许差异,但差异并不大,那么需要根据工程项目的实际情况进行必要的调整和补充。换句话说,根据实际需要对工程量进行适当的修正,以确保计算结果的准确性。归纳起来,计算工程量时应注意以下几个问题。

①计量单位的一致性。工程中列出的施工项目的计量单位必须与现行定额规定的计量单位一致。主要优点如下所述。

方便使用定额:定额是根据一定的计量单位编制的,其中包括劳动量、材料消耗量和机械台班数量等指标。如果工程中列出的计量单位与定额规定的计量单位一致，就可以直接套用定额进行工程量计算，减少转换单位的复杂性，提高了计算的准确性和效率。

减少计算错误：若计量单位不一致，就需要进行单位的转换或者重新查找相应的定额，增加了计算的复杂性，并且容易出现单位转换错误或者误用定额的情况。而一致的计量单位可以避免这些问题，减少了计算错误的发生。

保证计算的准确性：工程量计算是预估工程任务所需资源和成本的重要环节。一致的计量单位可以确保计算的准确性，避免由于计量单位的混乱而导致的计算偏差或误差，提高了工程量计算结果的可靠性。

计量单位的一致性在工程量计算中是非常关键的。通过保持计量单位的一致性，可以方便地使用定额进行计算，减少错误发生，确保计算的准确性和可靠性。

②考虑施工方法和安全要求。某些工程项目的工程量计算需要考虑各分部分项工程的施工方法和安全要求。这样可以确保计算出的工程量符合实际施工情况，同时满足施工的技术要求和安全标准。

施工方法是指在具体的工程实施过程中采用的操作方式、工艺流程以及施工顺序等。每个工程项目都有其特定的施工方法，这些方法可能影响到对工程量的计算。例如，在施工方法中使用了特定的施工设备或者工具，就需要考虑这些设备或工具的使用量和使用频率，以确保计算出的工程量符合实际的施工方法。

安全要求是指为保障施工人员的生命安全和财产安全而制订的一系列措施和要求。在工程量计算中，需要考虑这些安全要求对工程量的影响。例如，在某些分项工程中，为了保证施工安全，可能需要额外增加一些临时设备或者采取特殊的施工措施，这些因素都需要纳入工程量计算中进行综合考虑。

通过考虑施工方法和安全要求，工程量计算可以更好地反映实际施工情况，确保计算结果与实际施工相符，并满足施工的技术要求和安全标准。这样能够提高工程量计算的准确性和可靠性，为项目的顺利进行和安全施工提供有力支持。

③分区、分段、分层计算工程量。根据施工组织的要求，需要对工程

量进行分区、分段和分层的计算。这样可以有序地组织施工流程,合理安排工程进度,并确保施工过程的顺利进行。通过分区、分段、分层计算工程量,可以使施工过程更加有序,减少工程量计算的复杂性,提高计算的准确性和可靠性。同时,合理的区域划分和工程量分解有助于对施工进度的控制和资源的合理利用,从而确保工程的高效进行。

(3)套用施工定额。

在工程量计算中,套用施工定额是确定劳动量和机械台班量的重要步骤。根据所划分的施工项目和施工方法,可以使用当地实际采用的劳动定额、机械台定额或者当地工人的实际劳动生产效率来进行计算。

在套用国家或地方的定额时,应综合考虑本单位工人的技术等级、实际施工操作水平、施工机械状况和施工现场条件等因素。必须根据实际情况对定额进行合理调整,以确保计算出的劳动量和机械台班量与实际需要相符。

对于采用了新技术、新材料、新工艺或者特殊施工方法的项目,可能存在现有的施工定额中尚未编入相关内容。在这种情况下,可以参考类似项目的定额、经验资料,或者根据实际情况进行合理判断和估算。

准确套用施工定额是确保工程量计算准确性和可靠性的关键。调整定额时需要综合考虑多方面的因素,以保证计算出来的劳动量和机械台班量具备可操作性和可实现性。这样可以为准确编制施工进度计划和合理安排资源提供基础,确保项目的顺利施工。

(4)确定劳动量和机械台班数。

根据各分部、分项工程的工程量和施工方法和现行的施工定额,并参照施工单位的实际情况,确定劳动量和机械台班数量。

①时间定额与产量定额。施工定额一般有两种形式,即时间定额和产量定额。

时间定额是指在合理的技术组织条件下,某专业或某技术等级的工人小组或个人完成单位合格产品所需要的工作时间。它反映了工人在一定标准下的工作效率和生产能力。时间定额是基于实际工程经验和专业知识制订的,可以作为工程量计算中的重要参考依据。时间定额的制订需要考虑多个因素,包括工人的技术熟练程度、使用的工具和设备、工作环境和安全要求等。定额需要根据实际情况进行合理调整,以满足特定项目的要求。时间定额在工程施工管理中具有重要意义。它可以用于计划工期、评估资源需求、制订施工进度、评估人工成本等。准确的时间定额可以帮助提高施工效率、优化资源利用,并确保工程质量和进度的控制。时间定额常用的计量单位有工日 /m³、工日 /m²、工日 /m 等。

产量定额是指在合理的技术组织条件下,某专业、某技术等级的工人小组或个人在单位时间内完成的合格产品的数量。它反映了工人在特定时间内的生产能力和工作效率。产量定额的制订需要考虑多个因素,包括工人的技术水平、使用的工具和设备、工作环境和安全要求等。定额需要根据实际情况进行合理调整,以适应特定的施工项目和要求。产量定额在工程施工管理中具有重要意义。它可以用于评估工艺效率、评估生产成本、制订生产计划、优化资源配置等方面。准确的产量定额可以帮助提高工作效率,提高生产能力,并确保工程的质量、进度和成本控制。产量定额常用的计量单位有立方米 / 工日、平方米 / 工日、米 / 工日等。

时间定额与产量定额之间互为倒数关系,即

$$H_i = \frac{1}{S_i} \text{ 或 } S_i = \frac{1}{H_i} \tag{3-1}$$

式中,H_i 为时间定额;S_i 为产量定额。

②劳动量的确定。

劳动量的计算公式为

$$P_i = \frac{Q_i}{S_i} = Q_i H_i \tag{3-2}$$

式中,P_i 为某施工过程所需的劳动量,单位为工日;Q_i 为该施工项目的工程量,单位为 m³、m²、m、t 等;S_i 为该施工项目采用的产量定额,单位为立方米 / 工日、平方米 / 工日、米 / 工日等;H_i 为该施工项目采用的时间定额,单位为工日 / 立方米、工日 / 平方米、工日 / 米等。

当施工项目由两个或两个以上的施工过程内容合并组成时,其总劳动量计算公式为

总劳动量 = 施工过程 1 的劳动量 + 施工过程 2 的劳动量 + 施工过程 3 的劳动量 + … + 施工过程 n 的劳动量,即

$$P_{总} = \sum P_i = P_1 + P_2 + P_3 + \cdots + P_n \tag{3-3}$$

当合并的施工项目由同一工种的施工过程或内容组成、但施工做法

不同或材料不时,可计算其综合产量定额,公式为

$$\bar{S}_i = \frac{\sum Q_i}{\sum P_i} = \frac{Q_1 + Q_2 + \cdots + Q_n}{P_1 + P_2 + \cdots + P_n} = \frac{Q_1 + Q_2 + \cdots + Q_n}{\dfrac{Q_1}{S_1} + \dfrac{Q_2}{S_2} + \cdots + \dfrac{Q_n}{S_n}} \quad (3-4)$$

式中,$\bar{S}_i$ 为某施工项目的综合产量定额,单位为 m³/工日、m²/工日、m/工日等;$\sum Q_i$——总的工程量(计算单位要统一);$\sum P_i$ 为总的劳动量,单位为工日;$Q_1, Q_2, \cdots, Q_n$ 为同一工种但施工做法不同的各个施工过程的工程量;$S_1, S_2, \cdots, S_n$ 为与 $Q_1, Q_2, \cdots, Q_n$ 相对应的产量定额。

③机械台班量的确定。机械台班量计算公式为

$$D_i = \frac{Q'_i}{S'_i} = Q'_i H'_i \quad (3-5)$$

式中,D_i 为某施工项目所需机械台班量,单位为台班;Q'_i 为机械完成的工程量,单位为 m³、t、件等;S'_i 为该机械的产量定额,单位为 m³/台班、t/台班、件/台班等;H'_i 为该机械的时间定额,单位为台班/m³、台班/t、台班/件等。

施工计划中"其他工程"一项所需的劳动量,可结合工程特点、工地和施工单位的具体情况,以总劳动量的百分比计算确定,一般约占劳动量的 10%~20%。

在编制施工进度计划时,一般不计算水、暖、电、卫等项工程的劳动量和机械台班量,仅安排与装修工程配合的施工进度。

(5)计算施工项目持续天数。

根据工期要求和施工条件的差异,确定施工项目的持续天数一般可以采用两种方法:经验估计法和定额计算法。

①经验估计法。经验估计法是一种利用过去的经验和类似项目的实际情况进行估算的方法。在这种方法中,施工管理人员结合自身经验和对类似项目的了解,考虑施工环节的特点、施工条件和资源等因素,通过主观评估来确定项目的持续天数。这种方法要求施工管理人员具有较多的经验和较高的判断能力,同时需要考虑到施工过程中可能出现的不确定因素和风险。

对于新工艺、新技术、新材料或无定额可循的项目,经验估计法是一种可行的估计方法。为了提高经验估计的准确性,常常采用"三时估计

法"。即先估计出完成该施工项目的最乐观时间 (a)、最悲观时间 (b) 和最可能时间 (c)，然后确定该施工项目的工作持续时间 (t)，公式为

$$t = (A + 4C + B)/6 \tag{3-6}$$

通过这种方式计算出的工作持续时间可以作为项目计划的参考，但需要注意的是，经验估计法具有一定的主观性，因此在实际应用中需要进行合理的调整和风险评估。

②定额计算法。这种方法基于工程量的计算和工作量的分析来确定项目的持续天数。通过对各个施工过程的工程量计算和工作量的定额计算，结合所需的施工机具、人力资源和施工条件等因素，可以按照一定的公式或计算方法推算出项目的持续天数。这种方法相对较为客观，能够更准确地考虑到施工过程中涉及的各项工作量和资源需求。计算公式为

$$T_i = \frac{P_i}{R_i \cdot b_i} \tag{3-7}$$

$$T_i' = \frac{D_i}{G_i \cdot b_i} \tag{3-8}$$

式中，T_i 为第 i 个施工项目（以手工为主）的持续时间，单位为天；P_i 为第 i 个施工项目所需的劳动量，单位为工日；R_i 为第 i 个施工项目所配备的施工班组人数，单位为人；b_i 为第 i 个施工项目每天采用的工作班制（1~3 班）；T_i' 为施工项目（以机械施工为主）的持续时间，单位为天；G_i 为某机械项目所配备的机械台数，单位为台；D_i 为某施工项目所需机械台班量，单位为台班。

在组织分段、分层流水施工时，也可用式（3-8）计算每个施工段或施工层的流水节拍。

应用定额计算法时，必须先确定 R_i、G_i 和 b_i 的数值。

在确定施工项目的持续天数时，可以结合以上两种方法，进行综合评估和决策。施工管理人员可以根据实际情况选择合适的方法，结合项目的特点和要求进行合理的工期规划和安排。这有助于提高施工过程的效率和有效利用资源，从而确保项目的顺利进行和按时完成。

（6）编制施工进度计划初始方案。

根据施工方案，确定施工的顺序、每个施工过程的持续时间以及划分的施工段和施工层，然后找出主导施工过程，即影响整个施工进度的

关键环节或主要工序。按照流水施工的原则来组织施工活动,根据工序的先后关系和依赖关系,将各个施工过程分配到不同的施工班组进行并行施工。流水施工的目的是最大程度地减少等待时间和提高工作效率,从而缩短整个施工周期。

在组织流水施工时,需要绘制初始的横道图来制订施工进度计划。横道图可以准确地显示出各个施工过程的先后顺序、持续时间以及它们之间的依赖关系。也可以绘制网络计划,网络计划可以清晰地表示出各个施工过程之间的依赖关系和执行顺序,并可以进行资源分配、进度控制以及风险管理等工作。这样形成的初始方案可以作为施工进度计划的蓝图,在实际施工过程中可以根据实际情况进行调整和优化,以实现项目的高效、顺利完成。

(7)施工进度计划的检查与调整。

无论是采用流水作业法还是网络计划技术,施工进度计划的初始方案都需要进行检查、调整和优化。这些检查和调整主要包括以下内容。

①施工顺序和技术组织。需要评估各个施工过程的施工顺序、搭接方式以及技术组织措施是否合理。确保施工过程之间的顺序安排合理,没有冲突或阻塞,能够顺畅地推进施工进度。

②计划工期的合理性。需要检查编制的计划工期能否满足合同规定的工期要求。对于具有时限约束的项目,如合同规定的竣工期限,计划工期必须相应地进行调整,确保能够按时完成。

③劳动力和物资资源平衡。需要评估计划中所需的劳动力和物资资源是否能够保证均衡、连续施工。确保在施工过程中不会出现资源短缺或闲置的情况,以避免对施工进度造成影响。

根据检查结果,对不满足要求的方面进行调整和优化。例如,可以增加或缩短某个施工过程的持续时间,调整施工方法或施工技术组织措施,以提高施工效率和优化进度计划。这是一个动态的过程,随着项目的进行,可能需要随时根据实际情况进行调整和改进,以确保施工进度能够顺利进行并按时完成。

通过适当的调整,可以在保证工期的前提下,使劳动力、材料和设备的需求趋于均衡,同时合理利用主要的施工机械设备。

此外,在实际的施工进度计划执行过程中,往往会受到人力、物力和现场客观条件等因素变化的影响,因此在施工过程中需要经常检查和调整施工进度计划。这样可以及时应对变化,确保施工进度的顺利进行。

3.2.5 资源需求计划编制

1. 劳动力需要量计划

劳动力需求量计划是根据施工进度计划,将各工种的人力资源需求具体分析、统计和计划的过程。它涵盖了工种名称、工作量、时间要求和人力资源数量等关键信息(表3-6),以确保在施工过程中有足够的、合适的人力资源进行不同工种的任务。

劳动力需求量计划的主要内容见表3-6所列。

表3-6 劳动力需要量计划表

序号	工程名称	需用总工日数	需用人数及时间													备注
			×月			×月			×月			×月			×月			
			上	中	下	上	中	下	上	中	下	上	中	下	上	中	下	

(1)合理配置人力资源。

通过计划工种和对应的人数,可以对施工过程中所需的人力资源进行合理配置,以确保有足够的人力来完成各项工作任务。

(2)掌握工期和进度。

劳动力需求量计划能够根据各工种的工日数和人数对进度要求进行细化,帮助管理人员更好地把握工程的工期和进度,提前预判和解决潜在的人力资源短缺问题。

(3)高效利用人力资源。

通过对工种需求量的计划,可以实现工人的合理利用,避免某些工种过剩或短缺,提高工人的工作效率和施工质量。

(4)提前做好人力调配准备。

劳动力需求量计划可以提前预估未来一段时间内不同工种的人力需求,从而有针对性地进行人员招聘、培训和合同安排,为施工项目的顺利进行做好充分准备。

总之,劳动力需求量计划在施工项目中起着重要的作用,对于合理安排和管理人力资源,确保施工进度和施工质量具有重要的指导意义。

2. 主要材料需用量计划

主要材料需用量计划是根据单位工程的施工方案和进度计划而编制的计划,其中详细列出了施工过程中所需的各种重要材料的名称、规格、数量和需求时间等关键信息(表3-7)。该计划旨在准确反映各种主要材料的实际需求量,并为备料、供料、仓库和堆场的规划以及运输量的安排提供可靠参考。

表3-7 主要材料需要量计划表

序号	材料名称	需要量		需用时间														备注
		单位	数量	×月			×月			×月			×月			×月			
				上	中	下	上	中	下	上	中	下	上	中	下	上	中	下	

主要材料需要用量计划的具体内容如下所述。

(1)确保材料供应。通过准确计划各种主要材料的需求量和需求时间,可以为备料和供应链管理提供指导,确保所需材料的及时供应,避免因材料短缺而延误工程进度。

(2)节约成本。通过合理编制主要材料的需用量计划,可以避免材料的过量采购,从而节约成本,并且可以根据需求预测进行材料的价格谈判,以获得更好的采购合同。

(3)管理仓库和堆场。主要材料需用量计划为仓库和堆场面积规划提供了依据,使得材料的存储和管理更加有效和规范,能够有效避免材料堆放混乱和损耗的情况。

(4)安排运输量。通过对主要材料需用量进行计划,可以合理安排运输量,提前安排物流运输,以确保所需材料及时运达工地。

主要材料需用量计划对于施工项目的顺利进行和材料管理的高效管理具有重要意义,它能帮助管理人员预估和安排所需材料的供应和存储,从而保证施工进度和施工质量。

3. 施工机具需用量计划

施工机具需用量计划（表 3-8）是根据施工方案的要求确定所需施工机具的规格和数量，并根据施工进度计划表确定施工机具使用数量、型号及使用起止时间。该计划的主要内容涵盖机具的名称、规格、所需数量以及使用的起止时间等关键信息。该计划的目的是为了确保有足够的合适机具来支持施工任务的顺利进行，并作为机具来源和进场组织的依据见表 3-8 所列。

表 3-8 施工机具需要量计划表

序号	机械名称	类型型号	单位	需要数量	货源	使用起止时间	备注

施工机具需用量计划的作用主要体现在以下几个方面。

（1）落实机具需求。通过准确计划施工机具的规格和数量，可以确保在施工过程中有足够的、适合的机具来完成各项任务需求，避免因机具不足而影响施工进度和质量。

（2）预先准备机具。施工机具需用量计划可以作为机械来源和组织进场的依据，提前预估所需机具的类型和数量，从而做好机具的准备工作，避免因机具闲置或临时借用而带来的不便和成本增加。

（3）确定使用时间。计划中的使用起止时间可以帮助管理人员合理安排机具的使用，避免机具闲置，提高机具利用率，降低成本。

（4）组织协调管理。施工机具需用量计划为机械的进场和调度提供了依据，有助于组织协调各种机具的到位和使用，提高施工效率和工作安排的合理性。

综上所述，施工机具需用量计划对于项目的顺利进行和机具的有效管理具有重要意义，可以帮助管理人员预估和安排所需机具的进场和使用，从而保证施工进度和施工质量。

4. 构配件及半成品需用量计划

构配件及半成品需用量计划是根据施工图纸、施工进度计划的要求进行编制的计划。计划主要包括构配件及半成品的名称、型号、规格尺寸、数量以及供应起止时间等重要信息。这些信息通常以列表形式呈现,如表3-9所示。

表3-9 构配件需要量计划表

序号	构件、配件及半成品名称	图号和型号	规格尺寸/mm	单位	数量	使用部位	加工单位	要求供应起止日期	备注

构配件及半成品需用量计划的目的是作为加工单位按照所需的规格、数量和使用时间组织构配件及半成品的加工和进场的依据。构配件及半成品需用量计划的重要性主要体现在以下几个方面。

(1)确保构配件及半成品供应。通过准确编制构配件及半成品需用量计划,可以确保施工要求和进度计划所需的构配件及半成品得到及时供应,避免因构配件及半成品缺乏而导致施工进度的延误。

(2)加工和进场组织。构配件及半成品需用量计划作为依据,能够帮助加工单位根据其规格、数量和使用时间等要求,合理组织构配件及半成品的加工和进场,以确保所需构配件及半成品的及时到位,并符合设计和质量要求。

(3)预先计划加工工艺。通过构配件及半成品需用量计划,加工单位可以提前计划和安排加工工艺,为构配件及半成品的加工提供指导,以确保加工的质量和工期。

(4)建立供应链管理。构配件及半成品需用量计划有助于建立和优化供应链管理,通过提前预估需求,协调材料供应和加工的时间,减少浪费和成本,提高施工效率。

综上所述,构配件及半成品需用量计划对于施工项目的顺利进行和构配件及半成品供应管理的有效性具有重要意义,能帮助管理人员预估和安排所需构配件的加工和进场,从而保证施工进度和质量的顺利实施。

3.2.6 施工现场平面布置图

单位工程施工现场平面布置图是根据单位工程施工方案和施工进度计划编制的,用于指导单位工程的平面布置。它是施工过程中空间组织的具体成果,是施工总平面布置图的一部分。

1. 施工现场平面布置图的内容

施工瑞场平面布置图的内容包括在建筑项目的总体规划和设计中需要考虑的各项要素和要求。根据施工过程空间组织的原则,单位工程施工平面布置图科学地规划和设计了工艺路线、施工设备、原材料存放位置、动力供应、场内运输、半成品生产、仓库、料场、生活设施等的空间布局。平面图一般使用1∶500～1∶100的绘制比例进行绘制。下面是对每个项目所涉及内容的简要解释。

(1)建筑总平面图上已建和拟建的地上和地下的一切建筑物、构筑物及其他设施的位置和尺寸,以及测量放线标桩位置、地形等高线和土方取弃场地。包括已经建成和预计建设的房屋、建筑物、设施等在内的所有结构和设备在总体图纸上的位置和大小,以及地形和土方工程的相关标记和符号。

(2)起重机的开行路线和垂直运输设施的位置。主要是指在施工期间需要使用的起重机在工地内的行驶路径和起重设备的安装位置,以及垂直运输设施(如升降机)的摆放位置。

(3)材料、加工半成品、构件和机械的仓库或堆场。主要是指在施工过程中需要存放材料、加工半成品、构件和机械设备的临时存储场所,可以是仓库或者堆放场地。

(4)生产、生活用品等临时设施,如搅拌站、高压泵站、钢筋棚、木工棚、仓库、办公室、供水管、供电线路、消防设施、安全设施、道路以及其他需搭建或建造的设施。主要是指在施工期间需要暂时搭建或建造的设施,包括生产设施(如混凝土搅拌站、泵送设备)、临时办公室、储存设施、供水、供电、消防和安全设备等,以及需要新建或临时搭建的道路和其他设施。

(5)场内施工道路与场外交通的连接。主要是指在施工现场内部与外部交通道路之间的连接通道,包括进出场地的道路、交通导向和交通标志等。

(6)临时给排水管线、供电管线、供气供暖管道及通信线路的布置。主要是指在施工期间需要暂时布置的给排水管道、电力线路、燃气供暖管道和通信线路等输送和布置设备的相关管线。

（7）安全及防火设施的位置。主要是指在施工现场需要设置的安全设施和防火设施的摆放位置，包括消防器材、应急出口、报警系统等。

（8）必要的图例、比例尺、方向及风向标记。主要是指在总体图纸上必要的说明和标记，如，图例解释不同符号和标记的含义，比例尺说明图纸的比例关系，方向标记标示图纸的朝向，风向标记表明风的吹向和影响等。

在设计施工现场平面布置图时，可以参考建筑总平面图、施工图、现场地形图、现有水源、场地大小、已有房屋和设施、施工组织总设计、施工方案、进度计划等，通过科学的计算和优化，按照国家相关规定进行设计，以确保施工过程的顺利进行。

2.施工现场平面布置图的布置原则

施工现场平面布置图在布置设计时，应满足以下原则。

（1）布置紧凑，便于管理，尽可能减少施工用地。

在满足施工要求的前提下，布置设计应尽量节约用地，并确保施工区域紧凑，方便管理和监控。

（2）减少临时设施和管线，尽量利用现有建筑和永久性道路。

为了保证施工顺利进行，应尽量减少临时设施和管线，可利用施工现场附近已有的建筑物作为施工临时用房，同时利用永久性道路来供施工使用。

（3）减少场内运输和材料搬运。

最大限度地减少现场内的运输工作，避免材料和构件的二次搬运。各种材料应按计划分期、分批进场，并合理利用场地进行堆放，根据使用时间的要求尽量靠近使用地点，以减少搬运劳动力和材料转运中的能耗。

（4）方便施工管理和工人生产生活的临时设施布置。

临时设施的布置要便于施工管理和工人的生产生活。办公用房应靠近施工现场，福利设施应在生活区范围之内，以提供便利和舒适的工作和生活环境。

（5）分区设置生产和生活设施。

为了减少生产和生活之间的相互干扰，施工现场应尽量按区域划分，将生产设施和生活设施分开，以确保施工和生产的安全。

（6）符合劳动保护、保安和防火要求。

施工平面布置必须符合劳动保护、保安和防火的要求，以确保现场的施工安全和人员的健康安全，包括采取必要的措施来保护劳动者的安全、确保现场设施和设备的安全、采取防火措施来降低火灾风险等。

施工现场的设施应有利于生产，并确保安全施工。要求施工道路畅通，勿阻碍交通。横穿道路时，必须采取交通安全措施。有害或易燃设施应布置在下风且远离生活区。施工现场应配备消防设备和门卫管理出入口。山区建设还须考虑防洪和山体滑坡等特殊要求。

结合以上原则和实际情况，可制订多个施工现场平面布置方案，从中选取技术合理、费用经济的方案。合理的施工现场平面布置可提高效率、降低成本，并确保施工现场的安全有序。

3. 施工现场平面布置图的设计步骤

（1）确定起重机的位置。确定起重机的布置位置，应能覆盖整个施工现场，并且便于吊装和运输作业。

（2）确定搅拌站、仓库、材料和构件堆场、加工厂的位置。根据施工需要，确定搅拌站、仓库、材料和构件堆场以及加工厂等设施的合理位置，便于材料供应和加工操作的高效进行。

（3）布置运输道路。在平面布置图中考虑运输道路的布置，应确保各区域之间的交通畅通，并与主要交通线路相连接，方便材料、设备和人员的运输。

（4）布置行政管理、生活福利用临时设施。确定行政管理设施（如办公室和会议室）以及生活福利用设施（如食堂和宿舍）的布置位置，便于管理人员和工人的工作和居住需求。

（5）布置水电管线。在平面布置图中规划水电管线，包括供水管道、排水管道、电力线路等，确保施工现场的正常用水和用电需求。

（6）计算技术经济指标。计算技术经济指标，例如施工用地面积、临时道路长度、管线长度、场内材料搬运量以及临时用房面积等，以评估不同方案的技术和经济效益，从中选取最合理、最经济的方案。

通过以上步骤的设计，施工现场平面布置图可以合理规划施工设施和道路，优化材料和资源的利用，提高施工效率，并确保现场的安全和施工的顺利。

3.3 BIM 技术在建筑工程施工组织中的应用

3.3.1 施工组织准备阶段

在施工组织准备阶段，BIM 技术可以帮助施工方规划、模拟和优化整个施工过程，从而提高施工的效率和质量，降低成本和风险。

1.BIM 技术模型的构建

BIM 技术在施工组织准备阶段的应用最重要的一点是要进行建模。通过 BIM 技术，可以将整个建筑物的各个部位绘制成详细模型。BIM 技术建立的模型是一个三维数字化的建筑信息集合，而这个集合中包括了建筑物的所有信息，如建筑物的结构、设备、管道等。在模型构建的过程中，可以利用 BIM 技术进行有关施工计划的模拟，以便有效地控制建筑项目中的时间、质量和资源等方面的问题。

2.BIM 技术的预测和分析

BIM 技术还可以帮助建筑施工方在施工组织准备阶段预测建筑施工可能发生的冲突和风险。在 BIM 平台上，建筑设计方和建筑施工方可以通过模拟分析预判施工现场可能出现的问题和风险，规避或避免各种施工难题，从而确保施工的顺利进行。

3.BIM 技术的预算和管理

BIM 技术还可以利用模型，对建筑项目的材料和人员成本进行计算和监管。通过 BIM 技术，可以在施工组织准备阶段准确确定每个建筑项目的成本，帮助施工方更好地规划控制、管理建筑项目。

4.BIM 技术的协作平台

在 BIM 技术的基础上，建筑设计方、建筑施工方、机电设计及相关的其他协作方可以利用BIM技术进行协作和沟通,以便快速发现建筑在设计和施工方面的问题,并分类解决。各方可以更好地掌控并互相监督施工项目,提高施工效率、保障施工安全。

5. 基于BIM的施工组织准备

(1)利用BIM技术深化施工设计。

第一步:进行数据准备。准备的内容主要包括施工图设计模型、施工图图纸、施工现场条件与确定设备型号等。

第二步:深化设计流程与成果。根据已有数据与现场条件,建立深化设计模型,施工技术人员与BIM工程师相互配合,对模型的施工合理性及可行性进行分析,调整优化,并对优化后的模型进行碰撞检测,检测通过后生成可用于指导施工的三维图形。

(2)利用BIM技术进行施工现场布置与设计。

在建筑施工工程中,施工现场布置需要遵循设计方案中的规划,根据建筑施工的工程类型、建筑形状与周围环境,合理安排既有建筑设施、现场设备、材料的存放区域、机械设备、临时道路、临水临电、安全文明施工设施、施工人员的活动空间等。

第一步:数据准备。进行数据准备,主要包括施工现场场地信息、施工机械选型的初步方案与工程项目的施工进度计划信息。

第二步:创建模型。根据已收集的数据信息,创建场地地形、周围环境、既有建筑设施、现场设备、临时设施、临水临电、临时道路、材料的存放区域、安全文明施工设施、施工人员的活动空间等模型,进行经济技术模拟分析,选择最优施工现场平面布置方案,生成模拟演示视频。

第三步:编制施工现场场地布置方案并进行技术交底。

(3)利用BIM技术进行施工方案模拟。

利用BIM技术对施工方案进行三维建模和仿真模拟,通过BIM建立的三维模型,模拟出具体的施工过程和施工现场的场景。可以根据模拟结果进行调整和优化,从而更好地确定施工方案,提高方案的准确性,实现施工方案的可视化交底。

第一步:数据准备。进行数据准备,主要包括施工图设计模型、工程项目施工图图纸、施工进度要求、施工工艺、可调配的施工资源情况等各方面的资料。

第二步：创建施工过程演示模型。依据收集的资料，结合工程项目具体的施工工艺，在施工过程演示模型中进行施工模拟与优化，选择最优的施工方案，对于复杂的局部施工区域，进行施工中重点、难点的施工方案模拟，最后创建优化后的施工过程演示模型，生成模拟演示动画视频。

基于 BIM 的施工方案模拟可以通过三维建模和模拟仿真，发现潜在的问题和冲突，并进行有效的调整和优化，从而提高施工效率和质量，降低成本，同时实现施工过程中更好的协调和沟通。

3.3.2 基于 BIM 的施工组织现场管理

基于 BIM 的施工组织现场管理是指利用 BIM 技术来帮助建筑施工项目进行现场管理。BIM 技术在现场管理中可以实现进度管理、质量管理、现场材料的管理、安全管理等，提高现场工作效率，减少工作风险，提高现场管理的效率和质量。

1. 利用 BIM 技术进行进度管理

利用 BIM 技术对建筑工程施工各个阶段的进程进行可视化、模拟和分析，进而优化施工进度和提高施工效率。

第一步：收集数据，建立 3D 施工进度模型。

根据收集的施工深化设计模型、施工进度计划与依据以及前期的施工过程演示模型等信息，通过 BIM 技术，可以建立一个 3D 施工进度模型，包括建筑工程各个阶段的所有实体，包括建筑物的结构、管道、机械设备等。施工进度模型不仅可以直观地显示施工的各个阶段，还能显示施工进度和各个功能间的相互关系。通过 3D 施工进度模型，还可以定位每一个构件的位置和数量，实时更新、生成进度表，实现精细化的进度分析。

第二步：可视化模拟施工过程。

利用 BIM 技术，在虚拟环境中进行模拟施工，可以实现施工进度、物流、安全等的可视化。BIM 可以以 3D 模式展示整个施工过程，施工人员可以模拟施工步骤，利用场景演练施工方案，找出施工中可能出现的问题和风险，及时进行调整和优化，从而更好地实现施工进度的控制。

第三步：实时监控和反馈。

BIM技术可以实现对进度的实时监控和反馈。在建筑工程施工过程中，BIM技术可以实时监测施工进度，并将其与原计划进行对比分析，以便及时发现任何偏差、分析原因，并采取纠正措施。此外，每次更改施工计划时，可以自动反馈到进度模型中，以确保对基于BIM的施工进度进行及时更新。

基于BIM的进度管理可以帮助施工方更好地管理施工进程、控制进度。BIM技术可以建立3D进度模型，实现可视化模拟并监控施工过程，并实现实时数据反馈，从而提高施工效率。

2.利用BIM技术进行质量与安全管理

在质量管理方面，可以利用BIM技术进行施工图纸会审、技术交底、材料质量管理、施工过程跟踪及成品保护等工作，从而保证施工质量。在安全管理方面可以利用BIM技术进行安全区域识别、安全防护、可视化安全交底、施工机械设备的碰撞检测、安全教育培训等工作，消除危险源，降低安全风险。

第一步：收集数据。主要包括施工深化设计模型、施工项目质量管理方案与安全管理方案。

第二步：创建施工安全设施配置模型。利用BIM可视化、可漫游的特点，进行施工技术交底，尤其适用复杂部位与节点。

第三步：实时监控，及时调整和优化施工安全设施配置模型。

第四步：利用BIM技术，分析产生质量偏差和安全问题的原因，及时纠偏、消除安全隐患。

3.利用BIM技术进行设备和材料管理

通过建立模型，实现对设备与材料的跟踪、监控、分配、计划、预算等工作，更好地控制材料与设备的使用和管理，减少浪费，提高效率。

BIM技术可以实现对设备的跟踪和记录，包括设备的位置、数量、型号、规格、状态等信息。通过对设备的实时监控，可以及时发现设备的问题和异常，避免设备故障对施工进度的影响。BIM技术还可以分析设备的可靠性和制订维护计划，提高设备的使用寿命，降低设备的维护费用。

BIM技术可以实现对材料的追踪与记录，包括材料的种类、数量、规格、供应商等信息。通过对材料的实时监控，可以及时发现材料的供应状况和质量问题，确保施工质量。BIM技术还可以对材料进行分配、计划和预算，避免材料浪费，优化材料使用方案，提高施工效益。

BIM技术可以协调现场物流，实现对供应商、运输公司及其他各个参与方的物流协调与安排，对物流管理的预计成本和实际成本进行跟踪，优化物流计划。

BIM技术可以有效地管理施工进程，实现对施工计划的预测和跟踪，识别并协调计划中的问题点，协调物流和设备，充分发挥设备和材料的利用，以确保项目进展顺利。

基于BIM的施工组织现场管理可以有效地帮助管理团队掌握施工现场的状况、风险、物资和安全问题，并通过建立模型数据库实时更新施工进度和问题，从而更好地协调整个施工过程。

第4章 建筑工程施工项目成本管理

4.1 建筑工程施工项目成本管理概述

施工项目成本指工程施工过程中的全部费用，包括原材料、辅助材料、构配材料等费用；周转材料摊销费用或租赁费用；施工机械使用费用或租赁费用；支付给工人的工资、奖金、津贴等费用；以及施工组织与管理的全部费用支出。这是建筑企业以施工项目为核算对象的生产资料转移价值和劳动者创造价值的货币形式。

施工项目成本管理旨在在保证工期和质量的前提下，采取相关管理措施，将成本控制在一定范围内，并追求最大限度的成本节约。施工项目成本管理体现了施工企业管理的水平。

4.1.1 施工项目成本管理的任务

施工项目成本管理的任务包括成本预测、成本计划、成本控制、成本核算、成本分析和成本考核。

1. 成本预测

成本预测是基于历史资料、成本信息和工程项目的实际情况，通过专门方法对未来成本水平和发展趋势进行判断和推测。成本预测为成本决策和计划的制订提供依据。

2.成本计划

成本计划是以货币的形式编制工程项目在计划期内的生产费用、成本水平、成本降低率以及降低成本的措施和规划。成本计划是施工项目成本控制的基础,关系到成本控制工作的有效性与最终目标的实现。

3.成本控制

成本控制在成本计划实施过程中,采用专业控制方法,严格控制实际消耗和支出,确保费用和支出在成本计划范围内。如有偏差和其他问题,应及时分析、研究并采取有效措施,不断降低成本,实现或超额完成成本目标。

4.成本核算

成本核算对施工项目中发生的各种费用和成本进行核算,为成本管理提供可靠数据。成本核算是成本预测、计划、分析和考核的重要依据。

5.成本分析

成本分析是通过对实际成本进行分析和评价,为成本管理和降低成本提供方向。成本分析全程贯穿于成本管理,应认真分析成本升降的各种主观因素和客观因素、内部因素和外部因素、有利因素和不利因素等,特别是要找准成本执行中的不利因素,才能把握主要矛盾、采取有效措施、提高成本效益。

6.成本考核

成本考核是在项目完成后,根据工程项目成本目标责任制的规定,将实际成本与计划、定额、预算进行考核和对比,评定项目成本计划的完成情况和责任者的业绩,给予相应的奖励或处罚。成本考核是对成本计划执行情况的总结和评价。

4.1.2 施工项目成本管理的措施

1. 组织措施

组织措施是针对成本控制目标所采取的组织管理方面的措施,包括几个方面:确保成本目标控制的组织机构和人员的落实,明确各级控制人员的任务和职能分工、权力、责任,编制成本控制工作计划,制订详细的工作流程等。组织措施是其他措施的前提和保障,而且一般不需要增加额外的费用,如果运用得当,可以获得良好的经济效果。

2. 技术措施

使用技术措施降低施工成本,对解决技术问题和改正目标偏差都非常重要。技术措施包括制订先进、可行的施工组织设计,合理安排施工现场管理,如临时设施费用、现场材料保管和场内运输费用。在实践中,不仅要从技术角度考虑方案,也要对其经济效果进行分析和论证。

3. 经济措施

经济措施是施工项目成本管理中的重要组成部分,它主要关注通过经济手段来优化和控制施工成本。除审核工程量、付款和结算报告外,经济措施还需考虑全局性和总体性问题。经济措施不仅要关注已发生的费用,还应通过分析偏差原因和预测未完成工程成本,发现可能导致后期成本增加的问题,以主动控制为基础,及时采取措施。经济措施包括:做好成本预测和计划,编制资金施工计划,确定、分解成本管理目标,进行风险分析并制订防范性对策。此外,还需核算实际成本,并进行后期成本分析和预测。

4. 合同措施

合同和索赔管理是降低工程成本、提高经济效益的有效途径。项目管理人员应严格执行项目合同,收集与合同相关的资料,并在需要时提出索赔,以减少不必要的费用支出和损失,保护项目方的合法权益。

建设项目施工成本管理是一个系统的过程,包含了方方面面的问题,需要全面考虑组织措施、技术措施、经济措施、合同措施,合理配合使用,从而达到科学管理的目标。

4.2 建筑工程施工项目成本管理的内容与程序

4.2.1 施工项目成本预测

施工项目成本预测是指通过分析和评估项目所需的物料、劳动力、设备、管理费用等因素,以及其他外部因素,如物价变化、市场需求等,预测和估算施工项目的成本情况。这是一个系统性的过程,旨在为项目规划、决策和控制提供准确的成本信息和预测结果。成本预测能够帮助项目管理人员和利益相关者在项目生命周期内做出明智的决策,合理安排资源和预算,并最大限度地控制成本,以确保项目的经济效益和可持续发展。预测结果的精确性对于项目的实施和成本控制至关重要。

(1)施工项目成本预测的程序。

①制订计划。制订计划环节的主要工作内容包括确定预测对象、目标和时间进度计划、资料搜集范围,确保成本预测顺利进行。

②环境调查。包括调查市场需求量、成本水平和技术发展情况,了解外界环境对项目成本的影响。

③收集整理预测资料。收集和整理与成本预测有关的各类资料,包括企业指标、历史项目成本、同类企业成本等,并核算、汇集、整理这些资料。预测资料必须完整、连续、真实。

④选择预测方法和建立预测模型。根据时间和精度要求,结合数据特点,选用适当的预测方法和模型。定性预测多用于10年以上的长期预测,而定量预测则多用于10年以下的中、短期预测。

⑤进行成本初步预测。根据所选的预测方法和历史数据,推测施工项目的成本情况,并结合现有成本水平进行调整。

⑥分析和调整预测结果。预测结果的分析与调整需要考虑物价变化、劳动生产率、物料消耗指标、项目管理费开支、企业管理层次等因素对成本水平的影响。根据近期工程实施情况、本企业和分包企业的

状况、市场行情等信息,推测未来哪些因素可能对成本费用水平产生影响,并对预测结果进行相应调整。预测模型本身会存在一定的误差,所以必须对影响成本水平的因素进行分析,才能更准确地预测并合理调整成本情况。

⑦确定预测结果。根据初步预测和调整结果,确定成本情况。

⑧分析预测误差。对实际成本与预测结果的差异进行分析,以提高未来预测工作的质量。

(2)施工项目成本预测的方法。

施工项目成本预测的方法可以归纳为定性预测法和定量预测法。

定性预测法依靠管理人员的经验和判断能力,通过调查、分析和推断,预测成本的发展趋势和水平。常用的方法有德尔菲法和主观概率法。

定量预测法基于历史统计数据和数学方法,揭示变量之间的规律性联系,推算未来的发展变化情况。常用的方法包括时间序列分析法和因果关系分析法。

定性预测法依赖于管理人员的素质和经验,适合资料少、定量分析困难的情况。定量预测法则较少受主观因素影响,需要充分掌握历史统计数据和客观实际资料,通过大量的数据处理和计算,来获取准确的预测结果。

4.2.2 施工项目成本计划

1. 施工项目成本计划的编制依据

(1)合同文件。

合同文件中约定了项目的支付方式,包括工程款项的支付时间、支付比例等。成本计划需要根据合同约定的支付方式,合理安排项目资金的支出,确保项目在经济上得到合理的控制和管理。

合同文件中通常包含了项目的变更管理机制,明确了变更的程序和责任。成本计划需要考虑合同变更对成本的影响,及时评估变更后的成本,并进行相应的调整和控制,避免成本超支或其他损失。

合同文件中规定了项目承包商或供应商的索赔和补偿机制,明确了由于合同约定或其他原因产生的损失应由哪一方承担责任并进行相应的补偿。成本计划需要考虑这些潜在的索赔和补偿费用，防止超出预测范围的额外成本增加。

合同文件通常会列出项目涉及的工程量清单或描述，作为双方在成本计划编制过程中确认的依据。成本计划需要依据合同文件中约定的工程量，进行成本估算和资源分配，确保项目成本的准确性和透明度。

合同文件中通常包含了项目的标准规范和技术要求，涉及工程质量、安全标准、施工方法等。成本计划需要根据这些要求，合理考虑所需的工艺、材料和人工，并确定相应的成本预算。

合同文件作为施工项目成本计划编制的依据之一，提供了项目的支付方式、变更管理、索赔补偿机制、工程量确认以及标准规范和技术要求等重要信息，对成本计划的准确性和合理性具有指导作用。同时，依据合同文件编制成本计划，可以确保各方在项目成本方面的权益得到合理保护。

（2）项目管理实施规划。

项目管理实施规划明确了项目的目标和范围，包括项目的功能要求、工程量、质量标准等。这些因素将直接反映在成本计划中，决定项目所需的资源和成本。

项目管理实施规划中包含了项目的工期和进度计划，确定了项目各阶段的开始和结束时间，以及工程活动的顺序和持续时间。成本计划需要根据项目的工期安排，合理分配资源，确保在规定的时间内完成工程，避免不必要的加班和延误。

项目管理实施规划确定了项目所需的人力资源，包括对不同职业、技术等级和工种的人员需求。成本计划需要综合考虑项目所需的人力资源，并将其纳入成本计算中，以确保人员配备和人工费用的合理安排。

项目管理实施规划中明确了项目所需的技术要求和设备需求，包括特殊工程设备、施工机具和检测仪器等。成本计划需要考虑这些技术和设备投入的成本，并合理安排预算和采购。

项目管理实施规划中包含了项目的风险管理计划，识别和评估了可能出现的风险和不确定性因素，并制订了相应的控制措施和应急预案。成本计划需要考虑风险管理所需的费用，例如，风险应急储备等。

项目管理实施规划对施工项目成本计划的编制具有重要的指导作

用,它提供了项目的目标、范围、工期、资源需求和风险管理等关键信息,为成本计划的制订提供了基础和依据。

(3)相关设计文件。

设计文件中包含了施工项目的工程量清单和构件尺寸等信息,通过对设计文件的分析和解读,可以准确提取各项工程量。这些工程量是成本计划编制的基础,直接影响到成本估算和预算编制。

设计文件中明确了项目所使用的材料和设备的种类、规格、数量等信息,可以根据设计文件中的材料清单和设备要求,对需要采购的材料和设备进行清单编制和预算估算。

设计文件中提供了项目的施工工艺和方法,包括各个施工阶段的步骤和要求。成本计划需要根据设计文件,对施工的工艺和方法进行分析和评估,以确定相应的成本和资源需求。

设计文件中包含了项目的质量要求和技术规范,如材料规格的要求、施工工艺的要求等。成本计划需要根据设计文件中的质量要求和技术规范,编制相应的质量控制措施和成本预算。

设计文件作为当前项目的基础和指导,可以与类似的历史项目进行比较和参考。通过对历史项目的成本数据进行分析和比较,可以更准确地对当前项目的成本进行估算和预测。

设计文件对施工项目成本计划的编制具有重要的指导作用,通过对设计文件的分析和解读,根据项目的具体要求和技术要求,可以编制出合理、准确的成本计划,为项目的预算控制和管理提供依据。

(4)价格信息。

价格信息对于材料和设备的采购成本具有重要影响。通过收集和分析市场上的价格信息,可以了解材料和设备的市场行情、供需情况以及价格波动趋势,从而在成本计划中准确地估计和预算所需的采购成本。

价格信息也是确定人工费用的重要依据。劳务费用通常与工时和工种相关,通过分析市场上的价格信息,了解各个工种的标准工资、加班费用等,可以准确评估人力资源的成本,并在成本计划中编制相应的人工费用预算。

价格信息还对确定施工外包服务费用具有参考作用。施工项目中可能需要外部承包商或专业服务提供商提供一些特定的施工服务,通过收集和分析市场上的价格信息，可以了解到相应服务的市场价格，并在成本计划中编制预算。

价格信息的收集和分析，可以帮助建立成本基准。通过对相同或类似项目的价格信息进行比较，可以确定合理的成本指标和参考值，进一步指导成本计划的编制和控制。

价格信息作为计算和支付的依据，对成本计划具有重要作用。在项目执行过程中，需要根据实际的价格信息对成本进行结算和支付，确保项目的成本控制和准确支付。

价格信息是施工项目成本计划编制的重要依据之一。通过市场调研和收集价格信息，有助于准确预估材料、设备、劳务和施工服务的成本，并建立成本基准，为成本计划的制订和执行提供依据。

（5）相关定额。

定额是在施工行业广泛应用的标准化成本估算工具，包含了各种施工工作的工程量、工作内容和单价等信息。通过使用相关定额，可以对施工项目的各个工作项进行标准化的成本估算，提高成本计划的准确性和可比性。

定额中所列出的工作内容和工程量可以作为成本计划编制中的统一量取标准，避免不同人员对同一工作项进行量取时的主观差异，确保成本计划在工作量方面的准确性和一致性。

定额在施工行业中被广泛应用，根据历史项目的实际成本数据，可以比对和参考已有的定额，从而评估和预测项目的成本。通过对相关定额和历史成本数据的比较，可以更准确地进行成本估算和预算编制。

定额中通常包含了工作项所需的标准工时和相应的人工费用，可以作为成本计划中编制人工费用的依据。

定额中还包含了工作项所需的标准材料和设备，可以作为成本计划中编制材料和设备费用的参考。

相关定额作为施工项目成本计划编制的依据之一，提供了标准化的成本估算和统一量取标准，以及参考历史成本和标准工时、人工费用、材料等方面的信息。使用定额可以提高成本计划的准确性、可比性和一致性，为项目的成本控制和管理提供依据。

（6）类似项目的成本资料。

类似项目的成本资料可以提供宝贵的参考信息，帮助预测和估算当前项目的成本。通过对类似项目的成本数据进行分析和比较,可以了解各个工作项的成本水平、资源利用情况、市场价格等,从而提供编制工作的参考依据,使成本计划更加准确和可靠。

2. 编制施工项目成本计划的原则

编制施工项目成本计划时,需要遵循以下原则。

(1)准确性原则。

成本计划应准确地反映项目所需的各项成本,包括人工、材料、机械、管理费用等,以及可能的风险和变动因素。计划应基于可靠的数据和信息,尽量减少误差和遗漏。

(2)全面性原则。

成本计划应涵盖项目的所有方面和全部阶段,包括前期准备、施工、设备采购等各个环节。不应忽视任何可能影响项目成本的因素。

(3)一致性原则。

成本计划应与项目的其他计划(如进度计划、资源计划)保持一致,确保各个计划之间的协调性,避免矛盾和冲突。

(4)可行性原则。

成本计划应具有可行性,充分考虑项目的实际情况和限制条件。计划应基于可靠的数据和合理的假设,并充分考虑风险和不确定性因素。

(5)可比性原则。

成本计划应具有可比性,以便进行成本的监控和对比。计划中应包括相同的成本分类和单位,使得不同项目或不同阶段之间的成本比较更为准确。

(6)可控性原则。

成本计划应具有可控性,即可以根据需要进行调整和管理,充分考虑项目的变动和调整的可能性,并设置相应的控制机制和指标。

3. 施工项目成本计划的类型

按照成本计划的作用将成本计划分为竞争性成本计划、指导性成本计划和实施性成分计划三类。

(1)竞争性成本计划。

竞争性成本计划是指在建设项目招标和竞争过程中制订的一种成

本计划。它是为了满足招标要求和竞争环境下的成本控制和风险管理而制订的计划。

竞争性成本计划通常由招标方或竞争各方制订,在招标文件中明确规定竞标方需要提交的成本计划。该成本计划会要求竞标方详细列出项目的预算、成本分配、资源需求、成本控制措施等,以展示其对项目成本的合理估算和优化控制能力。

编制竞争性成本计划的目的是在竞争中确保成本的有效管理和控制,同时满足招标方对成本的要求。通过制订详细的成本计划,能够提前预估项目的成本,并进行合理的资源配置和成本优化,从而形成有效的竞争优势。

竞争性成本计划的内容和要求可能会因不同的项目和招标方式而有所差异,但其核心目标是确保项目的成本控制能力,同时在竞争环境中提供有效的成本策划和管理方案。

（2）指导性成本计划。

指导性成本计划是用于指导和辅助施工项目实施的一种成本管理工具。它是在施工项目计划和控制过程中制订的,旨在帮助项目管理团队有效地管理和控制项目成本,是在选配项目经理阶段的预算成本计划,是项目经理的责任成本目标,一般情况下指确定责任总成本目标。

施工项目指导性成本计划提供了一个框架,对项目的成本进行管理和控制,包括成本的预算、分配、监控和调整等。它通常由项目经理或项目管理团队制订,并作为项目实施的基准和参考。

施工项目指导性成本计划是项目管理过程中的重要工具,它提供了一个基准和指导,帮助项目团队对成本进行规划、控制和优化,以确保项目的顺利实施和成本目标的实现。

（3）实施性成本计划。

实施性成本计划是指项目在施工准备阶段的施工预算成本计划,以项目实施方案、项目经理责任目标和施工定额为依据,通过施工预算的编制来确定。实施性成本计划主要应用于施工准备阶段,以施工定额为基础,指导施工企业的生产组织、施工计划和准备材料等。通过编制实施性成本计划,可以确保使施工企业在施工准备阶段有一个明确的成本指导,从而能够合理地组织施工生产,准备所需材料和资源,并确保项目能够按时、按质、按量地完成。

4.施工项目成本计划编制的程序

施工项目的成本计划工作非常重要,它涉及计划表的编制以及项目成本管理决策过程,旨在选择技术上可行、经济上合理的最佳成本降低方案,以确保项目成本的控制和管理。成本计划通过逐级分解目标成本,并将其落实到施工过程的各个环节,来激发动力和控制项目成本。

针对不同的项目规模和管理要求,成本计划的编制程序会有所不同。大中型项目通常采用分级编制方式。各部门先提出自己的部门成本计划,然后由项目经理部门进行汇总,编制全项目工程的成本计划。而小型项目通常采用集中编制方式。项目经理部先编制各部门的成本计划,然后整合成全项目的成本计划。不管采用哪种编制方式,成本计划的编制程序大同小异,具体内容如下。

(1)收集和整理资料。广泛搜集资料并进行归纳整理是编制成本计划的必要步骤。

(2)估算计划成本,即确定目标成本。根据设计材料、劳动力情况、施工计划等,结合各种变化因素和增产节约措施,进行测算、修订和平衡,估算生产费用的总水平,确定目标成本。

(3)编制成本计划草案。对大中型项目,经项目经理部批准下达计划指标后,各职能部门进行讨论,结合上期完成情况和本期计划指标,确定成本计划和费用预算,找出不利因素,拟定降低成本的具体措施。

(4)综合平衡,编制正式的成本计划。在各职能部门上报了部门成本计划和费用预算后,项目经理部检查各计划和预算之间的协调与衔接,从全局出发,在保证成本任务和目标实现的情况下,分析成本计划与生产、劳动工时、材料成本、工资成本和资金计划的协调平衡。经过多次综合平衡,编制正式的成本计划,上报企业部门并下达到各职能部门执行。

5.施工项目成本计划的编制方法

编制施工成本计划的核心是确定目标成本,而成本预测则是其基础。在编制计划的过程中,需要结合施工组织设计,优化施工技术方案,合理配置生产资源,并进行工料和机械设备消耗的分析,制订一系列降低成本和提高效益的措施,最终确定施工成本计划。施工成本计划总额应控制在目标成本范围内,并建立在可行的基础上。

确定总成本目标后,需要通过详细的实施性施工成本计划逐层分解目标成本,并应用到施工过程的每个环节,以有效地进行成本控制。这意味着在计划中,需要考虑施工过程的各个方面,包括人员配置、材料采购、机械设备运用和能源消耗等。通过全面而细致的施工成本计划,可以有效地控制成本,从而实现预期目标。

可以从施工成本组成、项目组成和工程进度三个角度编制施工成本计划。

(1) 按照施工成本的构成编制施工成本计划。施工成本的构成包括人工费、材料费、机械使用费、企业管理费等,可以按施工组成编制成本计划,如图4-1所示。

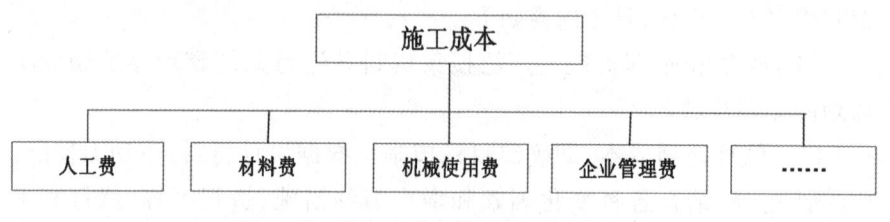

图 4-1 按施工成本构成编制成本计划

(2) 按项目组成编制施工成本计划。大中型工程项目通常由多个单项工程组成,每个单项工程又包括多个单位工程,而每个单位工程又由若干分部分项工程构成。因此,需要先将项目的总施工成本进行分解,将成本分配到各个单项工程和单位工程中再进一步分解到分部工程和分项工程中。具体来讲,将整个项目的总施工成本分配到各个单项工程中。单项工程是项目的基本组成单元,可以是建筑物的某一部分或某个具体工程项目。然后,将成本分解到各个单位工程中。单位工程是单项工程的具体实施单元,可以是建筑物的某一层或某个具体工程项目的执行单元。接着将成本进一步分解到分部工程和分项工程中。分部工程是单位工程的细分部分,是对单位工程的更加具体和详细的划分。而分项工程则是对分部工程的再细分,是对具体工程执行过程中所需的工作任务的划分。

通过逐级分解施工成本,可以实现对项目成本的详细管理和控制。这种分解方法可以帮助项目管理团队更好地了解和掌握各个层面的成本,以便采取相应的成本控制措施。具体的分解方式和结构可以根据项

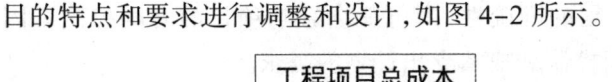

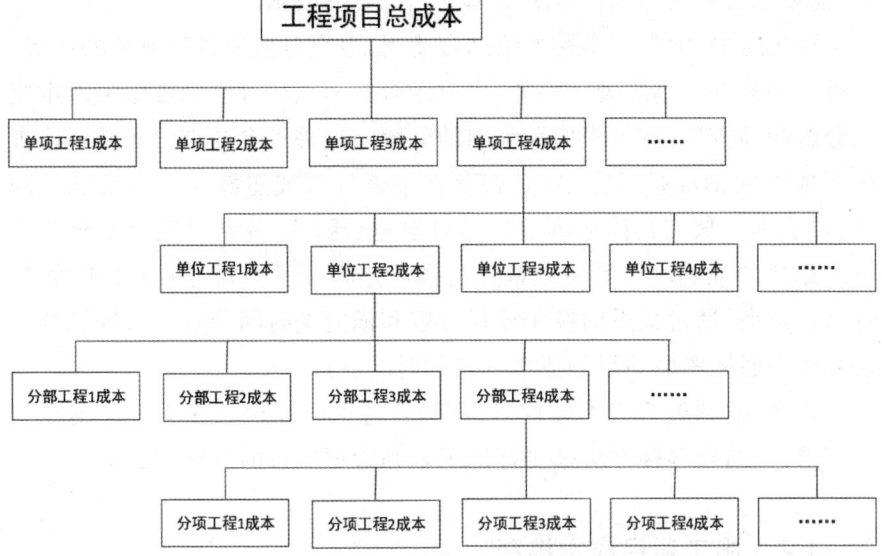

目的特点和要求进行调整和设计,如图4-2所示。

图 4-2 按项目组成编制施工成本计划

完成项目成本目标分解后,应进行具体分配成本步骤,并编制分项工程的成本支出计划,以得到详细的成本计划表。

在编制成本支出计划时,需要考虑总体预备费,以弥补项目实施过程中的一些不可预见费用。此外,在主要分项工程中也需要适当安排一些不可预见费用,以避免在具体编制成本计划时发现个别单位工程或工程量表中存在较大的差异,导致原有成本预算无法实施。

在项目实施过程中,还应采取一些措施,以确保成本计划的准确性和可行性,包括审查和核实工程量计算结果,对成本进行监控和调整,以及及时采取相应措施处理预算偏差等。通过这些措施,可以有效地管理和控制项目的成本,确保项目按计划实施。

需要注意的是,具体的成本分配和计划编制方式可能因项目的不同而有所调整和变化。因此,在实际操作中,需要根据项目的特点和要求进行相应的调整和设计。

(3)按工程进度编制施工成本计划。在编制施工成本计划时,需要考虑项目的时间控制和施工成本支出计划的需要。然而,在实践中,将项目分解程度适中以满足时间控制的要求,可能导致施工成本支出计划过于粗略,无法确定每个具体工作项的成本支出计划。相反地,过分细化以确保成本支出计划的准确性,则可能会影响项目的时间控制。因此,需要综合考虑时间控制和成本支出计划的需求。

在实践中,常常将多种方法结合使用,以充分发挥各种方法的优势,还可互相弥补不足之处。例如,可以结合按子项目分解和按施工成本组成分解两种方法,进行横向和纵向的分解。这种综合的方法有助于检查施工成本的构成是否完整,是否存在重复计算或遗漏计算的情况。同时,还有助于核实具体成本支出的对象是否明确,并通过数字校核验证分解结果的准确性。另一种常见的做法是将按子项目分解和按时间分解结合起来,通常是纵向按子项目分解和横向按时间分解。这种综合方法能更全面地考虑项目的成本规划和时间安排。

总之,编制施工成本计划时,应综合考虑时间控制和成本支出计划的需求,并结合多种方法来更好地规划和管理项目的进度和成本。

4.2.3 施工项目成本控制

施工项目成本控制是在符合合同规定的前提下,制订项目成本计划,并通过指导、监督、调整来管理施工过程中的各项费用支出。施工项目成本控制目标是及时控制和纠正即将发生和已经发生的偏差,以确保项目计划中所设定的成本目标能够实现。

1. 施工项目成本控制的依据

(1)合同文件。

施工项目成本控制的基础是合同约定,合同明确规定了项目的具体成本目标、费用支付条件和变更管理等内容,是项目成本控制的重要依据。在保证质量的前提下,追求降低工程成本的目标,我们致力于从预算收入和实际成本两方面不断挖掘增收和节支的潜力,实现最大的经济效益。通过这种方式,我们可以在项目执行过程中灵活应对变化,控制成本,提高项目的财务绩效。

(2)成本计划。

施工项目成本计划是一个旨在控制工程项目成本的方案,根据具体工程项目的情况而制订。它的目标是明确成本控制的具体目标,并确定实现这些目标的措施和规划。换句话说,施工项目成本计划是项目成本控制的指导文件，它提供了成本控制工作的指导和规划，以确保在项目实施过程中有效地控制成本，实现预期的成本目标。施工项目成本计划是一种详细计划，是在项目启动阶段或项目筹备阶段，根据具体项目的需求和目标而制订的。

（3）进度报告。

进度报告在施工项目成本控制中起着重要的作用，它提供了工程实际完成量和工程施工成本实际支付数额等关键信息。这些信息对于控制施工成本非常关键。

通过对比实际情况和施工成本计划，可以发现实际情况与计划之间的差异，并分析造成差异的原因。这些差异可能是由于材料费用的变动、人力调整、工期延误或其他因素造成的。通过分析偏差原因，可以为采取改进措施提供指导。可能的改进措施包括调整工期计划、优化供应链、寻找节约成本的替代方案等。

此外，进度报告还有助于管理者及时发现工程实施中的潜在问题。通过监控工程实际完成量和成本支付情况，可以及早发现施工过程中的问题，如材料浪费、人力资源不足或工期延误等。这样可以在问题变得严重之前采取有效措施，避免重大损失和额外成本。

总之，进度报告在施工项目成本控制中发挥着重要作用。它提供了实时的项目进展和成本情况，可以帮助管理人员了解项目的实际状况，及时调整和优化项目执行策略，确保项目能够按时完工，并在预算范围内控制成本。

（4）工程变更与索赔资料。

在项目实施过程中，工程变更是难以避免的。这些变更可能涉及设计、进度计划、施工条件、技术规范与标准、施工次序以及工程数量等。一旦发生变更，工程量、工期和成本都会相应地发生改变，这进一步增加了施工成本控制的复杂性和难度。

施工成本管理人员应该通过计算和分析变更要求中的各项数据，随时掌握变更的情况。这些数据包括已完成的工程量、即将完成的工程量、工期是否延误以及支付情况等重要信息。通过对这些信息的了解，可以判断变更对成本的影响，包括材料和人力成本的变动、施工进度的调整等引起的额外成本。此外，还需要评估变更可能引发的索赔额度，即根据合同规定要求赔偿的款项。

掌握工程变更的情况对施工成本控制非常重要。它能够帮助管理人员更好地应对变更，包括及时调整工程量和工期计划，评估额外成本，并与相关方进行协商和谈判，从而最小化变更对项目成本的影响。

综上，工程变更在施工项目中是常见的，施工成本管理人员需要通过计算和分析变更数据来掌握变更的情况，并评估其对成本和索赔的影响，以实现对施工成本的控制。

工程项目管理人员除了依靠以上主要依据对施工成本控制以外，也要参考施工组织设计、分包合同文本等对施工项目成本进行控制。

2.施工项目成本控制的程序

确定项目的施工成本计划后，需要定期比较计划值和实际值。如果实际值与计划值有偏离，就要分析偏差的原因，并采取适当的纠偏措施，以确保实现施工成本控制的目标。其实施步骤如下。

（1）确定项目成本管理的分层次目标。

通过将成本管理目标层层分解，可以明确目标导向、提供指导框架、适应项目需求、制订执行策略、评估绩效和追踪进展，为成本控制工作提供清晰的方向和计划，确保成本控制的有效性和实施的可操作性。

（2）采集成本数据，监测成本形成过程。

采集成本数据和监测成本形成过程是施工项目成本控制的重要步骤，通过数据的收集和分析，可以为成本控制提供实时和准确的施工情况，支持决策、发现异常和风险，并评估成本绩效，有助于保持项目成本的控制范围，规避成本偏差和风险的发生。

（3）找出偏差，分析原因。

逐项比较施工成本计划值和实际值，检测是否超支。根据比较结果分析偏差的严重程度和原因，重点寻找根本导致原因，采取针对性措施，减少或避免再次发生类似事件，从而减少损失。

（4）制订对策，纠偏。

针对实际施工的成本偏差，根据具体情况、偏差分析和预测结果采取适当措施，最小化成本偏差。纠偏是最关键的步骤，有助于有效控制成本。

（5）调整改进成本管理方法。

持续跟踪工程进展情况，及时了解进展和纠偏措施的执行情况与效果。检查有助于积累经验,指导未来的工作。

3. 施工项目成本控制的方法

下面介绍几种施工项目成本控制中分析偏差的常用方法。

(1)赢得值(挣值)法(earned value)。

赢得值法是用于项目成本控制和绩效评估的一种方法,它通过将实际完成的工作量与预算和进度进行比较,来评估项目的绩效。赢得值法通过综合分析来控制成本、进度。

赢得值原理如图 4-3 所示。

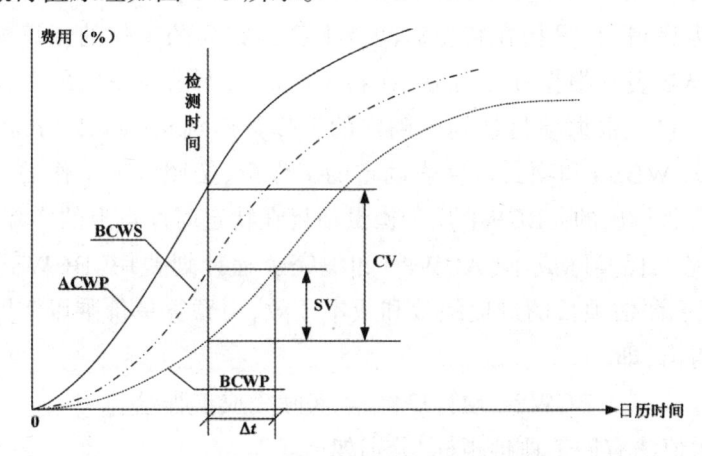

图 4-3　赢得值法的偏差分析

从图 4-3 中可以看出,赢得值法涉及以下三个参数。

拟完工程计划费用(budgeted cost of work scheduled,BCWS):又叫作计划值,即计划工作的预算费用,是指在项目计划中预定的特定时间点上预计应该完成的工作的计划成本总和。BCWS 用于衡量在特定时间点上项目计划中已经安排的工作的预算成本。它是基于项目计划中确定的工作分解结构(work breakdown structure,WBS)和项目进度表确定的工作量,按照各个任务或工作包的计划成本进行汇总得出的。BCWS 表示了计划在特定时间点上完成工作所应花费的预算成本,是项目进度和成本计划的基础,由预算单价乘以计划完成工程量得出,即

$$BCWS = 预算单价 \times 计划工程量$$

已完工程实际费用(actual cost of work performed, ACWP)：又叫作实际值，是指在特定时间点上已经完成的工作的实际成本总和。ACWP表示在项目执行期间，截至特定时间点上已经完成的工作所实际投入的成本。它是基于项目执行过程中实际发生的成本数据得出的。ACWP反映了项目在特定时间点上已经实际消耗的成本，用于评估项目的实际成本绩效和成本控制情况，由实际单价乘以实际完成工程量得出，即

$$ACWP = 实际单价 \times 实际完成工程量$$

已完工程计划费用(budgeted cost of work performed, BCWP)：也被称为赢得值，是指在特定时间点上已经完成的工作的预算成本总和。BCWP表示根据项目计划，在特定时间点上已经完成的工作的预算成本。它是根据项目计划中确定的工作分解结构(work breakdown structure, WBS)和项目进度表确定的工作量，按照各项工作的计划成本进行汇总得出的。BCWP用于衡量项目在特定时间点上的实际绩效，并与已完工程实际成本(ACWP)和拟完工程计划费用(BCWS)进行比较，便于评估项目的进度绩效和成本绩效，由预算单价乘以实际完成工程量得出，即

$$BCWP = 预算单价 \times 实际完成工程量$$

赢得值法有四个评价指标，分别如下。

①费用偏差(cost variance, CV)

CV用已完工程计划费用BCWP与已完工程实际费用ACWP之差来表示。

$$CV = BCWP - ACWP$$
$$= 预算单价 \times 实际完成工程量 - 实际单价 \times 实际完成工程量$$
$$= (预算单价 - 实际单价) \times 实际完成工程量$$

通过上述分析可以看出，已完工程计划费用BCWP与已完工程实际费用ACWP之间的差异，主要是由于预算单价与实际单价之间的差异引起的，属于费用偏差。

当CV<0时，表明预算单价低于实际单价，费用超支，即项目运行超出计划费用；

当CV>0时，表明预算单价高于实际单价，费用节约，即实际费用没有超出计划费用。

分析图 4-3,在检测时间点,BCWP 低于 ACWP,说明费用超支。

②进度偏差(schedule variance,SV)。

SV 用已完工程计划费用 BCWP 与拟完工程计划费用 BCWS 之差来表示。

SV=BCWP-BCWS
 = 预算单价 × 实际完成工程量 – 预算单价 × 计划完成工程量
 = 预算单价 ×（实际完成工程量 – 计划完成工程量）

通过上述分析可以看出,已完工程计划费用 BCWP 与拟完工程计划费用 BCWS 之间的差异主要是由于实际完成工程量与计划完成工程量之间的差异引起的,体现了进度上的差异,属于进度偏差。

当 SV<0 时,说明实际完成工程量低于计划完成工程量,即表示进度拖延。

当 SV>0 时,说明实际完成工程量高于计划完成工程量,即进度提前。

分析图 4-3,在检测时间点,BCWP<BCWS,SV<0 时表示进度拖延,拖延的时间如图中 Δt 所示。

③费用绩效指数(CPI)

$$CPI = BCWP/ACWP$$

当 CPI<1 时,说明 BCWP<ACWP,即实际费用高于计划费用,成本超支。

当 CPI>1 时,说明 BCWP>ACWP,即实际费用低于计划费用,成本节约。

④进度绩效指数(SPI)

$$SPI=BCWP/BCWS$$

当 SPI<1 时,BCWP<BCWS,表示进度拖延,即实际进度比计划进度拖后。

当 SPI>1 时,BCWP>BCWS,表示进度提前,即实际进度比计划进度快。

费用偏差和进度偏差被归类为绝对偏差,是在项目实施过程中常用的衡量指标,它们提供了对项目费用和进度偏离预期的具体量化数值,有助于费用管理人员了解实际偏差的绝对数额,并根据这些数据采取相应措施,制订或调整费用支付计划和资金筹措计划。然而,绝对偏差存在一定的局限性,主要表现在几个方面。第一,缺乏背景信息:绝对偏差无法提供偏差产生的具体原因和背景信息。它只提供了一个总体的偏差数值，没有深入分析造成偏差的具体因素。因此，在采取措施时，需要进一步分析和理解偏差的根本原因。第二，没考虑项目整体性：绝对偏差通常关注单个费用项目或时间节点的偏差，而忽视了项目整体的综合情况。在项目管理中，有时需要权衡不同方面的偏差，进行整体优化和决策。第三，无法解释差异的重要性：绝对偏差提供了偏差的数值，但无法解释这些偏差对项目的影响有多大，以及是否超出了可接受的限度。因此，在评估和采取行动时，需要综合考虑其他因素，如项目目标、风险承受能力和利益相关者的期望等。为了克服这些局限性，费用管理人员可以结合其他指标和工具，如相对偏差比例、趋势分析、挣值管理等，以全面了解项目的偏差情况，并采取相应的措施，来实现对成本和进度的有效控制。例如，假设某项目的费用偏差为1万元，对于总费用为100万元的项目和总费用为一个亿的项目而言，其严重性显然是不同的。因此，仅根据绝对偏差来评估项目的费用绩效可能会存在一定的局限性。

费用绩效指数和进度绩效指数属于相对偏差。这些指数不受项目规模和持续时间的限制，因此可以在各种规模的项目中进行比较和应用。费用绩效指数反映了实际花费相对于计划花费的绩效，而进度绩效指数反映了实际完成进度相对于计划进度的绩效。相对偏差的使用可以消除规模差异带来的影响，更加客观地评估项目的费用和进度的表现。这些指数能够反映实际情况相对于计划的偏差程度，有助于管理人员及时发现和解决费用和进度方面的问题，以实现对项目的有效控制和管理。相对偏差指标的使用在项目管理中具有重要意义，可以提供更全面和客观的信息，帮助管理者评估项目的费用和进度的绩效，并及时采取必要的措施。

费用偏差和进度偏差提供了直观的绝对数值，有助于费用管理人员了解项目的具体偏差情况，但对于不同规模的项目，它们的严重性可能会有所不同。相对偏差，如费用绩效指数和进度绩效指数，可以提供更客观的评估，其不受项目规模和实施时间的限制，在各种费用比较中均可使用。

（2）横道图法。

横道图法可以用于费用偏差分析，其中不同的横道分别表示已完工程计划费用（BCWP）、拟完工程计划费用（BCWS）和已完工程实际费用（ACWP）。在横道图中，每项工作都有相应的横道，横轴表示项目的时间轴，纵轴表示费用金额。通过不同横道的长度来反映对应费用的大小。

已完工程计划费用（BCWP）的横道可以标识已经按计划完成的工作的预算成本。该横道的长度表示已完工程计划费用的金额。

拟完工程计划费用（BCWS）的横道可以标识计划完成工程量的计划费用。该横道的长度表示拟完工程计划费用的金额。

已完工程实际费用（ACWP）的横道可以标识已经实际发生的费用成本。该横道的长度表示已完工程实际费用的金额。

通过对这些横道进行比较和分析，可以评估实际费用与计划费用之间的差异，即费用偏差。横道图法可以帮助项目管理人员直观地了解费用偏差的情况，并采取相应的措施进行成本的控制和调整，如图4-4所示。

横道图法进行成本控制偏差分析可以提供直观的视觉展示，并结合成本偏差指标，帮助项目管理人员对项目的成本控制情况进行评估和分析，及时发现并解决成本偏差问题。但是这种方法反映的信息量少，一般只在项目的较高管理层使用。

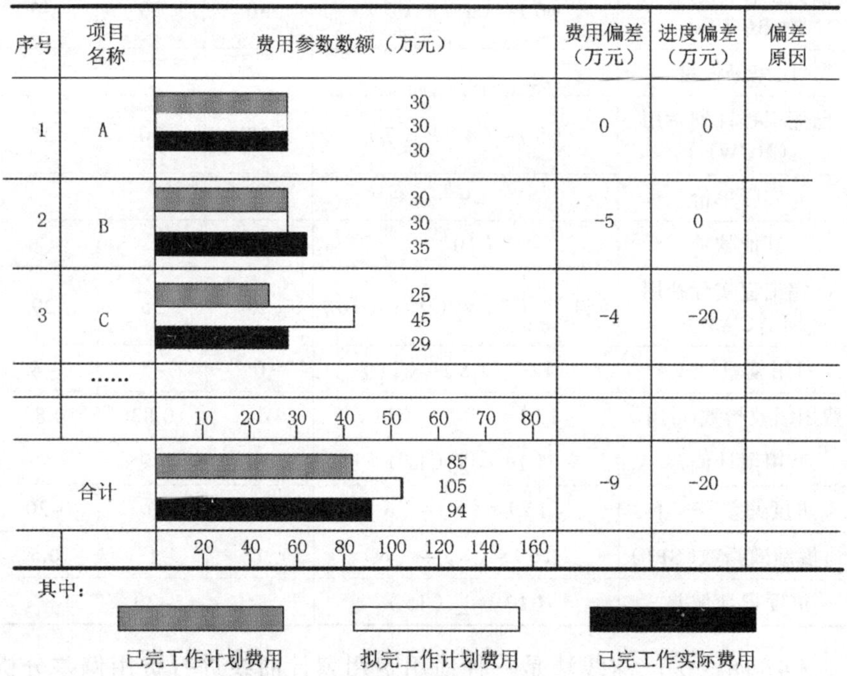

图4-4 横道图法的偏差分析

（3）表格法。表格法是常用的费用分析方法，它将项目编号、名称、各种费用参数以及费用偏差参数综合归入同一张表格中进行比较，见表4-1所列。这种方法使得费用管理人员可以方便地综合了解和处理这些数据。表格法提供了灵活和适用性强的特点，可以根据实际需要设计表格，并根据需要增加或减少项目参数。它提供了丰富的信息量，可以反映偏差分析所需的资料，从而有助于费用控制人员及时采取有针对性的措施，加强费用控制。同时，表格法可以借助计算机进行处理，从而节约了处理大量数据所需的人力，并大大提高了处理速度。因此，表格法在费用分析中是一种非常常用且有效的方法。

表 4-1 表格法的偏差分析

项目编号	（1）	041	042	043
项目名称	（2）	A	B	C
单位	（3）			
计划单价	（4）			
拟完工程量	（5）			
拟完工程计划费用（BCWS）	（6）=（4）×（5）	30	30	45
已完工程量	（7）			
已完工程计划费用（BCWP）	（8）=（4）×（7）	30	30	25
实际单价	（9）			
其他款项	（10）			
已完工程实际费用（ACWP）	（11）=（7）×（9）+（10）	30	35	29
费用偏差（CV）	（12）=（8）-（11）	0	-5	-4
费用绩效指数（CPI）	（13）=（8）÷（11）	1	0.83	0.83
费用累计偏差	（14）=∑（12）	-9		
进度偏差（SV）	（15）=（8）-（6）	0	0	-20
进度绩效指数（SPI）	（16）=（8）÷（6）	1	1	0.5
进度累计偏差	（17）=∑（15）	-20		

（4）曲线法。曲线法是一种使用费用累计曲线进行费用偏差分析的方法，它是赢得值法结果表示方式。

曲线法在进行偏差分析时具有形象和直观的优点。通过观察费用累计曲线的形状和趋势,可以直观地了解项目的费用状态和变化趋势。这种方法常常能够为管理人员提供令人满意的结果,并帮助进行定性分析。曲线法作为一种直观和形象的费用偏差分析方法,常常能够提供满意的结果,并为决策者提供有价值的信息。它在未来的项目规划和费用控制中具有很大的应用潜力。

[例1]某施工项目的合同总价为1500万元,总工期为6个月,前5个月各月各项费用情况详见检查记录表(表4-2)。

问题:请用表格法和横道图法表示各月工作的进展及偏差情况。

表4-2 检查记录表

月份	计划完成工作预算费用/万元	已经完成工作量/%	实际发生费用/万元
1	180	95	185
2	220	100	205
3	240	110	250
4	300	105	310
5	280	100	275

解:(1)用表格法分析费用偏差情况,见表4-3所列。

表4-3 表格分析法

项目编号	月份计算公式	1	2	3	4	5	结论
拟完工程计划费用(BCWS)	(1)	180	220	240	300	280	1月份费用超支14万元、超支8%,进度延后5%; 2月份费用节约15万元,节约7%,进度与计划吻合; 3月份费用节约14万元,节约6%,进度超前24万元,超前10%;
已完工程量/%	(2)	95	100	110	105	100	
已完工程计划费用(BCWP)	(3)=(1)×(2)	171	220	264	315	280	
已完工程实际费用(ACWP)	(4)	185	205	250	310	275	
费用偏差(CV)	(5)=(3)-(4)	-14	15	14	5	5	

续表

项目编号	月份计算公式	1	2	3	4	5	结论
费用绩效指数（CPI）	(6)=(3)÷(4)	0.92	1.07	1.06	1.02	1.02	4月份费用节约5万元，节约2%，进度超前15万元，超前5%；5月份费用节约5万元，节约2%，进度与计划吻合；总费用节约25万元，总进度超前30万元
费用累计偏差	(7)=∑(5)	25					
进度偏差（SV）	(8)=(3)-(1)	-9	0	24	15	0	
进度绩效指数（SPI）	(9)=(3)÷(1)	0.95	1	1.1	1.05	1	
进度累计偏差	(10)=∑(8)	30					

（2）横道图费用偏差分析，如图4-5所示。

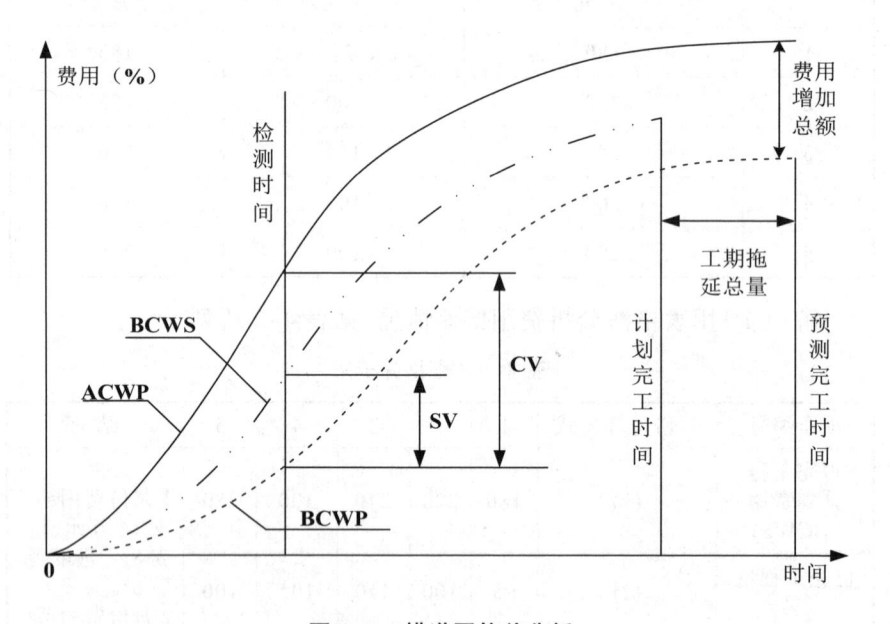

图4-5 横道图偏差分析

4.2.4 施工项目成本核算

1. 施工项目成本核算的对象

成本核算对象是指在计算工程成本时确定归集并分配生产费用

的具体实体,即生产费用的承担者。正确确定成本核算对象是设立工程成本明细分类账户、归集和分配生产费用以及准确计算工程成本的前提。

确定成本核算对象应考虑工程合同的内容、施工生产的特点、生产费用发生情况以及管理需求。合理的成本核算对象划分是必要的,粗略的划分会将相互之间没有关联或关联不大的单项工程或单位工程合并为一个成本核算对象,这无法反映独立施工的工程实际成本水平,不利于考核和分析工程成本的变动情况。然而,如果将成本核算对象划分得过细,将导致需要分摊许多间接费用,增加核算工作量,并且难以准确计算成本。

因此,在确定成本核算对象时需要权衡考虑,既要确保反映工程实际成本,又要避免过度细化导致的问题。这样可以确保成本核算工作的准确性和有效性,并为成本控制、绩效评估和决策提供准确的数据基础。

一般情况下,施工项目的成本核算对象通常根据每个独立编制施工图预算的单位工程进行划分。但是,根据承包工程项目的规模、工期、结构类型、施工组织和施工现场等情况,结合成本控制的要求,也可以灵活地划分成本核算对象。这意味着,除了按照单位工程划分成本核算对象外,还可以根据具体项目的特点和管理需求,结合成本控制的要求,进行更细致或更宽泛的划分。例如,可以将整个承包工程项目或单项工程作为成本核算对象;或者根据不同施工阶段或不同施工部位划分独立的成本核算对象。灵活划分成本核算对象有助于更好地反映不同部分或阶段的成本情况,并为项目的成本控制、绩效评估和决策提供更全面的数据支持。因此,在确定成本核算对象时,需要综合考虑项目的特点、管理需求以及成本控制的目标,以确保成本核算工作的准确性和实用性。一般说来有以下几种划分的方法。

①当一个单位工程由多个施工单位共同施工时,每个施工单位都应将同一单位工程作为成本核算对象,并核算其自行完成的部分。这意味着每个施工单位需要对其承担的工程部分进行独立的成本核算,确保成本的归集与追溯。

②对于规模较大、工期较长的单位工程,可以将其划分为若干部位,以分部位的工程作为成本核算对象。这样做的目的是细化成本控制和

管理,使得成本核算更具针对性和可操作性。

③如果同一建设项目由同一施工单位在同一施工地点进行施工,属于同一结构类型且开工、竣工时间相近的多个单位工程,可以将它们合并为一个成本核算对象。这样做有助于简化成本核算的复杂度,提高成本核算的效率。

④对于改建或扩建的零星工程,可以将开工、竣工时间相接近且属于同一建设项目的各个单位工程合并为一个成本核算对象。这样可以避免对零星工程进行单独核算,减少成本核算的工作量。

这些划分方法的目的是规范成本核算对象的确定,使得成本核算更加准确和可操作。根据不同施工情况和项目特点,选择合适的成本核算对象有助于更好地监控和控制施工成本,以及进行成本分析和决策。

2. 施工项目成本核算的基础工作

(1)健全企业和项目两个层次的核算组织体制。

健全企业和项目两个层次的核算组织体制,是为了有效管理和监控企业和项目的成本,确保成本核算工作的科学性和有序性。具体来讲,需要进行以下工作。

①建立健全原始记录制度。原始记录是指相关的成本数据和交易信息,如采购发票、销售发票、工资单等。建立健全的原始记录制度,可以确保记录的准确性和完整性,保证成本核算的基础数据的准确性,为后续的决策提供可靠的依据。

②建立健全物资管理制度。物资管理是项目成本核算中非常重要的一环。通过建立各种财产物资的收发、领退、转移、保管、盘点和索赔制度,可以实现对物资的有效管理和控制,避免物资的浪费和损失,从而降低成本。

③确定先进合理的企业成本定额。企业成本定额是指根据企业实际情况和项目特点,确定的用于成本核算的基准数。通过确定合理的定额,可以提供准确的成本数据,为成本核算提供科学的依据,并能帮助企业和项目进行成本控制和预测。

④建立清晰的企业内部结算体系。企业内部结算是指企业内不同部门之间的收支关系的清晰明确,包括各部门之间的费用分摊和费用核算。建立健全的企业内部结算体系能够使费用分配更加公正合理,提高

资源利用效率,并能为成本核算提供明确的数据依据。

⑤培训成本核算人员。成本核算人员是负责进行成本核算工作的重要角色,其专业能力和质量意识的提升对于成本核算的准确性和有效性至关重要。通过对成本核算人员进行培训,可以提高他们的专业知识和技能,使其更好地理解和应用成本核算的方法和工具,从而提高成本核算的质量。

总之,建立健全企业和项目两个层次的核算组织体制,能够帮助企业科学、有序地进行成本核算工作,明确责任分工和合理考核,实现成本控制和预测的目标。这些工作的实施能够提升企业的经济效益和管理水平,为企业的可持续发展提供有力支持。

(2)规范以项目为基点的企业成本会计账表。

规范以项目为基点的企业成本会计账表主要包括四张会计报表,即在建工程成本明细表、竣工工程成本明细表、施工间接费表和工程项目成本表。

①在建工程成本明细表。按单位工程列示,汇总了工程施工账、施工间接费账等的数据,反映了在建工程的成本情况。应按月填表,包括各项成本项目的详细明细。

②竣工工程成本明细表。该表在单位工程竣工后列示,与实际成本进行对比,展示了实际成本和账表数据之间的差异。应按月填表,反映竣工工程的成本情况。

③施工间接费表。该表按照核算对象的间接成本费用项目进行列示,反映项目经理部为组织和管理施工生产活动所发生的费用。应按月填表,汇总间接费用的详细分析情况。

④工程项目成本表。这是综合汇总表,涵盖了前面三个报表的信息。除了按照成本项目明细列示外,还包括工程成本合计、工程结算成本合计、分建成本、工程结算其他收入和工程结算成本总计等指标,可以更全面地反映项目成本的情况。

通过建立规范的企业和项目两个层次的核算组织体制,建立规范的、以项目为基点的成本会计账表,可以确保施工项目成本核算工作的科学性、准确性和可比性。这将为企业的成本控制和决策提供有效的支持和参考。

3.施工项目成本核算程序

①审核所有发生的费用,确定要计入工程成本和各期间费用的金额。

②将需要计入工程成本的费用与其他月份的工程成本进行区分。

③将每月应计入工程成本的生产费用在各个成本对象之间进行分配和归集,计算各工程成本。

④对未完工程进行盘点,确定本期已完工工程的实际成本。

⑤转入工程结算成本将已完工工程的成本转入"工程结算成本"科目中。

⑥结转期间费用。

4.2.5 成本分析与考核

1.施工项目成本分析的依据

(1)项目成本计划。

①项目成本计划提供了对施工项目成本进行预测和控制的依据。可以根据成本计划中工程量、资源需求和工期等因素,预估项目的总成本,并将其分解为每个阶段或活动的预算。这有助于识别和评估项目的成本风险,提前采取措施进行成本控制和管理。

②项目成本计划提供了决策的重要依据。项目成本计划可以帮助施工项目管理团队在决策过程中考虑成本因素。例如,在选择材料供应商、确定施工方法或规划资源调配时,可以根据成本计划评估不同选择对项目成本的影响,从而做出更明智的决策。

③项目成本计划是监控和比较实际成本与预算成本之间差异的依据。通过与实际成本数据进行比较,可以识别和分析成本偏差,并及时采取措施进行调整。成本计划提供了一个参考框架,能够对项目的成本状况进行跟踪和评估,确保项目按照预算进行。

④项目成本计划也与项目的资金管理密切相关。成本计划中的预算信息可以用于编制项目资金计划和管理项目现金流。通过合理规划和分析项目的成本,可以更好地安排资金使用,并确保项目资金的充足和及时。

项目成本计划作为施工项目成本分析的重要依据,提供了对成本的预测、控制、决策和监控的支持,有助于项目的成本管理和有序实施。

(2)项目成本核算资料。

①项目成本核算资料是直接记录和反映项目实际成本的数据,具有很高的可靠性和准确性。

项目成本核算资料包括实际支出明细、费用发票、工作记录、工资单等,能够提供实际成本的具体、详细的信息,为成本分析提供依据。

②通过项目成本核算资料,可以将实际成本与预算成本进行对比。

通过对比,有助于发现实际成本与预算成本之间的差异,并进行成本偏差分析。通过对差异的分析,可以确定造成偏差的原因,并采取相应的纠正措施,以提高成本效益和控制成本。

③项目成本核算资料可以提供项目进展的实时反馈。

通过记录和分析实际成本数据,可以对项目的进度和效率进行监控。例如,可以识别出成本高于预期的活动或阶段,从而调整资源分配或采取措施优化工作流程,以保证项目的顺利进行和按时完成。

④项目成本核算资料为项目管理团队提供了重要的决策依据。

通过对实际成本的分析,可以评估不同决策对成本的影响,并做出相应的决策调整。例如,可以根据成本核算资料比较不同供应商或承包商的成本表现,选择最经济高效的合作伙伴。

⑤通过对项目成本核算资料的归纳和总结,可以积累施工项目的经验教训,并为未来的项目提供参考和改进方向。

成本核算资料记录了项目的实际情况,包括成本偏差、成本节约措施、成本优化经验等,可以作为项目管理的经验宝库,促进过程改进和提高成本管理能力。

(3)项目的会计核算、统计核算和业务核算的资料。

会计核算是对项目成本进行记录和核算的重要手段。会计核算资料包括了费用支出、收入、资产和负债等方面的数据,其中成本项目是施工项目成本分析的主要内容之一。会计核算资料提供了项目成本的整体情况和财务状况,可以作为评估项目绩效和成本控制的参考依据。

统计核算是对项目实际工作量和资源使用情况进行量化和分析的过程。统计核算资料涉及工程量、产值、人工、材料消耗等方面的数据,可以了解项目成本与产出关系。通过统计核算,可以分析不同工作阶段和活动的成本结构和成本贡献,为成本控制和资源优化提供参考依据。

业务核算是对项目特定业务活动和特殊成本进行核算和分析的资料。在施工项目中,可能存在一些特殊的费用项目,如设备租赁费、外包费用、材料采购费用等。通过业务核算资料,可以对这些特殊成本进行单独核算和分析,研究其影响因素和优化机会,以支持成本控制和项目管理决策。

项目的会计核算、统计核算和业务核算的资料能够提供对项目成本的全面、多角度的了解,为成本分析和决策提供可靠的依据。同时,这些核算资料能够补充和印证其他数据来源的信息,确保成本分析的准确性和全面性,有助于优化施工项目的管理和成本控制。

2.施工项目成本分析的方法

施工项目成本分析的基本方法包括因素分析法、比较法、差额计算法和比率法等。

(1)因素分析法。

因素分析法,又称连环置换法或连环替代法是用于分析各种因素对成本影响程度的一种方法。通过对成本的各个因素进行逐个替代计算,并比较计算结果的差异,可以确定每个因素对成本的影响程度。具体的步骤如下。

①确定分析对象并计算实际数与目标数之间的差异。需要先确定要进行成本影响分析的对象,然后计算该对象的实际成本和目标成本之间的差异。

②确定构成分析对象的几个因素并排序。确定构成分析对象的各个因素,并按其相互关系进行排序。排序规则可以根据具体情况确定,例如按照实物量的先后顺序,然后考虑价值量;或按照绝对值的先后顺序,然后考虑相对值。

③以目标数(预算数)为基准计算基准成本。将各个因素的目标数相乘,作为进行替代分析的基准成本。

④逐个替换因素并计算实际成本。对每个因素,按照排序顺序逐个进行替代计算。即假设其中一个因素发生变化,而其他因素保持不变,计算替代后的实际成本。

⑤比较替代计算结果并计算差异。将每次替代计算得到的实际成

本与上一次计算的结果进行比较,计算两者之间的差异。这样可以确定每个因素对成本的影响程度,即哪些因素的变化对成本的影响更大,哪些的影响更小。

通过因素替代法,可以定量地评估各个因素对成本的影响程度,为管理者提供决策的依据。例如,可以确定哪些因素的改进可以对成本进行有效控制;或者在成本发生变化时,判断是哪些因素造成了成本的增加或减少。这样能够帮助企业制订合理的成本管理策略,优化资源配置,提高效益。

[例2] 某结构工程使用商品混凝土,预算成本227.24万元,实际成本超出预算成本3.16万元,即实际成本230.4万元。预算成本与实际成本对比见表4-4所列,请试用因素分析法分析成本增加的原因。

表4-4 某品牌混凝土预算成本与实际成本对比

项目	计量单位	预算数	实际数	差异
浇筑量	m³	1150	1200	+50
单位浇筑量耗用材料	m³	380	400	+20
材料单价	元/m³	5.2	4.8	-0.4
总成本	元	2 272 400	2 304 000	31 600

解:

第一步,确定分析对象。某商品混凝土实际成本超出预算成本3.16万元。

第二步,确定影响因素。浇筑量、单位浇筑量耗用材料和材料单价。

第三步,计算预算数 $1\,150 \times 380 \times 5.2 = 2\,272\,400$(元)。

第一次替代,先用浇筑量的实际数替代计划数,即用1200替代1 150,得出 $1\,200 \times 380 \times 5.2 = 2\,371\,200$(元)。

第二次替代,用单位浇筑量耗用材料的实际数替代计划数,即用400替代380,得出 $1\,200 \times 400 \times 5.2 = 2\,496\,000$(元)。

第三次替代,用材料单价的实际数替代计划数即用4.8替代5.2,得出 $1\,200 \times 400 \times 4.8 = 2\,304\,000$(元)。

第四步,计算差额。

第一次替代结果 − 预算数 = $2\,371\,200 - 2\,272\,400 = 98\,800$(元)。

第二次替代结果 − 第一次替代结果 = $2\,496\,000 - 2\,371\,200 = 124\,800$(元)。

第三次替代结果－第二次替代结果＝2 304 000－2 496 000＝－192 000（元）。

第五步，计算结果分析。

第一次替代与预算数的差额为 98 800 元，说明因为实际浇筑量增加了 50 m³ 导致了实际成本增加了 98 800 元；第二次替代与第一次替代差额为 124 800 元，说明因为单位浇筑量耗用材料的实际量超过计划量 20 m³，引起成本增加了 124 800 元；第三次替代与第二次替代的差额为 －192 000 元，说明由于实际单价降低了 0.4 元带来成本节约 192 000 元。三个影响因素的影响结果汇总后，即为实际成本超出预算成本 31 600 元。

说明：使用因素替代法时，各影响因素的排列顺序始终保持固定不变，否则会影响分析结论。

（2）比较法。

比较法，或称为指标对比分析法，是用于检查目标完成情况、分析差异原因和发现潜在潜力的一种方法。它通过比较技术经济指标来进行评估，并具有以下几种应用形式。

①检查目标完成情况。比较法可以通过对比实际指标与目标指标来评估目标完成情况。通过分析差异，可以确定影响目标完成的积极因素和消极因素，并及时采取措施来实现成本目标。同时，也需要考虑目标本身是否存在问题，如果存在问题，需要对目标进行调整并重新评估实际工作绩效。

②观察变动情况。比较法还可以通过比较本期实际指标与上期实际指标，观察各项技术经济指标的变动情况。这可以反映出施工管理水平的提高程度，从而评估管理措施的有效性。

③与行业平均水平和先进水平对比。比较法可以将本项目的技术管理和经济管理与行业平均水平和先进水平进行对比。通过对比分析，可以揭示本项目与行业平均水平和先进水平的差距，并采取相应的措施来提升。

比较法是一种简单而有效的分析方法，可帮助了解目标的实际情况，提供改进和优化的方向。在应用比较法时，需要选择合适的比较对象，并关注比较结果背后的因果关系。

3.施工项目成本分析的步骤

施工项目成本分析是一个重要的管理活动,它旨在评估和分析项目的各项成本,并确定成本产生的原因。以下是施工项目成本分析的主要步骤。

(1)选择成本分析的方法。先选择一个适合的成本分析方法。常见的方法包括比较分析、趋势分析、成本效益分析等。选择方法时要考虑项目的特点和需要解决的问题。

(2)收集成本信息。在进行成本分析之前,需要收集项目的各项成本信息。这包括直接成本(材料、劳动力等)和间接成本(管理费用、设备租赁费用等)。成本信息可以通过核对账单和发票、询价、与供应商或承包商谈判等方式获取。

(3)进行成本数据处理。收集到的成本数据需要进行处理和整理,以便进行后续的分析。这包括对成本数据进行分类、归纳、编码和整合等操作。数据的处理可以使用电子表格软件或成本管理软件来进行。

(4)分析成本形成原因。对成本进行分析,找出成本产生的原因。这可以通过对各项成本的进行比较和趋势分析来实现。找出导致成本增加的主要因素,如物价上涨、劳动力成本增加、项目设计变更等。

(5)确定成本结果。最后,根据成本分析的结果,确定项目的成本情况。这包括计算项目的总成本、单位成本、成本比例等。通过成本结果的确定,可以评估项目的经济效益,并为项目的决策提供参考依据。

需要注意的是,施工项目成本分析是一个动态的过程,需要在项目的不同阶段进行多次分析和评估,以及及时调整管理手段来控制成本。

4.施工项目成本考核

在进行施工项目成本考核时,应遵循以下要求。

(1)以责任目标成本为依据。企业对施工项目经理部进行考核时,应明确确定责任目标成本作为考核的基准。

(2)重点关注控制过程。对项目经理部的成本考核应将重点放在控制过程上,即对项目成本的实际控制情况进行评估。同时,控制过程的考核应与竣工考核相结合,以全面评估项目成本的管理和执行情况。

(3)考核与其他指标相联系。项目成本的考核应与进度、质量、安全等其他指标的完成情况相联系。这样可以全面评估项目的综合管理情况，保证各项工作协调一致地朝同一目标推进。

（4）形成考核结果文件。项目成本考核的结果应被记录成文件形式，作为奖励和处罚责任人的依据。这种文件记录能够提供明确的证据和依据，确保成本考核结果的公正和合理性。

项目成本考核的目的是为了监控和评估项目成本的实际情况，帮助项目团队有效地控制成本，从而保证项目的经济效益达到预期目标。考核过程应该合理、公正，并与其他考核指标相衔接，以全面评估项目的绩效和管理水平。

4.3 BIM技术在建筑工程施工成本管理中的应用

4.3.1 BIM技术在建筑工程施工成本管理中的优势

1. 什么是BIM 5D模型

BIM 5D表示建筑信息模型（building information model）的第五维度，它是在传统BIM 3D模型（三维）和BIM 4D模型（四维）的基础上引入的。BIM 5D模型对应的第五维度是成本（cost），也被称为成本维度。

BIM 5D的目标是将成本管理与建筑信息模型的其他方面（如几何模型、规格和属性）集成在一起，以便在设计和建造过程中更准确地估算和管理成本。

BIM 5D模型的主要应用包括以下几个方面。

（1）成本估算。BIM 5D可以将构件和材料的数量、费率和价格信息与模型相关联，从而能够自动生成准确的成本估算。通过在设计和施工过程中不断更新和调整这些数据，可以提供更准确的成本预测。

（2）变更管理。BIM 5D模型具有变更管理的功能，当设计或施工发生变更时，可以追踪和记录相关的成本变化。这个功能有助于管理者实时了解变更对整体成本的影响，并做出相应的调整和决策。

(3)在场物料管理。通过 BIM 5D 模型结合物联网和自动识别技术,可以实现对在场物料的跟踪和管理。这个功能有助于实现成本的实时监控和控制,避免物料的浪费和资金的滞留。

总的来说,BIM 5D 模型通过将成本管理与其他 BIM 维度相结合,使得设计师、项目经理和利益相关者能够更好地了解和管理建筑项目的成本,有助于提高成本控制的准确性、效率和透明度,从而实现工程项目的经济可行性和成功交付。

2. BIM 5D 技术在建筑施工成本管理中的应用优势

(1)准确的成本估算。通过将建筑信息模型与成本数据关联起来,可以实现自动化的成本估算。BIM 5D 技术能够在设计阶段根据构件和材料的属性和数量,自动生成准确的成本估算。这有助于提高成本预测的准确性,并提供更好的决策依据。

(2)实时的成本控制。BIM 5D 技术可以实现成本数据的实时更新和管理。当设计或施工发生变更时,可以立即更新相关的成本信息,并与项目的进度和质量属性进行关联。这使得施工团队能够实时掌握变更对成本的影响,并及时采取措施进行控制。

(3)变更管理的效率提升。通过 BIM 5D 技术,可以追踪和记录建筑项目中的变更情况,并准确评估变更对成本的影响。这有助于提高变更管理的效率和准确性,避免成本超支和项目延期。

(4)综合数据分析与决策支持。BIM 5D 技术可以将建筑模型、成本数据和其他相关数据进行集成。通过对这些数据的分析和比较,可以提供全面的成本分析和决策支持。这有助于管理团队预测潜在的成本风险,制订有效的成本控制策略,并做出合理的决策。

(5)协同合作与信息共享。BIM 5D 技术能够实现多方之间的协同工作和信息共享。设计师、施工团队、供应商等各方可以在同一个模型上进行协作,共享最新的成本信息。这有助于减少信息传递的误差,提高沟通效率,加强团队合作,从而更好地进行成本管理。

BIM 5D 技术在建筑施工成本管理中的应用优势包括准确的成本估算、实时的成本控制、变更管理的效率提升、综合数据分析与决策支持,以及协同合作与信息共享。这些优势有助于提高成本管理的准确性、效率和透明度,为建筑项目的成功交付提供了强有力的支持。

4.3.2 BIM 5D 技术在成本控制中的应用

1. 基于 BIM5D 的成本控制的优势

BIM 技术的核心是提供一个信息交流的平台,旨在方便各工种之间的工作协同和集中沟通。基于 BIM 技术的成本控制具有以下优势。

(1)快速。

借助基于 BIM 5D 的成本数据,成本的汇总和分析能力大大增强,可以更快速地进行成本分析,工作量更小,效率更高。

(2)准确。

通过动态维护成本数据,提高了成本数据的准确性。利用总量统计方法,消除了累积差,使得成本数据随着项目进度的推进越来越准确。同时,BIM 技术的数据粒度可以达到构件级,可以快速地提供项目中各条管理线所需的数据信息,从而有效提升施工管理效率。

(3)精细。

通过实际成本数据监督,可以检查哪些项目尚未有实际成本数据,提供实际数据,确保数据的精确性。

(4)强大的分析能力。

BIM 技术可以进行多维度(时间、空间、WBS)的汇总分析,能够直观地确定不同时间点的资金需求。通过模拟和优化资金筹措和使用分配,可以实现投资资金的财务收益最大化。

(5)提升企业的成本控制能力。

借助 BIM 技术,实际成本数据可以集中存储在企业总部服务器上,使企业总部的成本部门和财务部门能够共享每个工程项目的实际成本数据。这样,总部与项目部之间的信息对称得以实现,企业的成本控制能力得到提升。

2. 基于 BIM 5D 的成本控制的应用

(1)构建基于 BIM 5D 的成本动态控制的流程。

为了提高施工阶段的成本控制水平,当涉及动态管理行为时,可以将成本控制划分为三个阶段:事前控制、事中控制和事后控制。针对这一流程,可以建立一个基于 BIM 5D 的动态控制流程,具体步骤如下。

①事前控制阶段。施工方可以通过使用碰撞检查等手段进行设计优化。在此基础上,可以制订成本和进度计划,并建立 BIM 5D 预算模型。

②事中控制阶段。在施工过程中,可以进行施工模拟,并建立 BIM 5D 实际模型。通过采用挣得值法实现对动态进度和成本的控制,可以对施工进行实时监控和管理。

③事后控制阶段。事后进行成本盈亏分析,并分析造成偏差的原因,再根据分析结果,制订相应的改进措施,可以提高施工阶段的成本控制水平。

(2)基于 BIM 5D 的成本控制的功能。

①精确快速统计工程量,动态查询与统计工程量。传统的工程量计算通常依赖于人工核对图纸和手工量取,这样容易出现人为错误和耗费大量时间。而借助 BIM 技术,可以通过构建三维模型来自动提取和计算工程量。

先在 BIM 模型中建立准确的构件库,包括各种构件的规格、数量和成本等属性信息。然后根据建模的准则和规则,BIM 软件可以自动识别和定量每个构件,并根据库中的属性信息计算工程量。BIM 5D 技术可以根据计划进度和实际进度信息,动态计算任意 WBS 节点在任意时间段的每日计划工程量、计划工程量累计、每日实际工程量和实际工程量累计。这样可以帮助施工管理人员实时了解工程量的计划完成情况和实际完成情况。特别是在分期结算过程中,每期实际工程量的累计数据是非常重要的参考依据。BIM 5D 系统能够动态计算实际工程量,提供准确的实际工程量数据,为各阶段的工程款结算提供数据支持。

使用 BIM 5D 技术进行工程量精确快速统计有以下优势。

节省时间:相较于传统手工方法,BIM 5D 技术能够自动提取和计算工程量,节省大量的时间和人力。

提高准确性:BIM 5D 模型中的属性信息与模型准确关联,避免了手工计算中可能出现的误差。同时,通过可视化模型,可以直观地核查和修正工程量的准确性。

变更管理:BIM 5D 技术能够根据模型的变更自动更新工程量的计算,迅速反映变更对成本的影响,帮助管理团队及时调整成本计划。

数据的多维度利用：BIM 5D 模型中存有详尽的构件信息，这为工程量的动态查询和统计提供了便利。可以根据各种需求，按照不同属性进行过滤和查询，并生成相应的报表和分析结果。

综上，BIM 5D 技术在工程项目成本控制中的工程量精确快速统计和工程量动态查询与统计功能，能够提高计算的准确性和效率，为项目成本的控制提供可靠的数据基础。

②合理安排资源计划。借助 BIM 5D 技术，可以对施工过程中需要的人力、材料和设备等资源进行合理的规划和安排。通过建立 BIM 5D 模型，可以更好地优化资源利用，降低成本。

合理规划人工、材料、机械台班和资金等资源的使用，对于控制施工项目成本至关重要。利用 BIM 5D 清单和定额资源技术，能够根据任意时间段的工程量，快速、准确地计算出需要的人工、材料、机械台班的消耗量以及资金使用情况。通过动态掌握项目进展，施工项目管理人员能够高效地按照计划组织连续的施工作业，并提前规划各个班组的工作范围。制订合理的资源使用计划，计算机系统能够自动检测班组之间是否存在时间或空间上的冲突，以确保施工工序的顺畅进行。这样的方式可以使人工、材料、机械台班和资金的使用计划更合理，在避免材料短缺或延迟到位对工期产生影响的同时，实现成本的动态监控，实现精细化管理的目标。这种方法有助于更好地控制施工项目的成本。

BIM 5D 技术在合理安排资源计划方面的应用有以下优势。

资源优化：通过 BIM 5D 模型的空间关系和属性信息，能够在计划阶段就进行资源的合理规划和调度，避免了资源的浪费和冗余。

时间和成本节省：通过 BIM 5D 模型的可视化和自动化计算功能，能够更快速和准确地进行资源计划，节省时间和人力成本。

风险管理：通过资源计划与 BIM 模型的关联，可以在计划阶段就预见并避免施工过程中可能出现的冲突和风险，减少相关成本的发生。

综上所述，使用 BIM 5D 技术合理安排资源计划，可以优化资源利用，降低成本，并提高项目的效率和质量。

③对材料精细化管理。BIM 5D 在材料精细化管理方面的作用主要体现在对采购数量、采购价和施工用料的管控。

首先，BIM 5D 可以准确快速地编制材料需用计划，从而控制采购数量。计划人员可以根据工程进度情况，周期性地从 BIM 模型中提取与资源消耗量相关的信息,形成精确的材料需用计划。物资设备部的采购人员可以根据这些计划确定采购数量和价格。

其次,BIM 5D 能够帮助控制采购价。对于一些主要材料的采购,如混凝土、模板、钢材等,施工单位一般通过市场竞争、公开招标来控制价格。而对于配套材料,BIM 5D 生成的成本数据库可以在规定的框架内进行采购,从而解决了配套材料价格方面的问题。

最后,BIM 5D 模型可以实现施工用料的控制,通过合理规划领料量来避免材料浪费。施工班组在领料时,料库管理人员可以根据领料单和相关材料需用计划,管控领用量并记录实际领用量,形成材料的实际消耗量数据。成本控制人员可以比对计划量和实际使用数据,进行分析和预警,确保材料被使用在合理范围内。

利用 BIM 5D,可以实现对材料采购数量、采购价以及施工用料的精细化管理,能够有效降低成本、避免浪费。

通过 BIM 5D 技术实现对材料的精细化管理,可以带来以下优势。

准确性提高:BIM 5D 技术将材料与构件进行关联,避免了手工计算中可能出现的误差,提高了材料量的准确性。

节约成本:通过 BIM 5D 模型提前预估材料需求量,并与供应商进行合理的谈判和采购,可以节约成本,避免材料采购过多或不足。

变更管理:在设计变更等情况下,BIM 5D 技术可以自动更新模型中的材料信息,实时反映变更对材料成本的影响,帮助进行及时的成本调整。

综上所述,借助 BIM 5D 技术,在工程项目成本控制中进行材料精细化管理,可以提高材料管理的准确性和效率,降低成本,帮助施工项目顺利完成。

④施工过程的模拟,施工场地布置。

借助 BIM 5D 技术进行场地布置,可以以更形象、直观的方式展示施工各阶段的物资材料和施工机械的布置位置。同时,它还能准确计算出各个区域所需的材料用量。有了这些信息,施工人员只需将所需材料搬运到指定的地点,避免了多次搬运和漏运等情况,从而有效控制了二次搬运的费用。这种方式能够直观地指导施工人员,提高物资材料的利用率,并且减少了人力和物力资源的浪费。

施工过程模拟是指利用 BIM 5D 技术,将设计模型与施工进度和施工方法相结合,模拟施工过程,评估和优化施工方案。这样可以提前发现施工中可能出现的问题和冲突,并采取相应的措施来降低风险,避免额外的成本开支。

同时,BIM 5D 技术还可以用于施工场地布置的规划和管理。在施工前,可以利用 BIM 5D 技术对施工区域进行精确的测量和模拟,确定最佳场地布置方案,以提高施工效率和减少成本。此外,BIM 5D 还可以帮助规划施工设备和材料的摆放位置,保证施工过程中供应链的畅通和物料调度的及时。

通过利用 BIM 5D 技术进行施工过程模拟和施工场地布置的规划,可以有效地管理和控制施工过程中的成本。它能够帮助项目团队更好地理解和规划施工过程、优化施工方案、减少风险、提高效率,从而降低项目成本。

⑤变更管理。在工程项目中,变更是不可避免的。变更可以是设计变更、材料变更、施工方法变更或其他相关方面的变更。这些变更可能导致成本增加或项目延误,因此需要进行有效的变更管理来控制成本和进度。引入 BIM 5D 技术,可以提高工程变更管理的工作效率,提升过程控制水平。首先,可以基于准确的变更工程量统计来编制索赔报价,避免错过最佳索赔时间。一旦变更发生,可以依据变更范围和内容对 BIM 5D 模型进行相应修改。系统可以自动分析变更前后 BIM 5D 模型的差异,计算变更部位及关联构件的工程量和量差,生成变更工程量表。这解决了手工计算工作量大、关联构件之间的工程量因相互影响难以准确计算的问题,提高了变更计量的及时性、准确性和合理性。在发生变更后,BIM 5D 模型可根据变更部位提示相关配套工作的实际进度状态,从而调整进度计划和配套工作,减少变更可能产生的损失。同时,BIM 5D 模型可以保存所有变更记录,执行变更版本控制,记录详细的变更过程,形成可追溯的变更资料,方便查询和使用。BIM 5D 技术为工程变更管理提供了高效、准确的支持,使得工程变更得以及时管控、记录和追溯,在变更管理过程中发挥重要作用。

首先,BIM 5D 模型可以作为一个集中的信息平台,记录和管理项目的所有设计文档、模型和数据。当发生变更时,可以通过更新 BIM 5D 模型来反映变更内容,从而保持模型的准确性和一致性。

其次,在 BIM 5D 模型中,可以使用可视化和仿真功能来评估变更对项目的影响。通过将变更应用于 BIM 5D 模型，可以立即看到变更对项目进度、资源需求、材料成本等方面的影响。这有助于项目团队更好地评估变更的风险和成本，并制订相应的措施来管理和控制变更。

最后，BIM 5D 还可以帮助自动化和优化变更管理过程。通过与其他项目管理工具的集成，可以实现变更的跟踪管理、流程审批和沟通协作。这样可以减少变更管理过程中的人为错误和沟通问题，提高变更处理的效率和准确性。

BIM 5D 技术在变更管理方面的应用可以帮助项目团队更好地控制和管理变更，降低变更带来的成本和风险。它提供了一个集中的信息平台和可视化工具，使项目团队能够更好地理解和评估变更的影响，并采取相应的措施来保证项目的成功实施。

⑥数据积累和共享，建立企业成本指标库。BIM 5D 可以将施工管理中和项目竣工需要的资料档案（如施工班组成员信息、验收单、合格证、检验报告、工作清单、设计变更等）列入 BIM 5D 模型，并与模型进行关联。这样一来，当出现问题时，可以直接在 BIM 5D 协同管理平台上调取与特定构件相关的生产、施工、验收等资料信息，快速定位问题并分析其原因。这使得问题可追溯性和明确的责任，方便后续的处理和解决。此外，这一功能还可以方便施工项目中的众多参与方进行资料的储存和调用，提高整个项目团队的协同工作效率。通过将资料档案整合到 BIM 5D 模型中，实现了信息的统一管理，减少了信息遗漏和碎片化的风险，并为项目的管理和运营的便捷提供了支持。

在工程项目中，数据的积累和共享对于成本控制至关重要。BIM 5D 技术提供了一个集中存储和管理项目数据的平台，可以帮助项目团队有效地进行数据积累和共享，以支持成本控制工作。

BIM 5D 模型作为一个集成的信息平台，可以存储和管理项目的各类数据，包括设计数据、施工数据、材料数据、成本数据等。这些数据可以通过 BIM 5D 模型的加工和组织进行分类、标记和链接，形成一个完整的数据库。通过积累和整理这些数据，项目团队可以更好地了解项目的历史数据和经验，为当前项目和未来项目提供参考和借鉴。

BIM 5D 技术还支持数据的共享和协同工作。通过 BIM 5D 平台，不同专业、不同团队的成员可以共享和访问同一个 BIM 5D 模型和相关数据，实现跨部门、跨团队的信息共享和沟通协作。这样可以促进各方的合作与协调,确保信息的一致性和准确性,避免信息孤岛和重复工作,从而提高工作效率和减少成本。

BIM 5D 技术可以帮助建立企业成本指标库。通过积累和分析历史项目的成本数据,可以建立一个企业级的成本指标库,包括各项工程成本指标、标准单价、资源需求等。这个成本指标库可以支持项目的成本估算、预测和对比分析,帮助项目团队更准确地控制和管理成本。

BIM 5D 技术在数据积累和共享方面的应用可以帮助项目团队更好地管理和利用项目数据,支持成本控制工作。它提供了一个信息集成平台和协同工作环境,使得数据的积累、共享和分析更加便捷和高效,为项目的成功实施提供有力的支持。

借助 BIM 5D 技术,可以快速生成各种报表,方便积累和共享历史数据,施工单位能够建立多方位的成本指标数据库,将工程项目细分到构件级别。这样做的好处是:一方面促进了各部门和单位之间的协同作战,使项目的各成员都能了解项目的成本信息;另一方面,也方便了对不同项目中相同构件的成本分析,有助于建立完整的成本指标库,并将各种构件信息录入其中,方便实现成本控制。通过建立成本指标数据库,工程项目的成本信息可以得到更加全面、准确地进行分析和管理。这样,在日后的项目中,可以根据这些历史数据进行有针对性的成本控制,优化项目成本控制。同时,这种成本指标数据库的建立也为项目的管理和预算提供了可靠的依据。报表生成功能和成本指标数据库的建立可以帮助项目参与者更好地了解项目的成本情况,促进协同作战和共享经验的能力,也有助于提高项目的整体效率和经济效益。

第 5 章　建筑工程施工项目进度管理

5.1　建筑工程施工项目进度管理概述

5.1.1 施工项目进度管理的定义

施工项目进度管理是为了达到既定的时间目标而进行的一系列活动,包括计划、组织、指挥、协调和控制。它采用科学的方法来确定项目的工期目标,并编制经济合理的进度计划作为基准,项目管理者监督工程项目的进展情况,并与计划进行比较。如果发现实际进展与计划不符,会及时分析原因,并采取必要的措施,来调整或修正原定的进度计划。这个过程旨在确保工程项目按时完成,并有效地应对任何可能影响进度的问题。

5.1.2 施工项目进度管理的目标

为了有效地管理施工项目的进度,进度管理需要设定项目进度的总目标和分阶段目标。总目标是指根据施工合同约定的竣工日期来确定的目标。为了更加有效地控制施工进度,先将总目标从不同角度进行分解,形成一套相互制约、相互关联的施工进度控制目标体系。确定施工项目的进度目标主要基于建设工程总进度的要求、工期定额、类似工程项目的实际进度、工程难易程度以及工程条件的落实情况等因素。通过这样的目标体系,可以提高施工进度的可控性,并确保项目能按时完成。

5.1.3 施工项目进度管理的程序

施工项目进度管理的是一个动态的控制过程，也是一个不断循环、反馈的过程。具体程序如图5-1所示。

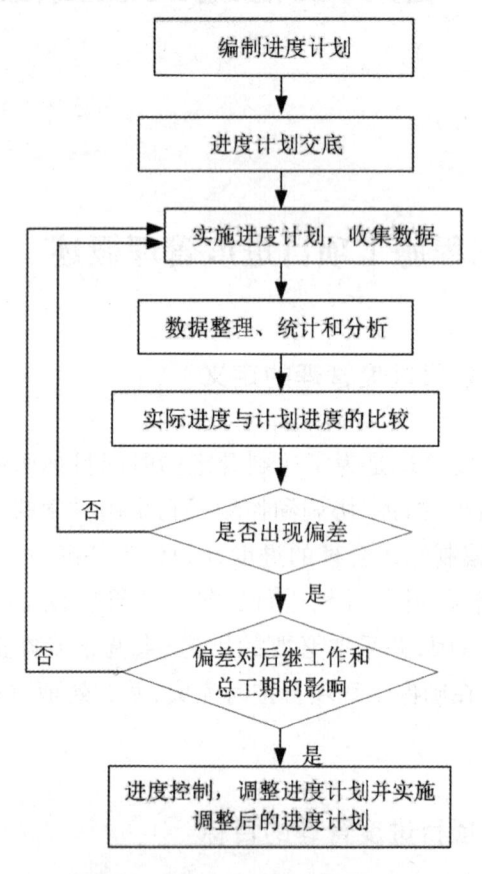

```
编制进度计划
     ↓
进度计划交底
     ↓
实施进度计划，收集数据 ←────┐
     ↓                      │
数据整理、统计和分析          │
     ↓                      │
实际进度与计划进度的比较      │
     ↓                      │
是否出现偏差 ── 否 ──────────┤
     │ 是                   │
偏差对后继工作和总工期的影响 ─ 否 ─┤
     │ 是
进度控制，调整进度计划并实施
调整后的进度计划
```

图5-1 施工项目进度管理过程

1. 编制进度计划

制订项目的整体进度计划，确定项目的关键里程碑工作，建立工期安排和里程碑日期。编制进度计划可以明确项目的时间要求和时间限制。它提供了一个时间框架，指导工程项目按照预定的工期目标进行实施，确保项目按时完成。

2. 进度计划交底，落实管理责任

进度计划交底是由承包方将施工项目进度计划中的关键信息、里程碑和工期目标与相关方进行充分的沟通和交流，有助于确保各方对项目进度的理解一致，形成共识，确保发包商、承包商、供应商和其他利益相关方都明确了解项目的时间目标和计划。

在进度计划交底的过程中，可以明确每个成员在项目进度管理中的责任和角色，确保每个人都清楚自己在项目进度管理中需要承担的任务和职责，有助于提高团队协作的效率和责任感，减少进度管理中的误解和潜在问题。

进度计划交底也提供了一种监督和控制的机制。通过明确每个人的责任和角色，可以实施有效的监督和控制措施，确保项目在执行过程中按照计划推进，并及时回应和处理进度偏差或其他问题。

3. 实施进度计划

实施进度计划是将进度计划中的任务和工作实际落地执行的过程。通过定期更新和实施进度计划并可以确保项目按照计划推进，提高项目的执行效率。

在进度计划的实施过程中，通过将实际进度与计划进度进行比较，团队可以及时发现进度偏差，并采取相应的措施进行调整。通过实施进度计划，项目能够按时完成，并达到预期的进度目标。

4. 进行进度控制与变更管理

进度控制是指监督和管理项目的实际进度与计划进度之间的差异，并采取相应的措施进行调整和控制，以确保项目能够按时完成。通过进度控制，可以及时发现和纠正潜在的进度偏差，从而保证项目进度的可控性和稳定性。

在项目执行过程中，可能会出现一些变更请求，如设计变更、资源变更等，这些变更可能对项目进度产生影响。进行变更管理包括评估变更对进度的影响，与相关方进行协商和沟通，并进行必要的进度调整和更新。通过变更管理，可以确保变更请求得到适当的处理，避免对项目进度造成不必要的影响。

进度控制和变更管理需要对项目进度进行定期的分析和报告。通过对实际进度和计划进度进行比较,可以识别出潜在的进度偏差和其他相关问题,并及时采取纠正措施。进度报告可以向项目团队、管理层和其他利益相关方提供项目进展的透明度和可视化报告,促进有效的沟通和决策。

5.2 建筑工程施工项目进度计划的编制和管理

施工项目进度管理的核心在于进度计划的编制和管理。进度计划是施工项目实施的基础和指导,同时贯穿整个工程实施过程中的进度管理,扮演着工程实施的依据和向导的角色。施工单位为了履行工程施工合同中对建设单位的承诺,需要合理配置资源,优化施工组织,缩短工期,并力求在保证质量的前提下尽快完成施工任务,将工程交付给建设单位,从而实现经济效益。

换句话说,进度计划的编制是施工项目进度管理的首要环节,也是进度管理的中心。通过合理的进度计划的编制和管理,施工单位可以优化资源配置、改善施工组织、缩短工期,并在确保工程质量的前提下尽快完成施工任务,从而实现经济效益的最大化。

5.2.1 施工项目进度计划的编制

1. 施工项目进度计划的编制依据

(1)合同文件和相关要求。

合同文件是施工项目各方达成的具有法律约束力的协议。这些文件中会明确规定工程的计划期限、交付日期,以及建设单位对施工单位的要求和期望,如工程完成时间和工程质量要求。为了履行合同的约定并避免违约行为,施工单位需要根据合同文件编制进度计划,以确保项目能够按时完成。

此外，合同文件通常还规定了建设单位对施工进度的监督和验收要求。施工单位需要根据这些要求进行进度计划的编制，并在项目执行过程中注重进度的监督和管理，以满足建设单位的相关要求。

在合同履行过程中，可能会出现对进度计划的变更请求。合同文件通常也会包含有关变更管理的规定，如变更流程、责任和报酬等。施工单位需要根据合同中的变更规定，调整和更新进度计划，以适应变更请求并保证变更得到适当处理。

（2）项目管理规划文件。

项目管理规划文件是施工项目进度计划编制的重要依据。通过遵循项目管理规划文件中的要求，施工单位可以确保进度计划与项目的目标和范围相符，合理分配资源，满足质量要求，应对项目风险，并依据监控和报告要求进行进度管理，以实现项目的如期成功交付。

（3）资源条件、内部和外部约束条件。

在项目实施过程中，资源的可用性和约束条件会直接影响项目进度的安排和执行。

资源条件是指施工项目需要的各种资源，如人工、材料、设备等。资源的供给和可用性会影响项目的工期和进度计划。确保所需资源的可获得性和适时提供，能够为施工项目的顺利开展提供保障。

内部约束条件是指施工单位自身的约束因素，如施工队伍的规模与能力、现有设备和技术水平等。施工单位需要根据自身资源和能力的限制，合理安排工作计划，以确保项目能够按时、按质完成。

外部约束条件是指与项目相关的外部因素和约束，如政府法规、环境保护要求、道路交通限制等。施工项目进度计划需要考虑这些外部约束条件的限制，合理安排项目工期和施工过程，以遵守法规要求，保障施工的安全性和合规性。

考虑资源条件和内部与外部约束条件，施工单位可以在进度计划中合理分配资源，规避潜在的风险，确保项目进度的合理性和可行性。通过对这些因素的综合考虑和有效管理，能够在保证质量的前提下，尽最大努力达到项目工期的要求。

2. 施工项目进度计划的种类

施工项目进度计划是根据工程目标工期,对各项工程的施工顺序、起止时间和相互衔接关系进行统筹安排的计划。它是一个计划管理系统,从不同的角度可以划分不同的类别：从时间的角度,可以划分为总进度计划和阶段性计划；从计划表达方式的角度,可以划分为文字说明计划和图表形式计划；按计划编制对象,可以划分为施工总进度计划、单位工程施工进度计划和分项工程进度计划；按照不同的计划功能,可以划分为控制性进度计划、指导性进度计划和实施性（操作性）计划等不同种类。

3. 施工进度计划的内容

（1）编制说明。编制说明是对整个进度计划编制的介绍,包括所遵循的编制方法、准备的材料和数据、计划编制的时间范围等。编制说明提供了详细的施工进度计划说明,确保进度计划的准确性和可执行性。

（2）进度安排。进度安排是制订项目施工过程中每个阶段的具体时间安排和顺序,它包括确定项目开始和结束日期、设置里程碑或重要节点,划分项目工作包,并制订每个工作包的开始时间、完成时间和持续时间。进度安排是项目进度计划的基础,用于指导施工过程中的工作安排和推进。

（3）资源需求计划。资源需求计划是确定项目施工中所需资源的数量和时间安排。它包括人工、材料、设备和资金等方面的需求。通过分析项目工程量和工期,可以预测资源需求的总量,并将其分配到各个时间段。资源需求计划的编制有助于合理调配资源,确保项目的顺利进行。

（4）进度保证措施。进度保证措施是确保项目按时完成的策略和方法。进度保证措施可能涉及资源调整、工作流程优化、风险管理和沟通协调等方面,确保项目能够按照计划顺利进行,避免进度延误、影响项目质量。

4. 施工项目进度计划的表示方法

施工项目进度计划可以使用多种表示方法,常见的包括以下几种。

①文字说明计划：通过文字描述的方式来表达施工项目的进度计划，包括工作任务、顺序、起止时间等关键信息。

② PERT/CPM 网络图：使用网络图的形式来表示工程活动、工期和关系，以及关键路径和关键活动。（详见第 2.2 节）

③横道图：以时间为横轴，将工作任务表示为条形图，通过条形的起止时间来展示工作任务的安排情况。

④进度表：使用表格形式列出工作任务、起止时间、工期和资源分配等信息，可以清晰地展示每个任务的计划安排。

⑤里程碑图：将项目的重要节点和关键阶段表示为图形化的里程碑，以突出项目的重要时间点和目标。

5. 施工项目进度计划的编制步骤

（1）施工项目总进度计划的编制。

施工项目总进度计划是为了实现拟建项目的交付使用目标，对各单项工程或单位工程的施工顺序、起止时间及衔接关系进行确定，并在时间和空间上做出全面安排的施工战略部署，是一份控制性的施工进度计划。

编制施工项目总进度计划的主要依据包括：工程建设总进度计划、施工承包合同文件及招投标书、施工总方案、全部施工初步设计图纸、各类定额、自然及资源条件，以及相关技术经验资料等。

总进度计划编制的目标是确保施工项目按照既定的计划安排实现工程建设的交付使用。通过综合考虑工程要求、资源可用性、工艺限制等因素，确定施工顺序、时间和衔接关系，以最优方式进行施工。这样可以有效控制工期，优化资源利用，确保施工进度安排的合理性和可行性。

施工项目总进度计划是一份综合考虑各项因素和依据相关资料编制的控制性施工进度计划，旨在以拟建项目的交付使用为目标，确保施工工作按计划顺利进行。具体的编制步骤如下。

①计算工程量。根据设计图纸和工程要求，对整个项目的各项施工任务进行工程量的计算和量化。

②确定施工期限及开工、竣工时间。根据工程量、施工条件和项目要求，确定各单位工程的施工期限以及开工、竣工时间。

③确定工程的相互搭接关系。分析各单位工程之间的施工逻辑,确定相互之间的搭接关系和依赖关系,即确定哪些单位工程需要在其他工程完成后进行、哪些工程可以并行等。

④确定工程的关键路径。通过综合考虑各单位工程的施工期限和搭接关系,找出对整个工程进度影响最大的关键路径。关键路径上的工程是决定整个工程总工期的关键因素,需要特别重视。

⑤编制施工总进度计划。结合实际情况和项目要求,综合考虑工期、搭接关系和资源可用性等因素,编制施工总进度计划。在计划中明确各单位工程的起止时间、工期,以及关键路径上的工程任务。

⑥评审和调整。对编制好的施工总进度计划进行评审和调整,确保计划合理、可行,并与相关各方进行充分的沟通和协商。

⑦更新和控制。根据实际施工情况,及时更新和调整施工总进度计划,并进行进度控制和监督,确保施工按计划进行,及时应对延误或其他变更。

(2)单位工程施工进度计划的编制。单位工程施工进度计划是在确定了施工方案的基础上,对单位工程中各分部、分项工程的施工顺序、起止时间及衔接关系,以及工程的开工、竣工时间和总工期等进行安排和计划。

编制单位工程施工进度计划的依据包括:施工总进度计划,单位工程施工方案及开竣工日期要求,施工图纸,施工定额,现场施工条件等。

编制单位工程施工进度计划的具体步骤如下。

①划分施工过程。将单位工程按照施工任务的逻辑关系进行划分,确定各个施工过程或分项工程。

②计算工程量。根据施工图纸和设计要求,对每个施工过程或分项工程的工程量进行计算。

③确定劳动量及机械台班数量。根据施工要求和资源可用性,确定每个施工过程或分项工程所需的劳动力和机械设备的数量。

④确定各施工过程的天数。根据工程量、劳动量和机械设备等因素,合理估算每个施工过程或分项工程的施工天数。

⑤编制单位工程计划。根据以上步骤的分析和确定,初步编制单位工程的施工进度计划,并进行评审和优化,最终形成最合理的单位工程施工进度计划。

编制单位工程施工进度计划是为了合理安排施工任务和资源,确保单位工程按照计划进行,保证工期的控制和施工进度的顺利推进。

5.2.2 施工项目进度计划的实施与检查

1. 进度计划的实施

在实施进度计划的过程中,主要需要做以下工作。

(1)编制月(旬)作业计划。

根据整个建设项目或单位工程的施工进度计划,编制能够满足施工作业需求的月(旬)作业计划。该计划将具体的施工任务按照时间和顺序安排,作为指导班组工作的依据。

(2)签发施工任务书。

根据施工计划要求、工程数量、定额标准、工艺要求等编制施工任务书,并附带相关的考勤表、限额领料单等。施工任务书是一份计划文件,也是实施责任承包管理的核算文件和原始记录。

(3)进行施工进度记录。

在进度计划的实施过程中,各级进度计划执行者需要跟踪计划的实施,记录实际进度情况,进行统计和分析。当计划发生干扰时,需要及时采取调度措施,并处理相关的进度索赔,以确保实施进度计划的顺利进行。

(4)坚持进度过程管理。

各级进度计划执行者都要监督、协调、跟踪计划的实施情况,需要检查作业计划的执行过程,发现问题并及时解决。同时,也需要督促物资、设备、劳力等供应单位按照进度要求供应资源,确保计划的顺利实现。

(5)做好调度工作。

调度也是重要的工作,要协调各方面的配合关系,排除施工中出现的问题,建立和维护正常的施工条件和程序,促进计划指标的落实。在施工中,调度是组织各个阶段、环节、专业和工种相互配合,协调进度的核心工作。调度的主要任务包括以下几点。

①检查作业计划的执行情况。调度人员需要对作业计划的执行情况进行检查,确保任务按计划顺利进行。他们会关注任务完成情况、施工质量、安全措施的执行等方面,及时发现和解决问题。

②督促物资、设备、劳力供应。调度人员负责督促供应单位按照进度要求及时供应所需的物资、设备和劳力。他们会与供应单位沟通、协调，确保资源按照计划及时到位，以保证施工的顺利进行。

③发布调度令。调度人员会制订调度计划，并通过发布调度令的方式将计划传达给现场施工人员，确保施工人员了解任务和进度要求。调度令通常包括具体的工作内容、时间安排、质量标准、安全要求等，以指导施工人员进行作业。

2.进度计划检查的内容

（1）工作完成数量。

检查工作完成的数量，即已经完成的任务或工作量。通过与计划完成数量进行比较，可以评估工作进展是否符合计划要求。如果工作完成数量低于计划要求，可能需要调整资源或进度计划以确保按时完成项目。

（2）工作时间的执行情况。

检查工作按计划所需的时间执行情况，包括检查每个工作的开始时间、持续时间和完成时间。通过对比实际执行时间与计划时间，可以确定是否存在时间上的偏差。如果工作时间执行情况不符合计划，可能需要重新安排和优化计划。

（3）工作顺序的执行情况。

检查工作的执行顺序是否与计划一致，涉及不同工作之间的依赖关系和先后顺序。如果工作的执行顺序发生了变化或错乱，可能会导致进度延误或资源浪费。因此，检查工作顺序的执行情况对于保持项目进度至关重要。

（4）资源使用及其与进度计划的匹配情况。

检查项目所使用的资源情况，并与进度计划进行匹配，包括人力资源、物资和设备等。通过对比实际资源使用情况和计划需求，可以评估资源是否充足，并及时调整以满足项目进度的要求。

（5）前次检查提出问题的整改情况。

检查前次进度计划检查中提出的问题或偏差，并评估其整改情况，可能涉及工作延迟、质量不达标或资源不足等。通过检查问题的整改情况，可以确保之前的偏差得到纠正，并避免对后续工作的影响。

综合上述检查内容，可以全面评估实际进度与计划进度之间的差异,并采取相应的措施进行调整和优化,从而确保项目能够按时完成并达到预期目标。

进度计划检查后,项目管理机构应编制进度管理报告并向相关各方发布。

3. 进度计划检查的方法

进度计划的检查旨在通过比较实际进度与计划进度,确定实际进度是否提前或延迟,并进一步评估计划的完成情况。此外,还可以预测后续工程进度,并预测计划是否能够按时完成。检查的方法主要有以下几种。

(1)横道图比较法。

横道图比较法是一种有效的进度计划检查方法,通过收集和整理项目实施过程中的实际进度信息,并将其以平行横道线的形式与原计划的数据进行对比,以直观地观察实际进度与计划进度之间的差异。这种方法具有清晰和方便的特点,使管理人员能够更准确地了解项目的进展情况。

在横道图比较法中,横轴代表时间,纵轴显示项目的各个任务或阶段,实际进度以另一条平行线的形式绘制在计划进度线旁边,以直观地比较两者之间的差异。通过比较实际进度线与计划进度线的位置、形状和间距等特征,管理人员可以快速确定项目是否按计划进行,以及实际进度与计划进度的偏差程度。

横道图比较法具有直观和易于理解的优点。通过简单直观的图形表示,管理人员可以快速识别项目的进展情况,并及时采取措施来调整项目计划,以确保项目的按时完成。此外,横道图比较法还可以帮助识别出导致项目偏差的原因,从而有针对性地解决问题,提高项目管理的效率和质量。

[例3]某工程的施工实际进度与计划进度情况如图5-2所示,试分析进展情况。

通过比较图5-2中的施工实际进度和计划进度,可以发现,在第9周末的施工进度检查中,D、E、H工作都存在延误的情况。这意味着在第9周末的时候,这些工作的完成情况没有达到预期的水平。在第9周末进行的施工进度检查中,D、E和H工作的延误表明它们需要额外的时间才能完成。这种延误可能会对整个工程的进度产生影响，因此需要及时采取措施来解决这些延误，并调整工程计划，以确保整个工程按时完成。

这种视觉化的比较方式帮助我们直观地了解工程的实际进度与计划进度之间的差异，从而能够及时采取相应的措施来调整工程进度。

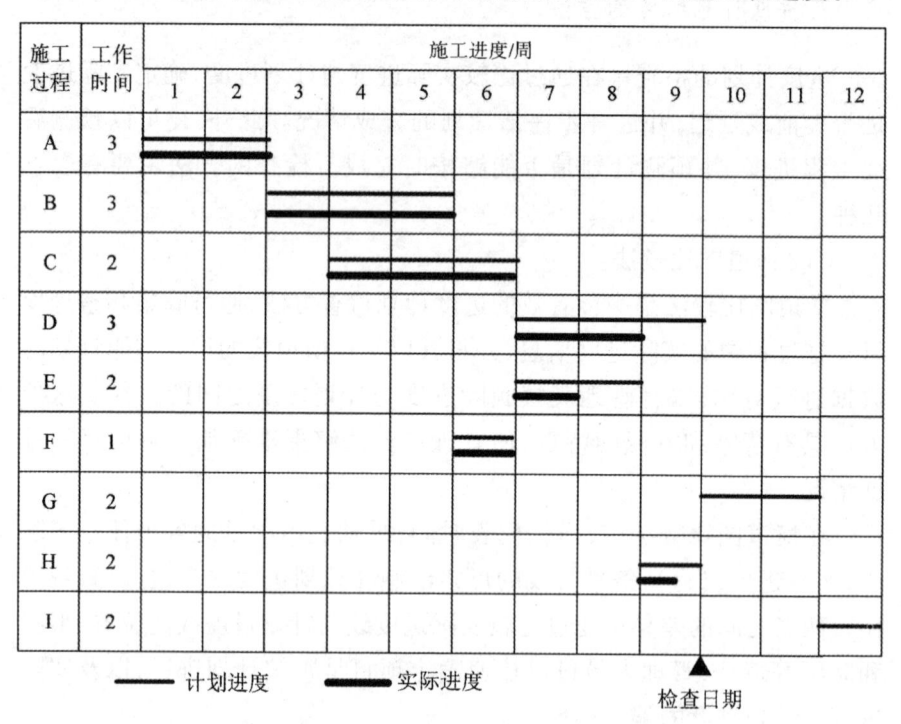

图 5-2　实际进度与计划进度比较的横道图

（2）S 形曲线比较法。

S 形曲线法（图 5-3）是以时间为横坐标，以累计完成任务工作量为纵坐标，在同一坐标系中绘制计划时间下的任务量累计完成曲线，随后再绘制实际检查时间下的任务量累计完成曲线，并通过比较这两条曲线来对比实际进度与计划进度。

这种方法利用曲线的形状和位置来反映项目的实际进度与计划进度之间的偏差。通过绘制计划时间的任务量累计完成曲线，可以得到一个逐渐增长的 S 形曲线。在项目实施过程中，根据实际检查时间的累计任务量绘制曲线，可以得到实际进度的曲线。通过对比这两条曲线，可以明显地看出实际进度与计划进度之间的差异。如果实际进度曲线位于计划进度曲线之上,意味着项目进展较快;如果实际进度曲线位于计划进度曲线之下,意味着项目进展较慢。曲线的斜率则表示项目进展的速度,斜率越大,项目进展越快。

S形曲线法的优势在于它直观地展示了项目的进度情况,帮助管理人员快速了解实际进度与计划进度之间的差异。通过这种视觉化的比较方式,管理人员可以及时调整计划和资源,以保证项目按时完成。S形曲线法通过绘制计划时间与实际检查时间的任务量累计完成曲线并进行比较,直观地展示实际进度与计划进度之间的差异,帮助管理人员及时识别和解决项目进度偏差,确保项目的顺利推进。

利用S形曲线可以看出如下信息。

①实际进度与计划进度的比较情况。在进度检查时,通过比较实际进度与计划进度的S曲线,可以判断它们之间的差异。若实际进度曲线上的点在计划曲线上方(如点A),表示实际进度超前;而在下方(如点B)则表示实际进度滞后。

②超前或滞后的时间。根据图5-3,ΔT_a表示实际进度在时间点T_a时超前的时间,而ΔT_b表示实际进度在时间点T_b时滞后的时间。

③工程项目实际超出或拖欠的任务量。根据图5-3,ΔQ_a表示实际进度在时间点T_a时超前于计划的任务量,而ΔQ_b表示实际进度在时间点T_b时滞后于计划的任务量。

④预测后期工程进度。如果后期工程按原计划速度进行,则可以绘制后期工程计划的预测S曲线(虚线,如图5-3所示),通过此曲线可以预测工期的拖延情况(ΔT_c)。

通过以上指标和图示,可以更清晰地了解工程项目实际进度与计划进度的比较情况,以及超前或滞后的时间和任务量,并预测后期工程进度的拖延情况。这些信息有助于及时调整工程进度,确保项目按计划顺利进行。

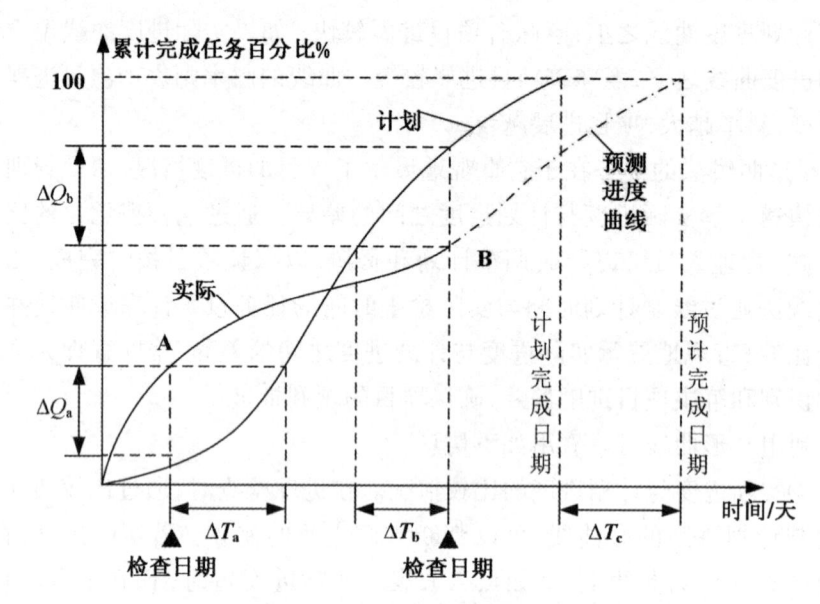

图 5-3　S 形曲线的比较图

（3）香蕉形曲线法。

香蕉曲线是由两条 S 形曲线构成的闭合曲线。根据网络计划原理，每个工程项目的工作项都有最早开始时间 ES 和最迟开始时间 LS，因此可以按照最早开始时间和最迟开始时间分别绘制 ES 曲线和 LS 曲线来表示项目计划：ES 曲线是以最早开始时间为基准绘制的 S 形曲线，LS 曲线是以最迟开始时间为基准绘制的 S 形曲线。这两条曲线具有相同的开始和结束时间，但 ES 曲线上的点位于 LS 曲线的左侧。因此，它们围合成一个形状类似香蕉的闭合曲线，称为香蕉曲线。如图 5-4 所示。

理想情况下，项目在实施过程中的进度管理应确保实际进度点始终位于香蕉曲线内。如果实际进度点落在 ES 曲线左侧，表示实际进度超前于计划进度，若实际进度点落在 LS 曲线右侧，则表示实际进度滞后于计划进度，存在进度偏差。另外，利用香蕉曲线可以预测后期工程进展，并合理安排和调整实际进度。这样能够更好地掌控工程项目的进度，确保项目按时完成。

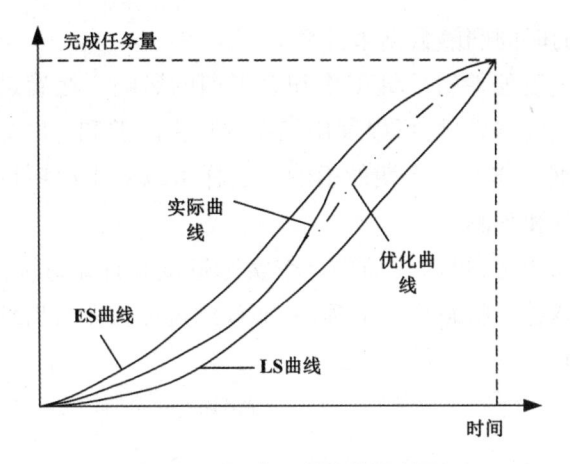

图 5-4 香蕉形曲线的比较图

（4）前锋线法。

前锋线法是一种通过绘制实际进度点的曲线来比较项目实际进度与计划进度的方法。它可以提供直观的信息，帮助管理人员及时识别并解决潜在的进度偏差。具体做法是在原始时标网络计划上，从检查时刻时标位置点开始，通过将每个工作箭线的实际进度点用线连接，并最终以折线结束于检查时刻时点。这种绘制的曲线可以称为前锋线。前锋线法是一种用于比较时标网络计划的实际进度与计划进度的方法。通过绘制前锋线，我们可以直观地比较实际进度点与计划进度的差异。前锋线连接了实际进度点，直至检查时刻的折线，因此可以显示项目在不同时间点的实际进度情况。通过与计划进度进行比较，可以确定项目的进度偏差，并采取相应的措施进行调整。

采用前锋线法比较实际进度与计划进度，其步骤如下。

①绘制时标网络计划图，并在图上方和下方设置时间坐标轴，以确保清晰可见。如图 5-5 所示。

②通过绘制实际进度前锋线，从检查日期开始，依次连接相邻工作的实际进展位置点，并最终与检查日期对应的时间坐标相连。

③对比实际进度和计划进度。对于每个检查日期，在时标网络计划图上观察实际进度点的位置。如果实际进度点与检查日期时间坐标重合，表示该工作的实际进度与计划进度一致。若实际进度点落在检查日期的右侧表示工作进度超前，若实际进度点落在检查日期的左侧，表示工作进度滞后。超前或滞后的时间可以通过实际进度点位置与检查日

期坐标之间的时间间隔数据来计算。

④预测进度偏差对后继工作和总工期的影响。在确定实际进度与计划进度的比较结果后,可以利用工作的自由时差和总时差来预测该进度偏差对后继工作及总工期的影响。这样可以对工程项目的整体进度状况进行分析和预测。

通过前锋线法,可以在局部比较实际进度和计划进度的同时,对工程项目的整体进度状态有所了解,并能预测进度偏差对后续工作和总工期的潜在影响。

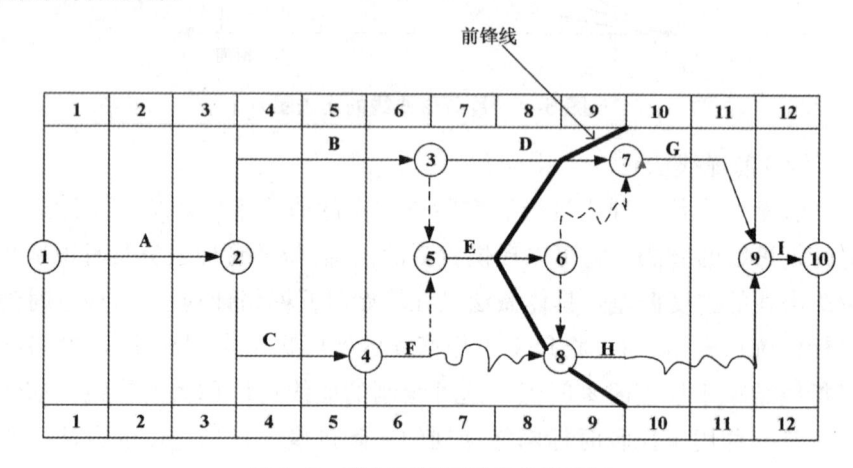

图 5-5 某施工项目进度前锋线图

[例 4] 某工程的工程量为 8 000 m³,计划工期为 10 天。每天完成的工程量见表 5-1 所列。试绘制该工程的 S 形曲线。

表 5-1 每天完成的工程量

时间/天	1	2	3	4	5	6	7	8	9	10
工程量/m³	240	400	820	1 100	1 480	1 400	1 100	820	440	200

解:
(1)确定每天计划完成任务量。已知条件已给出。
(2)计算每天累计完成任务量,计算结果见表 5-2 所列。

表 5-2 计算过程表

时间/天	1	2	3	4	5	6	7	8	9	10
每天完成量/m³	240	400	820	1 100	1 480	1 400	1 100	820	440	200
累计完成量/m³	240	640	1 460	2 560	4 040	5 440	6 540	7 360	7 800	8 000

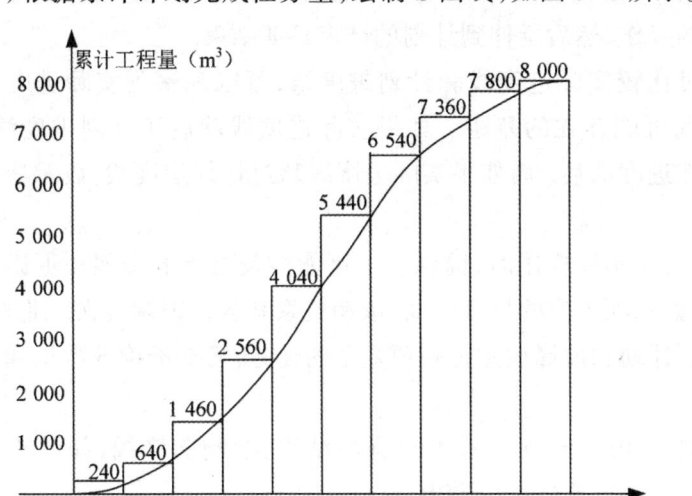

（3）根据累计计划完成任务量，绘制 S 曲线，如图 5-6 所示。

图 5-6　时间与完成工作量 S 曲线图

[例5] 某个施工项目的时标网络计划如图 5-7 所示。在项目执行到第 40 天时，进行了一次施工进度的检查，结果显示 A、B、C、D 工作已经完成，E 工作进行了 10 天，F 工作也进行了 10 天，而 G、H 和 I 工作尚未开始。试使用前锋线法来比较实际进度和计划进度。

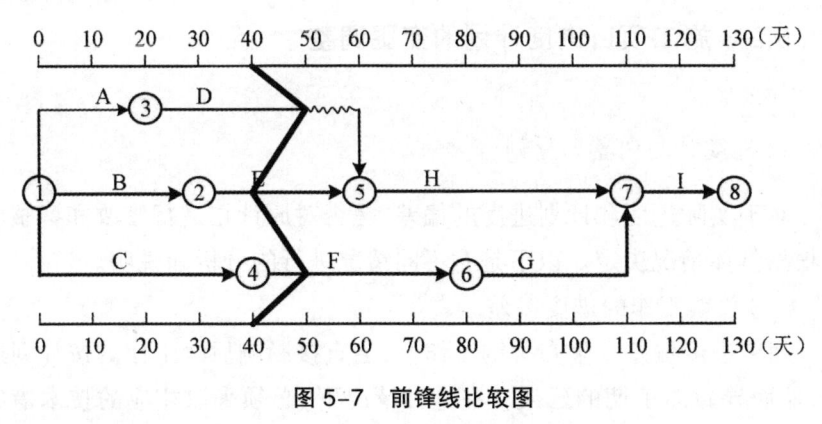

图 5-7　前锋线比较图

解：

根据前锋线法，需要绘制一条线来表示实际进度。这条线将从项目起点开始，穿过已完成的工作 A、B、C 和 D，然后延伸到已经进行了的工作 E 和 F 的部分，并在项目计划的结束日期结束。与此同时，我们还需要绘制一条线来表示计划进度。这条线将从项目起点开始,穿过所有已完成的工作,然后延伸到计划的结束日期结束。

通过比较实际进度线和计划进度线,可以观察到实际进度与计划进度之间可能存在的差距。如果实际进度线落后于计划进度线,表示项目存在进度滞后;而如果实际进度线超过计划进度线,表示项目进展较快。

注意,在实际应用时,前锋线法可能涉及更多的步骤和更详细的计算,会考虑每项工作的持续时间、依赖关系和各种限制因素。此外,绘制时标网络计划和前锋线图是一项复杂的任务,需要准确的数据和专业的技能。

根据第 40 天末实际进度检查的结果,绘制前锋线,如图 5-7 中粗实线所示。通过比较可以看出:

①工作 D 实际进度提前 10 天,由于其为非关键工作,所以总工期不变;

②工作 E 与计划一致;

③工作 F 提前 10 天,虽然其在关键线路①—④—⑥—⑦—⑧上,但由于关键线路还有①—②—⑤—⑦—⑧,所以总工期不会提前。

5.2.3 施工项目进度计划的变更调整

1. 进度计划调整的原则

对于实际进度和计划进度的偏差,是否对原计划进行修改和调整应该根据具体情况决定。以下是对不同情况进行的分析和说明。

(1) 关键工作的进度偏差。

如果进度偏差发生在关键工作上,会直接影响后续工作的按计划进行,从而导致总工期的延误。在这种情况下,必须采取相应的技术措施或组织措施来调整原计划,以确保总工期能够得到控制。

(2) 非关键工作的进度偏差。

①如果工作进度偏差已经超过了总时差,那么即使是非关键工作的延误也会导致后续工作按计划进行,从而引起总工期的延误。因此,必须针对这种情况采取相应的措施来调整原计划。

②如果工作进度偏差未超过总时差但超过了自由时差,只有在后续工作的开工时间不适宜推迟的情况下,才需要对原定进度计划进行调整。

③如果工作进度偏差未超过自由时差,那么该偏差不会对后续工作和总工期产生影响,此时不需要调整原进度计划。

对不同进度偏差情况下是否需要调整原计划,考虑到项目的整体进度和后续工作的影响,应根据偏差值与总时差和自由时差之间的关系来做出决策,以确保项目能够按时完成并达到预期目标。

2.进度计划变更调整的内容

(1)工程量或工作量。

工程量或工作量是指项目中需要完成的具体任务或工作的数量。在进度计划变更中,可能需要调整工程量或工作量,包括增加或减少特定工作的数量。这可能是因为项目需求的变化,或者经过实际施工情况评估后对原计划工程量的重新评估。变更工程量或工作量,可以更准确地反映实际施工需要,并调整进度计划以适应新的情况。

(2)工作的起止时间。

工作的起止时间是指每个任务开始和结束的具体时间点或时间段。在进度计划变更中,可能需要调整工作的起止时间,使其与实际施工进度匹配或满足新的要求。这可能是由于施工延期、紧急情况或其他不可预见的因素导致的。通过调整工作的起止时间,可以保证工作的顺序和进度符合实际情况,确保项目能够按时完成。

(3)工作关系。

工作关系是指不同工作之间的逻辑关系和依赖关系。在进度计划变更中,可能需要重新评估和调整工作关系,以确保工作之间的顺序和依赖关系能够正确地反映实际施工情况。这可能涉及更改工作的前后顺序、引入并行工作或调整工作之间的依赖关系。通过对工作关系的变更,可以更好地优化工作的执行顺序,提高施工效率。

(4)资源供应。

资源供应是指项目所需人力、物资、设备和资金等资源的准备和调配。在进度计划变更中,可能需要重新评估和调整资源供应,以满足实际施工需要或新的要求。这可能涉及资源的增加或减少,调整资源的分配和调度等。通过合理评估和调整资源供应，可以确保项目施工过程中所需资源的可及性和充分利用，以支持项目的顺利推进。

进度计划可以根据实际情况和项目需求来变更，以使进度计划更准确、可行和适应变化。

3.进度计划的调整的具体做法

当实际施工进度影响了总工期时，以下两种方法可以被考虑用来缩短工期。

（1）改变后续工作之间的逻辑关系。

如果存在可以改变的后续工作之间的逻辑关系，可以通过调整工作的顺序和关系来缩短工期。这包括改变关键线路和超过计划工期的非关键线路中的工作逻辑关系。通过变更工作逻辑关系，可以达到缩短工期的目的。这种方法通常简便易行且效果显著。可以采取以下措施。

①调整工作顺序：审视后续工作的安排顺序，找出可以重新调整的部分。如果存在某些工作可以在其他工作开始之前进行，可以将其提前进行，从而节省时间。这样可以避免原本等待前置工作完成的时间浪费，加快工期进度。

②平行施工：在原本按照顺序进行的工作中，找出一些可以平行施工的任务，并将它们同时进行。这可以通过分配额外的资源和人力来实现。这种方法可以减少工作的等待时间，有效缩短总工期。

③搭接工作：将原本需要等待前置工作完成的任务与前置工作重叠部分进行搭接，即在开展前置工作的同时进行。这样可以节约时间，加速后续工作。

④分段流水作业：对于某些较大的任务，可以将其按照若干段进行分割，逐段进行流水作业。这样可以在进行某一段任务的同时，另一段任务已经开始，从而节约了时间，提高了施工效率。

通过改变后续工作之间的逻辑关系，可以有效地缩短工期。这种方法的优势在于相对简便易行、效果明显，不需要大范围的调整和变更。要注意的是，在进行这些调整时，需要确保不会引入其他潜在风险或质量问题，同时需要与相关各方进行充分的沟通和协调，以确保各项工作仍能在规定的时间内顺利完成。

(2)缩短后续工作的持续时间。

这种方法是保持工作之间的逻辑关系不变,而是通过压缩某些工作的持续时间来加快施工进度,以实现原计划工期。使用这种方法时需要注意,被压缩持续时间的工作是位于因实际施工进度的拖延而引起总工期延误的关键线路或某些非关键线路上的工作,且这些工作同时具有压缩持续时间的余地。具体措施如下。

①加强资源投入:增加施工资源的投入,例如增加人力、设备和材料等,以加快后续工作的进展速度。通过提供足够的资源支持,可以缩短工作的持续时间,从而减少总工期。

②提高工作效率:通过改进工作方法和流程,优化施工过程,提高工作效率。这可以包括优化工作安排,合理分配任务和资源,减少工作中的浪费和延误,以加快后续工作的完成速度。

③增加施工人员:在关键的后续工作上增加施工人员,以加快工作的进展。这可以通过调动外部劳动力、增加班次或加班等方式来实现。人力的增加能够加快工作的执行速度,从而缩短工期。

④阶段性压缩:对于工期受限的关键线路或某些非关键线路上的工作,可以尝试通过压缩工作的持续时间来加快工作进展。这可以通过提高工作强度、加大工作时间或并行处理等方式实现。需要注意的是,在压缩工作时间时必须确保工作质量和施工安全,避免因时间紧迫而引入风险。

通过这些措施,可以在保持工作之间的逻辑关系不变的情况下,缩短后续工作的持续时间,从而加快施工进度。但需要注意的是,在使用此方法时,需要仔细评估工作的优先级和风险,确保有效地利用资源和保证施工质量。另外,与相关各方充分协调和沟通也是至关重要的,可以确保各项工作能够按时进行并达到预期的效果。

对于压缩工期的方法,需要仔细评估其对工程质量可能产生的影响。快速加速工作进度可能会导致工人疲劳、施工质量下降,从而影响工程质量。此外,临时加班和紧张的时间表可能会导致成本增加,因为需要额外的人力、设备和材料。压缩工期是否成功还取决于各种限制条件,如技术要求、气候条件、施工场地的特殊性,以及承包商的技术能力和管理能力。合理评估这些条件的影响,并与相关各方进行充分沟通和协调,能够更好地决策是否采取压缩工期的措施。在工程项目中,选择是否采取压缩工期的方法，务必要考虑到工程的具体情况，充分评估其对质量、费用和资源等方面的影响，并确保在实际操作中的合理控制和有效管理。

5.3　BIM技术在建筑工程施工进度管理中的应用

5.3.1 传统进度管理的缺陷

1. 形象性差

传统的进度管理方法常常使用2D CAD（计算机辅助设计）来绘图，2D CAD设计图通常无法准确地呈现项目的细节和复杂性，设计图的形象性比较差，详细来讲，主要有以下几点。

①有限的视觉效果。2D CAD设计图通过使用线条和符号来表示建筑物、设备和其他元素的几何形状，不具备真实的立体感。这导致图像的表现力和可视性受到限制，难以直观地传达项目的实际情况和空间关系，解读图纸可能需要更多的专业知识和经验。

②缺乏细节和丰富性。2D CAD设计图往往只包含了项目的基本几何形状和简单的图示，而缺乏丰富的细节信息。例如，可能无法显示材料的质地、颜色、纹理等，以及其他重要的特征和元素，如光照、杂项设备等。这可能导致项目进度计划的局限性和不准确性。

③有限的交互性和动态性。传统的2D CAD设计图是静态的，无法提供交互和动态展示的功能。这意味着人们只能通过观察图纸来理解项目的进度计划，无法进行实时的交互、操作和模拟。这种交互性和动态性的限制可能降低人们对进度计划的全面理解和参与度。

2. 过于抽象

①复杂的图形表示。网络计划图使用箭头表示活动，并在箭头之间标识依赖关系、持续时间和时间表。这种图形化的表示方式对于一些非专业人士来说可能较为复杂和抽象，需要具备一定的专业知识才能解

读。这给项目团队中的非专业人员的参与和沟通带来了困扰。

②难以判断关键路径。网络计划中的关键路径是决定项目总工期的关键活动序列。但是，对于非专业人员来说，判断关键路径可能具有挑战性，要求对图中的各个活动的时间和依赖关系进行准确的分析和计算。如果不能准确判断关键路径，就无法做出正确的调整和优化来控制项目进度。

③变更管理困难。项目中常常会发生变更，如活动顺序变动、持续时间延长或缩短等。然而，抽象的网络计划图难以灵活地适应变更，更无法及时更新图表。这可能导致进度计划与实际情况不一致，进而影响项目的执行和监控。

④学习成本较高。由于网络计划具有较高的抽象性和复杂性，新成员或新项目参与者需要花费较多的时间和精力来学习和理解网络计划图的构建原理和解读方法。这可能会对项目团队的协作和沟通，以及对进度计划的实际执行，都造成障碍。

综上，网络计划的抽象性和难理解性主要表现在复杂的图形表示、难以判断关键路径、变更管理困难以及较高的学习成本。为解决这些问题，可以采用更直观和易懂的进度管理工具，如甘特图，提供更直观和可视的进度计划信息，便于团队成员的理解、执行和变更管理。此外，培训和知识共享也对减少学习成本和提高团队成员的能力至关重要。

3. 不方便各专业之间协调沟通

在传统的进度管理中，各专业的参与者通常使用 2D 图样来进行工作和沟通。然而，由于 2D 图样的表达能力受限，各专业之间的协调和沟通变得困难，可能出现设计冲突、信息遗漏等问题，导致项目进度的延误和成本的增加。

①信息表达的局限性。2D 图样通常只能表示平面视图或某个特定视角，无法提供全面立体的信息。这使得在图纸上描述和传达复杂的三维构造、空间布局和材料特性变得困难。因此，各专业之间在理解和解释设计意图以及技术要求时，可能存在歧义，产生误解。

②时间延迟和重复工作。在传统的 2D 图样沟通中，各专业通常会单独进行自己的设计或修改，并相应地更新和传递 2D 图样。这可能会发生信息的传递延迟和重复性工作。当一个专业做出修改后，其他

专业可能需要重新检查和调整自己的设计,这增加了协调和沟通的复杂性。

③难以发现设计冲突。由于2D图样难以提供全面立体的信息,不同专业之间的设计冲突很可能被忽略,只有在实际施工或生产过程中才可能暴露出冲突并导致工程变更和延误。这在一定程度上增加了项目的风险和成本。

④协作和沟通效率低下。传统的2D图样沟通通常需要进行频繁的会议和文件共享,以确保各专业间的沟通和协作。这会消耗大量时间和人力资源,并且容易导致信息流失和误解。

因此,2D图样在各专业之间的协调沟通方面存在一些局限性。为了解决这些问题,许多项目越来越倾向于采用三维及以上的多维建模技术和协同平台。通过使用三维模型,各专业可以更清晰地理解和沟通设计意图,识别和解决设计冲突,实现更高效的协作和沟通。协同平台能够实现实时的信息共享和协同工作,减少时间延迟和重复工作,提高各专业间的协调性和沟通效率。这样可以帮助确保项目的顺利进行和高质量交付。

4. 不利于规范化和精细化

传统的进度管理方法往往采用手工记录、纸质文件等方式进行,容易出现数据重复、错误和不一致的情况。同时,随着项目规模和复杂性的增加,传统管理方法可能无法满足对进度管理的规范化和精细化要求,难以控制和管理项目进度,进而影响项目的成功实施。

①数据重复或不一致。传统的管理方法可能导致数据的重复记录和不一致。由于信息的手工录入和整理,容易引入错误,当不同的团队成员或部门使用不同的表格或工具进行进度管理时,数据的一致性和统一性更加难以保证。

②缺乏标准化的模板和流程。传统的管理方法往往缺乏统一的模板和规范化的流程来指导进度管理。这意味着团队成员可能根据自己的理解和习惯来进行进度管理,会导致不同的工作方式和结果,从而难以进行有效的对比和监控。

③难以实现精细化的控制和优化。传统的管理方法可能无法提供足够的细节和精确度来进行项目进度的控制和优化。手工记录和纸质

文件的方式限制了信息的精确度和更新频率，无法实时获得关键指标和数据，从而难以做出准确的决策和调整。

④数据可视化的不足。传统的管理方法往往缺乏直观的数据可视化方式。通过手工记录和纸质文件，难以实现对数据的可视化展示和分析，从而限制了对进度管理信息的深入理解。

5.3.2 BIM技术在进度控制方面的优势

1. 提高全过程协同效率

相比传统的进度管理方法，BIM技术能够实现多个参与方之间的高效协作和信息共享。

首先，BIM技术可以集成建筑设计、施工和运营过程中的各种信息，包括建筑结构、设备布局、材料选取等等。通过对这些信息的建模和管理，各个参与方可以更好地协调各自的工作，减少信息孤岛和重复工作，从而提高整个项目的协同效率。

其次，BIM技术为项目的进度控制提供了功能强大的工具。通过BIM软件，项目团队可以实时查看建筑模型，分析模型中的关键节点和工序，以及相关的时间和资源约束。这样，团队可以更准确地规划和安排工作，提前发现潜在的时间冲突或资源短缺，从而避免进度延误。

最后，BIM技术还可进行碰撞检测，即通过模型中元素之间的空间冲突分析，发现设计或施工中可能存在的问题。传统的进度管理方法往往需要依赖人工的目视检查，容易漏掉一些潜在的问题。而BIM技术能够自动进行冲突检测，并在模型上直观地展示出来，减少了变更和返工的进度损失。

BIM技术的全过程协同效率优势体现在提供了更好的协作平台、更准确的时间和资源规划，以及自动化的碰撞检测功能。这些优势有助于加快项目的设计进度，减少变更和返工进度损失，提高项目的整体决策效率。

2. 加快设计进度

使用BIM技术，以数字化的方式进行设计，可以极大地加快设计进度、提高效率和准确性。

首先，使用BIM技术建立建筑模型，将建筑设计过程可视化，使设计师能够更直观地理解和控制建筑元素之间的关系。设计师可以在模型中进行实时编辑和调整，快速尝试不同的设计方案，并对其效果进行评估。这种交互式的设计方法能够加快决策的速度，缩短设计周期。

其次，BIM技术可以实现设计信息的高度可重用性。在传统的设计过程中，设计师往往需要重复绘制相似的图纸或文件，这是一个非常低效的过程。而使用BIM技术，设计师可以在模型中创建可重用的建筑元素，比如标准化的构件库、模板和规范等，直接将这些元素应用到新的设计中，节省大量的时间和工作量。

最后，BIM技术还可以自动化地生成设计文档和图纸。在传统设计过程中，设计师需要手动整理和绘制各种设计图纸，如平面图、立面图、剖面图等。而借助BIM软件，这些图纸可以根据建筑模型自动生成，大大减少了设计师的绘图工作量。同时，由于BIM模型的动态性和一致性，一旦模型发生变化，相关的设计图纸也会自动更新，避免了图纸不一致的问题。

在设计阶段使用BIM技术，虽然增加了前期准备时间，但提交的设计图纸的质量大大提高，在施工开始以前解决了很多问题，避免了施工阶段的质量问题，对整个工程项目的进度控制非常有利。

3. 加快招标投标组织工作

在建筑项目中，不同专业的设计和施工过程存在交叉和重叠的情况，如果没有及时发现和解决这些碰撞问题，会导致工期延误和额外成本。

BIM技术通过建立三维建筑模型，并在模型中加入各个专业的设计和施工信息，可以进行自动化的碰撞检测。具体而言，BIM软件会分析模型中的不同元素（如管道、电线、构件等）之间的空间关系，检测是否存在冲突或重叠，可能涉及管道穿越结构、设备安装空间限制等等。

通过BIM的碰撞检测功能，可以避免以下问题。

（1）设计冲突。

不同专业的设计可能会相互干扰，如管道与结构的冲突、电缆与管线的冲突等。通过BIM软件的碰撞检测功能，可以在设计阶段及时发现这些冲突问题,避免设计变更和重新施工。

(2)施工冲突。

在施工过程中,不同施工队可能需要同时进行工作,如果工序之间存在碰撞或重叠,将导致工期延误和资源浪费。使用BIM技术可以提前发现并解决这些施工冲突,优化施工计划,从而减少变更和返工的进度损失。

(3)材料或设备冲突。

BIM模型中可以包含材料和设备的参数和尺寸信息,通过模拟和分析,可以发现材料和设备与其他元素之间的冲突问题。这有助于提前解决问题,避免现场安装困难,甚至导致工程延误。

通过BIM的碰撞检测功能,可以减少变更和返工。通过在设计和施工前就发现并解决碰撞问题,避免了后期需要进行重大的设计变更和施工调整,从而节省了时间和成本,提高了项目的整体效率和质量。

4.加快招投标组织工作

传统的招标投标过程通常需要大量的纸质文件和人工协调,耗时且容易出现信息不准确或遗漏的情况。而BIM技术可以通过数字化建模和信息管理来优化招标投标工作流程,提高效率和准确性。

首先,BIM技术通过建立建筑模型,可以将相关的设计和施工信息一并整合在模型中。这些信息包括工程量清单、物料清单、材料规格、造价估算等。在招投标过程中,这些信息可以直接从BIM模型中提取,减少了手工测量和计算的工作量,同时避免了因为人为因素导致的错误。

其次,BIM技术可以在模型中进行可视化的展示和呈现。通过BIM模型,招标人和投标人可以更加直观地了解项目的特点和要求,更准确地评估和定价工程量,从而提高投标准确性。招标人可以利用BIM模型向潜在投标人提供详细的项目信息,帮助他们更好地理解和准备投标文件。

最后,BIM技术还可以支持招标人和投标人之间的协作和交流。通过BIM模型的共享和协作功能,各方可以实时查看和评论模型,进行必要的讨论和调整。这提供了一种更高效和透明的沟通方式,减少了信息传递和理解上的误差,促进了良好的合作关系。

BIM技术在加快招标投标的组织工作方面的优势主要体现在减少

人工工作量和错误、提高投标准确性、促进招标人和投标人之间的协作和交流。这些优势有助于加快招标投标流程,提高工作效率,从而为项目的顺利开展奠定良好的基础。

5. 加快支付审核

在建筑工程项目中,支付审核是一个复杂且关键的环节,涉及对工程进展和项目成本的评估,需要准确、及时地核算工程量和相关费用。BIM技术通过数字化建模和信息管理,可以提供更高效和准确的支付审核工具。

首先,BIM技术可以结合工程量清单和材料规格等信息,实时计算和管理工程的进展情况。通过BIM模型,可以跟踪和记录施工过程中的各个阶段的情况,包括完成的工程量、材料消耗、实际工期等。这样,支付审核人员可以通过BIM模型直观地了解项目的实际进展情况,与工程量清单和合同约定进行比对,及时核准、支付款项。

其次,BIM技术可以与项目管理软件或财务系统进行集成,实现自动化的支付审核流程。通过BIM模型中的信息,可以自动生成相关的支付申请单或发票,减少了手工录入和整理的工作量,同时避免了因为人为错误而导致的支付差错。这样,支付审核人员可以更专注于对比实际情况和合同约定,确保支付的准确性和合理性。

最后,BIM技术还可以帮助支付审核人员快速定位问题和解决纠纷。通过BIM模型,可以查看施工现场的实际情况,验证工程量和施工质量的准确性。如果出现支付纠纷或异议,支付审核人员可以使用BIM模型作为依据,与相关方进行沟通和解决。

BIM技术在加快支付审核方面的优势主要体现在提供可视化的工程进展和成本管理、自动化的支付审核流程以及解决纠纷的依据。这些优势有助于加速支付审核流程,提高审核的准确性和效率,从而保证项目的资金管理和预算控制。

6. 加快生产计划、采购计划编制

在建筑项目中,准确的生产计划和采购计划对于项目的进度跟踪和成本控制非常重要。BIM技术通过数字化建模和信息管理,可以提供更高效和更准确的生产计划和采购计划编制。

首先，BIM技术可以通过建立精细的三维模型和智能化模拟,提供可靠的项目数据和信息。这些数据和信息包括工程量清单、构件数量、材料规格等。利用BIM模型,可以对这些信息进行量化和计算,在模型中直观地展示项目要求和进度计划。

其次，BIM技术可以通过模拟和优化的方式,提供最佳的生产计划和采购计划方案。通过对BIM模型进行可视化模拟和分析,可以确定最优的生产顺序、施工方法和材料采购策略。这样可以最大程度地优化资源利用,提高施工效率,减少采购成本。

最后，BIM技术可以支持实时的跟踪和更新生产计划和采购计划。随着项目的进展,BIM模型可以持续更新相关的数据和信息,包括工程量的变化、材料库存的变动等。生产计划和采购计划可以根据实际情况进行调整和优化,以保持计划的准确性和可行性。

BIM技术在加快生产计划和采购计划编制方面的优势主要体现在可以提供可靠的项目数据和信息、模拟和优化的方案以及实时更新和调整计划。这些优势有助于加速计划编制的过程,提高计划的准确性和可执行性,从而促进项目的顺利进行和成本控制。

7. 加快竣工交付资料准备

传统的施工项目管理中,竣工交付资料的准备通常是一个烦琐、耗时的过程。文件的收集、整理和归档都需要大量的人力和时间投入。而使用BIM技术可以显著地提高这个过程的效率。

首先,BIM技术可以实现数字化的项目管理。通过使用BIM软件,可以从项目的一开始就将所有相关信息以数字化的形式进行记录和管理,包括设计图纸、施工计划、材料清单等。这些信息可以被迅速和准确地整合和更新,避免了传统手动整理和归档的烦琐过程。

其次,BIM技术可以实现自动化生成竣工资料。在项目进行过程中,BIM模型会自动生成大量的数据和图纸,这些数据和图纸可以直接用于竣工交付资料。相比传统的手动操作,BIM技术可以大幅度缩短整理资料的时间,并且减少人为错误的发生。

最后,BIM技术也可以提高交付资料的准确性和完整性。在BIM模型中,各种信息可以被精确地记录和关联。通过BIM技术,可以快速获取到项目各个阶段的设计、施工和验收文件,确保交付资料的全面性和真实性。

使用BIM技术可以加快竣工交付资料的准备过程,并提高交付资料的准确性和完整性。这将节省大量的人力和时间,提升项目管理的效率。

8. 提升项目决策效率

传统的项目管理中,决策过程通常基于不完全的信息和经验,这可能导致决策的不准确性和风险增加。而使用BIM技术可以提供更准确、更可靠的数据支持,从而提高项目决策的效率和质量。

首先,BIM技术可以实现全过程的数据共享和协同。在BIM模型中,各个参与方可以实时共享项目的进展、设计变更和施工问题等信息。这种实时的数据共享可以帮助项目决策者及时了解项目的状态和问题,从而更迅速地做出决策。

其次,BIM技术可以提供准确的模拟和分析工具。BIM模型中包含了大量的几何信息和属性数据,可以用于进行各种模拟和分析,如可行性分析、碰撞检测、材料成本估算等。这些分析结果可以为项目决策者提供准确的数据支持,帮助他们做出更明智的决策。

最后,BIM技术也可以提供可视化的决策支持。通过BIM模型,项目决策者可以直观地看到设计方案的效果、施工进度的变化和资源利用的情况。这种可视化的数据呈现方式可以帮助决策者更清晰地了解项目的情况,更快速地做出决策。

通过全过程的数据共享和协同、准确的模拟和分析工具以及可视化的决策支持,项目决策者可以更及时、更准确地获取项目信息,并做出更明智的决策。这将帮助项目方更好地管理风险、优化资源利用和提高项目绩效。

5.3.3 BIM技术在进度管理中的具体应用

1. BIM施工组织设计与BIM 4D施工模拟

基于BIM施工组织设计,我们可以对工程的重点、难点部位进行分析,并制订切实可行的对策。BIM施工组织设计的核心是将建筑信息模型(BIM)和施工进度计划相结合,以实现施工组织和排程的优化。

通过这种方式,施工团队可以更好地理解和规划施工活动,优化资源利用,减少冲突和协调问题。BIM 施工组织设计主要关注施工过程中的顺序、持续时间和资源需求等方面的规划。它采用季度卡的方式编制施工进度计划,将周和月结合在一起,能够自动生成任何时间段的进度计划,并能够准确记录现场施工进度的每日管理情况。

BIM 4D 施工模拟是在 BIM 施工组织设计的基础上,将时间因素纳入建筑信息模型中,实现对施工过程的动态模拟和可视化。它可以将建筑模型与进度计划相连接,并以时间为维度展示施工活动的顺序、时长和重叠情况。通过 BIM 4D 施工模拟,施工团队可以预测施工进度的变化,识别潜在的冲突和协调问题,并及时采取措施进行优化。

2. BIM 3D 技术交底与安装技术指导

指利用 BIM 技术中的三维模型和虚拟现实等技术手段,将施工信息和技术细节直观地展示给施工人员和其他利益相关者。3D 技术交底可以将施工图纸、工序计划等信息转化为可视化的三维模型,通过软件工具或虚拟现实技术将其呈现给施工人员。这样,施工人员可以在虚拟环境中直观地了解建筑物各个部分的结构、安装要求、施工顺序等重要信息。3D 技术交底的应用包括以下几个方面。

(1)模型展示和演示。通过将建筑模型导入 BIM 软件,施工人员可以实时地观察建筑物的各个部分、构件之间的关系以及施工细节,从而更好地理解施工要求。

(2)技术指导。施工人员可以通过 3D 模型,了解特定工序的施工顺序和方法。他们可以通过观看模型演示,了解正确的施工步骤和安装要点,并直接在模型上进行操作模拟,以增强理解和锻炼技能。

(3)碰撞检测和冲突解决。通过 3D 模型,施工人员可以检测出施工过程中可能存在的冲突和碰撞,进而进行预防和解决。他们可以通过模型的交叉分析,识别出管道、设备等重叠或冲突的情况,并提前调整施工计划,避免出现延误和质量问题。

(4)培训和安全交底。通过 3D 技术交底,施工人员可以接受虚拟培训和安全指导。他们可以在虚拟环境中模拟工作场景,学习正确的工作方法和操作流程,以避免事故和人身伤害。

3D 技术交底通过将施工信息转化为可视化的三维模型,为施工人员提供直观的工作指导和安全培训。它能够提高施工人员的工作效率，减少人为错误，降低安全风险，促进项目的顺利进行。

3. 现场管理

指利用 BIM 技术在施工现场进行管理和监控。现场管理是指在施工现场上实时监控和管理工作的过程。通过 BIM 技术，施工团队可以在现场应用以下功能来提高管理效率和质量。

①现场布置和调度。借助 BIM 技术和相应的软件，施工团队可以规划和优化现场的布置和调度。他们可以在三维建模环境中构建施工现场的模型，确定临时设施、工人和设备的合理位置，以提高现场的工作效率和安全性，进而加快施工进度。

②预测和监控进度。通过将建筑模型与进度计划相结合，施工团队可以预测和监控施工进度。他们可以根据实际施工进展与计划进度进行对比和分析，识别潜在的延误和风险，并及时采取措施进行调整，以保证项目按时完工。

总的来说，BIM 技术在现场管理中的应用可以提高施工现场的效率、安全性和质量。它使施工团队能够更好地规划、监控和协调现场工作，减少风险和延误，并促进团队间的沟通和合作。

4. 物资材料管理

物资材料管理是指使用 BIM 技术，有效地管理和控制项目所需的物资和材料的过程。传统的物资管理通常涉及手动记录和跟踪物资流动的各个步骤，如采购、运输、入库、分配和使用。而借助 BIM 技术，可以实现物资管理的数字化和自动化，提高管理效率和准确性。具体应用包括以下几个方面。

①物资清单管理。通过 BIM 技术，可以连接物资清单与建筑模型，形成一张清晰的物资清单。物资清单列出了项目所需的所有材料、设备和工具等信息，包括名称、规格、数量和供应商等。通过物资清单管理，可以确保项目所需的物资得到充分准备和供应。

②物资采购和供应链管理。BIM 技术可以与供应链管理系统集成，实现对物资采购和供应链的全程跟踪和管理。从物资的订购、交货、验收到库存管理，可以通过 BIM 技术实现自动化的流程管理，提高采购的

准确性和效率。

③材料交叉检查。使用 BIM 模型进行材料交叉检查可以帮助设计者识别潜在的冲突和问题,以确保施工过程中材料的兼容性和一致性。通过在建筑模型中标记材料的位置和属性,可以在早期发现并解决可能存在的冲突与问题,减少后期的变更和修复。

④库存和消耗管理。BIM 技术可以与库存管理系统集成,实现对物资的库存和消耗的实时监控。通过把物资清单与采购、施工进度等数据相连接,可以实时了解物资的库存情况,避免物资短缺或过剩,及时调整。

⑤物资追溯与质量管理。BIM 技术可以帮助实现物资的追溯与质量管理。通过将物资信息和质检数据与建筑模型关联,可以追踪物资的来源、运输、存储和使用情况。这有助于确保物资符合质量标准,满足工程要求。

物资材料管理通过利用 BIM 技术实现对物资的清单、采购、供应链、库存和质量等全面管理和跟踪,有助于提高物资管理的准确性和效率,避免材料问题对施工进度和质量造成不利影响。

5. 移动终端管理

移动终端管理是指利用移动终端设备(如智能手机、平板电脑等),结合 BIM 技术,在施工项目中进行管理和协作。

移动终端管理是指利用移动设备上的 BIM 应用和相关软件,通过无线网络连接,实现在施工现场进行管理和协作的过程。以下是一些具体的功能和应用场景。

①现场数据采集。利用移动终端设备,施工人员可以在现场直接采集和记录相关数据,如施工进度、质量检查、安全问题等。他们可以使用 BIM 应用或特定的移动应用程序,将数据和照片与建筑模型相连接,方便后续的跟踪和分析。

②功能协同与沟通。移动终端设备可以充当团队协作和沟通的工具。通过 BIM 应用和相关软件,各个项目参与者可以实时共享施工信息、模型变更、进度计划等,进行跨部门或跨地域的协同工作。这有助于促进团队内外的沟通效率和信息共享。

③远程问题解决。移动终端管理可以帮助现场人员迅速解决问题。

例如,施工现场发生了突发情况或遇到技术问题,工人可以通过移动终端设备与技术专家或项目管理团队进行远程沟通并获得实时解答和支持,从而加快问题解决的速度。

④实时更新和可视化。移动终端管理可以使施工人员实时获取最新的设计变更和工作指令。通过连接到BIM模型和项目管理系统,施工人员可以接收更新的建筑模型、图纸、材料清单等信息,并将其以可视化的方式展示在移动设备上,便于现场操作。

移动终端管理的使用可以提高施工管理的效率和灵活性,方便施工现场的实时数据采集、问题解决和协同工作,加快决策和响应的速度,提升项目的执行力和工作品质。

第6章 建筑工程施工项目质量管理

6.1 施工项目质量管理概述

6.1.1 施工项目质量的概念

建筑工程施工项目质量管理是一个综合性和系统性的过程,涉及多个环节和多方参与。其主要目标是确保建设工程的质量,保护人民生命和财产安全。根据《中华人民共和国建筑法》,建设单位、勘察单位、设计单位、施工单位、工程监理单位都依法对建设工程质量负责。

1. 建筑工程质量

建筑工程质量是指满足用户或社会需求,并由工程合同、技术标准、设计文件和施工规范等详细设定并综合体现。它具有以下特点。

①适用性:也称为功能性,指建筑工程满足使用目的的各种性能要求,包括力学性能、结构性能、使用性能和外观性能等。

②耐久性:也称为寿命,指建筑工程在规定条件下能够正常发挥其规定功能并经受合理使用时间的能力。

③安全性:指建筑工程建成后在使用过程中能够保证结构安全,保护人身和环境免受危害。例如,具备良好的结构安全性和抗震能力,能抵御火灾危害等。

④可靠性:指建筑工程在规定的时间和条件下完成规定功能的能力。它不仅要求交工验收时达到规定指标,还要在一定的使用期限内保

持正常运行。

⑤经济性：建筑工程的经济性是指其全寿命周期内的费用，包括建设成本和使用成本等因素。

⑥与环境的协调性：指建筑工程与周围环境相协调，满足可持续发展的要求，涉及建筑物对周围环境的各方面影响，包括资源利用、能源效率和环境保护等。

建筑工程项目质量不仅关注外观和物理属性，还注重满足使用目的、寿命、安全、可靠性，以及经济性和与环境的协调性。通过充分考虑这些方面的要求，可以确保建筑工程的质量符合用户和社会的期望，同时也为可持续发展做出贡献。

2. 工作质量

工作质量是指为了保证和提高工程质量而从事的组织管理、生产技术、后勤保障等各方面工作的实际水平。在工程建设过程中，工作质量可以分为社会工作质量和生产过程工作质量两个方面。

社会工作质量涵盖了社会调查、市场预测、质量回访等方面的工作质量，主要关注项目建设的社会影响、用户需求和市场反馈等方面。这些工作质量的好坏直接影响着项目的定位和规划，以及建设过程中的社会声誉和用户满意度。

生产过程工作质量则涉及生产工人的思想政治工作质量、管理工作质量、技术工作质量和后勤工作质量等方面。它们对工程质量的保障和提高起着重要的作用。思想政治工作质量确保员工具备正确的思想态度和职业道德，管理工作质量关注工程建设项目的组织管理和施工过程的调配，技术工作质量涉及技术人员的专业水平和质量控制手段的应用；后勤工作质量确保工程所需资源的供给和项目的顺利运行。

实践证明，工程质量的好坏是建筑工程形成过程中各方面、各环节工作质量的综合反映，而不仅依靠质量检验检查的结果。为了保证工程质量，在项目管理过程中，相关部门和人员应精心工作，对决定和影响工程质量的各种因素进行严格控制，通过提高工作质量来确保和提高工程质量。

6.1.2 质量管理的概念

1. 质量管理的定义

ISO 9001:2015 标准将质量管理系统定义为组织为实现其选定的政策和目标而建立的一套相互关联的过程和资源体系,旨在提供一致且符合法规要求的产品和服务,通过持续改进满足用户需求,从而提高组织的整体绩效。该标准实施要求覆盖从质量政策和目标的设定,到规范和程序的建立、资源的管理、过程的运行、监控与测量,直至改进机会的识别与利用等各个方面。质量管理,则是指组织依据 ISO 9001:2015 标准,通过明确的政策导向、构建有效的质量管理体系、运用过程方法、以及持续的改进策略,确保产品和服务质量符合用户需求,并全面推动组织在领导层承诺、质量控制与保证、资源管理、过程控制、监控与改进等各个层面的绩效提升。

2. 项目质量管理

项目质量管理是指在项目的整个生命周期中,通过规划、控制和持续改进等一系列活动,以确保项目交付的成果和可交付物能够满足用户或相关方的需求和期望的过程。

项目质量管理主要包括以下方面。

①质量计划:制订项目质量管理计划,明确质量目标和要求,确定质量控制和质量保证的策略和方法。

②质量控制:采取一系列措施,监控项目实施过程中的质量,包括质量测量、检查和测试,以确保项目过程和可交付物符合质量标准和要求。

③质量保证:通过建立和执行质量管理体系、质量审核和纠正措施等,确保质量管理计划的有效实施,以及项目交付的成果和可交付物符合质量要求。

④质量改进:持续优化项目工作过程和管理方法,识别和纠正存在的质量问题,以提高项目质量、效率和用户满意度。

通过有效的项目质量管理,可以确保项目成果的高质量交付,提升项目的成功率和用户满意度。项目质量管理是项目管理中的重要职责和活动之一,需要与其他项目管理知识协调和整合。

6.1.3 质量管理的理念

1. 使顾客满意是质量管理的目的

顾客满意是质量管理的最终目标。质量管理的核心任务是满足顾客的需求和期望,提供符合质量标准和要求的产品和服务。通过理解顾客需求、持续改进和不断完善管理体系,组织可以提高顾客满意度、增强市场竞争力。

2. 质量是干出来的,不是检验出来的

质量管理不能只是依靠检验和测试来发现和纠正问题,更重要的是通过有效的规划、预防和控制措施,在整个项目或产品生命周期中避免产生质量问题。强调预防优于纠正的原则,通过制订合理的质量策略、采取适当的质量控制手段,实现质量的主动管理。

3. 质量管理是全体员工的责任

质量管理不仅是质量部门或质量管理人员的责任,而是所有员工共同关注和参与的过程。每个员工都要理解自己的职责和义务,积极参与质量管理,通过自身的工作和行为,对质量产生积极的影响。只有形成全员参与、全员质量意识的氛围,才能真正做到全面质量管理。

4. 质量管理的关键是要不断地改进和提高

质量管理不能止步于满足标准和要求,应该追求不断改进和提高。通过持续的监测、评估和反馈机制,识别问题和风险,并采取相应的纠正和改进措施,以提高工作流程的效率和质量水平。改进可以在不同层面开展,包括流程改进、技术创新、员工培训等,不断演进和提升组织的质量能力。

以上理念强调了以顾客满意为导向的质量目标、预防和主动管理、全员参与和持续改进的重要性。质量管理的实践需要将这些理念贯穿整个质量管理体系,以创建和维护一个高效、高质量的工作环境和组织文化。

6.1.4 质量管理的过程

项目质量管理是指通过一系列程序和活动来确保项目交付的产品或服务符合预期的质量标准。质量管理的实施过程如下。

1. 确定质量计划

在项目启动阶段,确定质量计划是项目质量管理的首要任务,具体步骤如下。

①确定质量目标和标准:明确项目的质量目标,并确定满足这些目标所需的质量标准和要求。

②确定质量策划:包括实施质量控制的方法、质量检查和测试的计划、资源需求以及责任分配。

③识别质量风险:评估可能影响项目质量的风险,并确定相应的应对措施。

④确定质量测量计划:确定如何进行质量测量和度量,并建立相应的测量指标和评估方法。

2. 落实质量控制

质量控制是确保项目过程和交付成果符合质量要求的过程。以下是一些常用的控制方法和实施步骤。

①设立质量控制指标:根据质量计划中的标准和指标,确定质量控制的具体要求和目标。

②实施过程控制:监控项目过程中的关键节点和活动,采取相应的措施,确保过程符合质量要求。

③进行数据收集与分析:收集项目过程和成果的质量数据,并进行分析,评估质量绩效和趋势。

④实施纠正措施:根据质量控制的结果,及时纠正和调整项目执行中不符合要求的地方。

3.开展质量检查与处置

质量检查和处置是核实项目交付成果的质量,并对不符合要求的问题进行处理的过程,具体步骤如下。

①进行质量检查:根据质量计划和质量控制指标,对项目交付成果进行检查,验证其是否符合质量标准和要求。

②确定问题与非符合项:发现不符合要求的问题和非符合项,并进行记录和分类分析。

③确定处置措施:对于发现的问题和非符合项,确定相应的处置措施,包括纠正措施和预防措施。

④跟踪处置结果:实施处置措施并跟踪其效果,确保问题得到解决,并避免类似问题的再次发生。

4.落实质量改进

质量改进是通过整理和应用项目中的质量经验和教训,不断提高项目管理和实施过程的质量的过程。

①分析质量绩效:评估项目的质量绩效,包括质量目标的实现情况和质量控制的效果。

②收集经验和教训:整理项目过程中的经验和教训,以及相关的改进建议。

③提出改进建议:基于经验和教训,提出针对项目管理和实施过程的改进建议。

6.2 施工项目质量计划

项目质量策划是制订和确定达到预期质量目标所需的过程和资源。它包括确定质量目标和选择必要的过程来实现这些目标,针对具体产品或项目的要求进行精心策划。而项目质量计划则是策划的结果之一,它是对如何满足确定的质量目标、由谁以及何时应使用哪些程序和相关资源的具体描述。

质量策划主要关注"我们想要达到什么样的质量目标"和"我们需要做什么才能达到这些目标",而质量计划则更侧重于"我们将如何做"。

6.2.1 项目质量计划概述

质量策划是项目质量管理中的一个重要过程,它是在项目启动阶段制订的文件或计划,用于指导和管理项目的质量活动。质量策划的主要目标是确保项目交付的产品或服务符合预期的质量标准,并明确质量管理的方法和要求。

1. 项目质量计划的内容

项目质量计划是指在项目初期制订质量管理计划和相关措施,以确保项目交付的产品或服务达到预期的质量水平。项目质量计划是围绕项目所进行的质量目标策划、运行过程计划、确定相关资源等活动的过程。

(1) 质量目标计划。质量目标是指项目团队在项目过程中所设定的关于产品或服务质量的目标。质量目标策划的活动包括如下内容。

① 确定质量目标:明确定义项目所追求的质量目标,包括产品特性、性能要求、客户满意度等指标。

② 设定质量标准:依据项目需求和相关行业标准,制订具体的质量标准和要求,以供后续质量控制和检查时使用。

项目的质量目标是确保项目能够达到特定的质量水平和要求而设定的目标。质量目标是基于项目的功能要求、项目外部条件、市场需求和经济性等因素进行综合考虑的结果。质量目标一般分为总目标和具体目标。总目标是对项目整体质量水平的概括性描述,如合格品率达到100%、优良品率达到80%。具体目标则是指向具体方面的质量要求,如性能目标、可靠性目标、安全性目标、经济性目标、时间性目标和环境适应性目标等。

项目质量策划是围绕项目的质量目标和运行过程进行策划和规划的过程,同时需要确定相应的质量管理资源,从而确保项目在开始阶段就有明确的质量管理计划和措施,以提高项目的质量水平、达到客户的期望。

（2）运行过程策划。运行过程策划是指对项目执行过程中的质量管理活动进行规划和安排。具体包括以下几个方面。

①制订质量管理流程：根据项目的具体情况，确定质量管理的流程和步骤，包括质量控制、质量检查、质量审计等活动。

②确定质量管理方法和工具：根据项目的需求，选取适当的质量管理方法和工具，如统计抽样、六西格玛等，以用于质量管理的实施和监控。

③设定质量风险管理策略：识别可能对质量目标产生不利影响的风险，并制订相应的应对策略，以减少风险的发生与影响。

（3）相关资源确定。在项目质量策划中，应明确所需的质量管理资源，以确保质量目标的实现。主要包括以下几个方面。

①人员资源：确定所需的质量管理人员其职责和角色，包括质量管理员、质量控制人员、质量检查人员等。

②技术设备和工具：确定所需的技术设备和工具，以支持质量控制和检查活动。

③质量培训和教育：根据实际情况确定质量培训和教育的计划，以提高项目团队成员的质量意识和技能，确保质量目标的达成。

2. 项目质量策划的依据

（1）项目特点。

不同类型、规模和特点的项目存在着不同的质量目标、质量管理运行过程和所需资源。因此，质量策划应根据具体项目的特点进行制订，以确保质量目标和策略的针对性和适应性。

（2）项目质量方针。

项目的质量方针反映了整个项目在质量方面的总体宗旨和方向。质量方针提供了质量目标的框架，是项目质量策划的基础之一，它确保了质量目标与项目的整体目标和战略一致。

（3）范围说明。

范围说明以文件形式规定了项目的主要成果和工程目标，即业主对项目的需求。作为项目质量策划的关键依据之一，范围说明确保了质量目标与项目需求相一致。

(4)标准和规则。

不同行业和领域针对相关项目都有相应的质量要求,这些要求往往是通过标准、规范、规程等形式加以明确的,这些标准和规则将对质量策划产生重要影响。

6.2.2 项目质量计划的编制

施工项目质量计划是指制订项目所需达到的质量标准以及实现这些标准所需的计划和安排。质量计划通常由一系列文件组成,而非单独的文档。在项目开始时,需要编制一个整体的质量管理计划,随着项目的进行,还需要编制更为详细的质量计划,如项目操作规范等。质量计划的格式和详细程度并没有统一的规定,可根据工程的复杂程度和施工单位的实际情况调整,尽可能简明扼要。质量计划的作用是,在外部可以作为特定工程项目质量保证的依据,在内部可以作为质量控制的参考标准,体现项目全过程质量管理要求。

1. 项目质量计划编制的依据

项目质量计划的依据主要包括以下几个方面。

(1)合同中有关工程质量要求。

合同是项目实施的基础文件,其中包含了业主对工程质量的要求和标准。施工项目质量计划需要根据合同中明确的质量条款和规定进行制订,确保项目的质量符合合同要求。

(2)项目管理规划大纲。

项目管理规划大纲包括项目的整体规划和管理策略,其中也会涉及项目质量管理的相关要求。施工项目质量计划需要与项目管理规划大纲保持一致,确保质量管理的有效执行。

(3)项目设计文件。

项目设计文件是工程设计阶段的成果,其中包含了项目的设计要求、技术规范和质量标准。施工项目质量计划需要参考项目设计文件中的质量要求,以确保施工过程中能够满足设计要求。

(4)相关法律法规和标准规范。

不同行业和地区都有相关的法律法规和标准规范,涉及施工项目质量的要求和规定。施工项目质量计划需要考虑这些法律法规和标准规范的要求，确保项目的质量符合法律法规和标准规范的要求。

（5）质量管理的其他要求。

除了上述依据外，还可能存在其他质量管理方面的要求，例如质量管理体系认证要求、监理机构的监督要求等。施工项目质量计划需要考虑这些其他要求，确保质量管理的全面实施。

综合上述，依据编制项目质量计划，可以全面、准确地确定项目的质量目标和实施策略，从而保证项目的质量达到合同要求和相关标准规范。

2.项目质量计划的内容

项目质量计划的主要内容包括以下几个方面。

（1）质量目标和质量要求。

项目的质量目标，即希望达到的质量水平。项目的质量要求，即具体的技术要求、工艺标准和验收标准等。

（2）质量管理体系和管理职责。

建立适合项目的质量管理体系，以明确质量管理的组织结构、职责和权限。确定质量管理团队的人员构成和职责分工，以确保质量管理工作的有效实施。

（3）质量管理与协调程序。

明确质量管理与协调的具体程序，包括文件的编制、信息的传递、问题的解决、变更的管理等。确保各个环节的协作衔接，实现项目质量管理的连续性和协同性。

（4）法律法规和标准规范。

应明确项目所涉及的法律法规和标准规范，如建筑法规、安全规范、环境保护要求等。应确保项目的质量管理符合法律法规和相关标准规范的要求，避免违规操作和产生质量纠纷。

（5）质量控制点的设置与管理。

应确定项目中的关键环节和关键工序，设定相应的质量控制点，并制订相应的检测和验证计划。通过设置质量控制点，及时发现和纠正质量问题，以确保项目风险的控制和质量的稳定。

（6）项目生产要素的质量控制。

应针对项目所涉及的各类生产要素，如材料、设备、施工方法等，制订相应的质量控制措施和标准。确保生产要素的质量符合预期，从根源上控制项目的质量风险。

（7）实施质量目标和质量要求所采取的措施。

应详细描述实施质量目标和质量要求所采取的具体措施和方法，包括质量培训、质量检查、质量纠偏、质量记录等方面的安排和实施，以确保落实质量目标和实现质量要求。

（8）项目质量文件管理。

规定项目质量文件的编制、审批、分发、存档和管理流程。确保质量文件的准确性、及时性和可追溯性，为项目的质量管理提供有效的依据和支持。

施工项目质量计划应由相关组织进行审批，并在获得批准后正式实施。若在项目执行过程中需要对质量计划进行修改，任何修改建议均应按照原批准程序重新提交给相应的组织进行审批，以确保修改内容的合理性、有效性和符合性，从而维护质量计划的严肃性和权威性。

6.3 施工项目质量控制

6.3.1 施工项目质量控制的概念

施工项目质量控制是指通过采取一系列措施和方法，确保施工符合预期质量标准和要求的过程，涉及对项目的各个方面进行监督、检查和纠正。

施工项目质量控制的定义包括以下几个关键要素。

（1）监督和检查。

质量控制包括对施工全过程进行监督和检查。监督是指对施工人员、材料和设备的操作进行观察和监测，确保其符合质量要求。检查是指对施工成果进行抽查和检测，以验证产品是否符合质量要求。

（2）纠正和整改。

当监督和检查时发现存在质量问题或不符合要求时，需要及时采取纠正和整改措施，包括对不合格的工作重新施工或修复，纠正不当的工艺或操作方法,以达到预期的质量要求。

(3)协调和沟通。

质量控制还涉及对所有相关方进行协调和沟通。这包括与项目管理团队、工程师、监理人员、施工人员和供应商等进行有效的沟通,以确保大家对质量目标和要求的理解一致,并协调各方的工作,以实现项目的质量控制。

(4)过程改进。

质量控制需要不断改进过程,通过总结经验、教训,识别并改善施工过程中的弱点和问题。这包括分析质量控制数据、开展质量评估和审查,持续提高施工过程的质量水平。

施工项目质量控制的目的是确保施工项目达到预期的质量要求,并最大程度地减少质量问题和风险。它需要综合运用各种质量管理工具和方法,如质量计划的执行、工艺控制、质量检验和测试、非质量问题管理等,以实现项目的质量目标,提高客户满意度。

项目管理机构应在质量控制的过程中,跟踪、收集、整理实际数据,与质量要求进行比较,分析偏差,采取措施予以纠正和处置,并对处置效果进行复查。

6.3.2 设计质量控制

1. 设计质量控制的概念

设计质量控制是指在设计过程中采取一系列措施和方法,以确保设计成果符合预期质量标准和要求的过程,涉及对设计的各个方面进行监督、审查和纠正。

定义设计质量控制需要考虑以下几个关键要素。

(1)分阶段控制。

设计质量控制需要在设计过程的各个阶段进行控制,包括初步设计、详细设计、施工图设计等阶段的质量控制。每个阶段都应设定相应的质量目标和要求,并采取相应的措施确保设计的质量。

(2)设计审核和审查。

设计质量控制需要进行设计的审核和审查。设计审核是指对设计成果的全面评估,确保设计方案的可行性、技术合理性、安全性等。设计审查是指对设计文件进行细致的检查,确保设计的准确性、一致性和符合相关标准规范等要求。

(3)可行性和合规性验证。

设计质量控制需要对设计方案进行可行性和合规性验证,包括对设计方案进行系统分析和仿真,验证其是否能够满足项目需求和标准规范的要求。同时,还需要确保设计的合规性,即符合法律法规和相关标准规范的要求。

(4)相关方的沟通与协调。

设计质量控制还涉及与相关方的沟通和协调,包括与业主、项目管理团队、施工人员、监理人员等的有效沟通,以确保各方对设计质量目标和要求的理解一致,并协调各方的工作以实现设计的质量控制。

(5)过程改进。

设计质量控制需要不断改进过程。通过总结经验教训和用户反馈,改进设计过程中的弱点和问题,包括设计质量的评估和审查,识别并改进设计过程中的不足,提升设计的质量水平。

设计质量控制的目的是确保设计成果符合预期的质量要求,并最大程度地减少设计问题和风险。它需要运用各种质量管理工具和方法,如设计计划的执行、技术控制、设计文件的审核、设计验证等,以实现设计的质量目标和客户满意度。

2. 设计质量控制的流程

设计质量控制的流程通常包括以下几个主要步骤。

(1)按照设计合同要求进行设计策划。

在设计过程开始之前,根据设计合同的要求,进行设计策划,包括确定设计的目标和范围、制订设计计划、所需资源和工具,并制订相应的质量控制计划。

(2)根据设计需求确定设计输入。

在开始设计活动之前,需要明确设计的需求和要求,包括收集和整理项目的技术要求、功能需求、标准规范、法律法规等设计输入。通过确定设计输入,确保设计活动的方向和依据。

(3)实施设计活动并进行设计评审。

根据确定的设计输入,进行具体的设计活动,完成设计方案的制订。在设计过程中,需要进行内部和外部的设计评审。内部设计评审由设计团队成员进行,用以审核和纠正设计中的问题。外部设计评审可以由客户、专家或监理单位等进行,以确保设计的可行性、安全性和质量合规性。

(4)验证和确认设计输出。

在设计活动完成后,需要验证和确认设计输出是否符合预期的质量要求和设计需求,包括对设计文件进行全面检查、对设计方案进行验证,以确保设计输出的正确性、准确性和一致性。

(5)实施设计变更控制。

在设计过程中,可能会出现设计变更的情况。设计变更是指对已有设计进行修改或修订。在设计变更发生时,需要进行设计变更控制,包括对变更的评估、合理安排变更实施、对变更后的设计进行验证和确认,以确保设计变更的可控性和对原有设计的影响可控。

设计质量控制涵盖了从设计策划到设计输出的全过程控制,并包括设计评审、设计验证和设计变更控制等重要环节。这样做的目的是确保设计活动的质量和可靠性,符合项目的技术要求和客户的期望。

6.3.3 采购质量控制

采购质量控制是确保采购过程中所采购的产品或服务符合预期质量标准和要求的一系列活动。采购质量控制的流程如下。

1. 确定采购程序

在开始采购活动之前,首先需要确定采购程序,包括确定采购范围、制订采购计划、明确采购流程等。通过明确采购程序,确保采购活动的可控性和质量控制的有效性。

2. 明确采购要求

在进行具体的采购活动前,需要明确采购的具体要求,包括定义采购的技术规格、质量要求、交付期限、数量等。通过明确采购要求,确保供应商了解和满足所需要的质量标准和要求。

3. 选择合格的供应单位

在采购过程中,需要选择合适并具有合格质量的供应单位。这需要进行供应商评估和选择,包括对供应商的质量管理体系、质量信誉、技术能力及供应商的资质等进行评估。通过选择合格的供应单位,保证采购的产品或服务的质量可靠。

4. 实施采购合同控制

在与供应商达成采购合同后,需要进行采购合同控制。这包括监督供应商的合同履约情况,确保供应商按照合同要求提供符合质量标准的产品或服务。可以通过监督检查、进度跟踪和工作绩效评估等手段,确保供应商提供的产品或服务质量符合要求。

5. 进行进货检验和问题处置

在采购到供应商提供的产品或服务之后,需要进行进货检验,并根据检验结果进行问题处置。进货检验是对采购的产品或服务进行质量检查和验证,以确保它们的质量符合要求。如果发现质量问题,则需要进行问题处置,包括退货、返修、索赔等,以维护采购的质量标准和相关要求。

采购质量控制可以保证所采购的产品或服务的质量符合预期标准和要求,确保提供给项目或组织的采购物资和服务的质量和可靠性,最大程度地满足项目或组织的需求和目标。

6.3.4 施工质量控制

1. 施工质量控制流程

(1)施工质量目标分解。

施工质量目标分解旨在确定施工项目的质量目标。承包商和相关方(如业主、设计师等)一起定义项目所需的质量标准和期望结果。这可以包括确定结构强度、材料质量、外观要求等方面的要求。

（2）施工技术交底与工序控制。

在开始施工之前，将相关的技术交底给施工人员，确保他们理解并掌握了正确的施工方法和要求。此外，制订工序控制计划，确保施工按照正确的顺序进行，以最大程度地减少质量问题的发生。

（3）施工质量偏差控制。

在施工过程中，会进行监控和控制以确保质量的一致性和符合预期。这涉及使用合适的工具和设备，遵循正确的施工标准和规范，以及采用有效的质量管理措施。如果发现任何质量偏差，必须及时采取纠正措施，防止问题进一步扩大。

（4）产品或服务的验证、评价和防护。

在施工完成后，应对产品或服务进行验证和评价，以确保其符合质量要求，可能包括进行结构和材料的测试、外观检查、性能评估等。此外，必须采取适当的防护措施，确保施工完成后产品或服务不受损害，以保持其质量和性能。

通过施工质量控制确保施工质量符合预期，最大程度地减少质量问题出现的概率，并提供满足客户要求的最终产品或服务。这些步骤在整个施工过程中都起着重要的作用。

2. 施工质量控制分类

施工质量控制可以从施工生产要素的角度进行分类，也可以从时间的角度分类。按照生产要素可以分为对人、机、料、法、环五类生产要素的控制，按照时间可以分为事前、事中和事后控制。

（1）施工生产要素质量控制。

确保工程建设质量的关键是对施工过程中的人员、机械、材料、方法和环境这五个方面的因素进行严格控制。这些因素对工程质量有很大影响，因此需要特别关注和管理。人员是工程建设过程中最重要的因素之一。合格的施工人员应具备专业的技能和知识，并且应经过适当的培训和资质认证。他们需要理解项目的要求并按照相关标准和规范进行工作，以确保施工质量符合预期。在工程建设中，使用适当的机械设备至关重要。这些设备应处于良好的工作状态，并具备必要的技术规格和安全性能。机械设备的正确使用和维护是确保施工质量的关键，因此需要定期检查、保养和维修设备。选择和使用合适的材料对于工程质量也非常重要。施工材料应符合相关标准和规范,保证性能和质量。施工过程中要确保材料的正确存储、检验、选择和使用,以避免材料质量问题对工程产生负面影响。施工方法是实施工程的重要环节。采用正确的施工方法和工序,能够最大程度地减少施工缺陷和质量问题。施工过程中应遵循适当的施工标准和规范,采取合理的施工控制措施,以确保工程的质量达到预期目标。施工过程中的环境因素也会对工程质量产生影响。例如,天气条件、土壤状况、周围环境等因素都可能对施工工艺和工程质量造成影响。因此,在施工过程中需要考虑和控制环境因素,以确保工程建设质量的稳定和可靠。通过严格控制人员、机械、材料、方法和环境这五个方面的因素,可以提高工程建设质量,减少问题和风险,确保项目的成功完成和客户的满意度。

①人的控制。人是施工活动的组织者、领导者和操作人员,他们对工程建设质量起着重要的作用。为了控制人的因素对工程质量的影响,可以采取以下控制措施。

加强思想政治工作和劳动纪律教育。通过开展思想教育工作,增强施工人员的责任感和使命感,养成对工程质量高度认同的态度。同时,强调劳动纪律的重要性,通过规范的行为准则和制度来引导施工人员的工作行为。

专业技术培训和持证上岗制度。提供必要的专业技术培训,使施工人员掌握相关的施工知识和技能。实行专业从业人员持证上岗制度,确保施工人员具备相应的资质和能力,以应对不同工程难度和精度要求的工作。

建立健全岗位工作责任制。明确施工人员在岗位上的工作职责和责任,强调对工程质量的关注和重视。通过建立岗位责任制,激励施工人员主动参与质量控制,确保他们在各自领域内发挥专业知识和技能的作用。

改善劳动作业条件。提供良好的工作环境和必要的工具设备,创造适合施工人员进行高质量工作的条件。改善工作条件有助于提升施工人员的工作效率和专注度,从而减少因劳动条件不良而导致的错误。

运用公平合理的人力管理机制激励施工人员。建立公正、合理的人力管理机制,通过激励措施,激发施工人员的劳动热情和积极性,包括工资激励、奖励制度、晋升机会等,以便激励施工人员更好地发挥他们在工程质量控制中的作用。

通过以上措施,可以提高施工人员的素质和责任感,降低工作失误的发生概率,调动施工人员的积极性,确保他们在工程建设中发挥主导性作用,以达到控制人员因素在工程质量控制中的合理使用和最大化利用的目标。

②材料的控制。材料的控制在工程项目中起着至关重要的作用。控制对象涉及施工使用的各类材料,如原材料、成品、半成品和构配件等,这些材料对工程质量具有直接影响。加强材料的质量控制是提高工程质量的重要保证。以下是一些常见的材料控制方面的措施。

a. 材料合格证和质量保证书。进入施工现场的工程材料必须具备产品合格证或质量保证书,并满足设计标准的要求。材料供应商应提供准确、有效的质量文件,证明材料应符合相关质量标准和规范。

b. 性能检测报告。工程材料应进行性能检测,并提供相应的检测报告。这些检测报告应证明材料的性能符合设计和规范要求,确保满足工程质量标准。

c. 复试合格。需要复试检测的建筑材料,必须通过复试并获得合格结果后方可使用。复试检测是对部分关键材料进行更严格的检验,以确保其质量符合要求。

d. 进口材料的质量标准。如果使用进口的工程材料,必须符合国内相应的质量标准,并持有商检部门签发的商检合格证书。这是保证进口材料质量的重要验证凭证。

e. 防止污染和材性蜕变。严禁混放易污染、易反应的材料,以免造成材料的污染或材性蜕变。特别是对于一些对环境敏感的材料,需要严格遵循使用规范,确保材料的质量和性能不受影响。

f. 合理选用和使用。在设计和施工过程中,应合理选用材料、构配件和半成品,严禁混用、少用或过度使用,避免造成质量失控。选材过程中应考虑设计要求、施工工艺以及材料性能等因素,确保材料的适用性和稳定性。

通过以上措施,可以有效地控制材料的质量,确保施工过程中使用的材料符合质量标准和设计要求,最大程度地提升工程质量的可靠性和稳定性。

③机械设备的控制。机械设备的控制是指通过合理的选用、使用、

管理和保管等措施,确保机械设备在施工过程中发挥最佳作用,从而保证工程质量的一系列操作。主要控制措施如下。

a. 选择适合的机械设备。根据具体的工艺特点和技术要求,选择适合的机械设备。这需要考虑设备的功能、规格、性能参数等因素,并根据工程的需求进行合理的匹配,以确保机械设备能够满足施工的要求。

b. 正确操作机械设备。在施工过程中,操作人员应严格按照设备的操作规程和安全操作流程进行操作,确保机械设备的正常运行。操作人员应接受专业培训,熟悉设备的使用方法和注意事项,遵守设备的使用要求,防止错误操作导致设备损坏或发生事故。

c. 建立健全的机械设备管理与保管制度。施工单位应建立健全的机械设备管理制度,对设备进行定期检查、维护和保养。设备管理人员应对设备进行监督,及时发现并解决设备故障,确保设备处于良好的工作状态。此外,在设备停用期间,应进行适当的保管,防止设备损坏或被盗。

d. 建立健全机械设备相关人员的管理制度。建立健全机械设备相关人员的管理制度是机械设备控制的重要环节。这包括建立"人机固定"制度,确保操作人员固定配备专用设备,并进行合理的轮换使用;建立"操作证"上岗制度,确保操作人员具备相应的资质和技能;建立岗位责任制度,明确各岗位的责任和权限;建立交接班制度,确保设备的连续运行;建立技术保养制度,规定设备的保养周期和方法;建立安全使用制度,加强设备的安全管理;建立机械检查制度,定期对设备进行检查,及时发现和排除问题。

通过上述措施的综合运用,能够有效应控制机械设备的使用,最大限度地发挥设备的作用,确保工程质量和施工进度。这不仅需要考虑机械设备的经济合理性和技术先进性,还要注重设备使用时操作的方便性和维护的便捷性。只有在全面控制机械设备的基础上,施工工程才能顺利进行,确保工程质量。

④方法的控制。方法的控制是指在施工过程中,通过对施工方案、施工工艺、施工组织设计、施工技术措施等的综合管理和控制,以确保工程质量和工期的实现。主要措施如下。

a. 施工方案的合理性。施工方案是指对工程施工过程进行整体安排和组织的方案。合理的施工方案应考虑施工顺序、施工方法、材料选择等因素，以最优的方式完成工程任务。对施工方案的控制主要包括评估方案的可行性、合理性和经济性，并根据实际情况进行调整和优化。

b.施工工艺的先进性。施工工艺是指在施工中采用的各种工艺和技术。先进的施工工艺能够提高工程质量和效率，减少资源的浪费和对环境的影响。对施工工艺的控制包括选择先进的工艺技术、推动工艺创新和改进，以及确保工艺被正确执行。

c.施工组织设计的科学性。施工组织设计是指对施工过程进行细化和安排的设计。科学的施工组织设计应考虑到施工流程、作业顺序、作业安排等因素，以确保施工过程的顺利进行。对施工组织设计的控制包括评估设计的合理性和可行性，提出建议和改进措施，并监督施工过程中的执行情况。

d.技术措施的适用性。技术措施是指在施工过程中采取的各种技术手段和措施。适用的技术措施可以提高工程质量、保障施工安全、提高工作效率。对技术措施的控制包括选择适用的技术措施、制订技术执行标准和规范，以及对技术操作进行监督和评估。

通过对施工方案的合理性、施工工艺的先进性、施工组织设计的科学性和技术措施的适用性的综合管理和控制，可以确保施工过程中各项工作的正确进行，减少错误和失误，提高工程质量和效率。在方法的控制中，经济性、可行性、合理性和科学性是关键要素，需要综合考虑各个方面的要求和条件，以实现项目的顺利完成。

⑤环境因素的控制。环境因素的控制是指在施工过程中，对现场自然环境条件、施工质量管理环境和施工作业环境进行管理和控制，以确保施工活动的顺利进行、保证工程质量。主要措施如下。

a.现场自然环境条件的控制。施工现场的自然环境条件包括气候、地质、地形、水文等因素。合理控制现场的自然环境条件是确保施工顺利进行的关键。例如，在气候条件恶劣的情况下，可以采取防风、防雨、防雪等措施，确保施工作业的安全进行。对复杂的地质和地形条件，可以采取地质勘察和地质加固等措施，提前解决问题，确保土建工程的安全性和可靠性。

b.施工质量管理环境的控制。施工质量管理环境包括材料供应、施工设备、人员素质等方面。合理控制施工质量管理环境是保证工程质量的基础。例如，在材料供应方面，要确保材料的合格性和按时供应；

在施工设备方面,要保证设备的正常运行和按规定使用;在人员素质方面,要提供培训和技术指导,提高施工人员的技能水平和责任意识。

c.施工作业环境的控制。施工作业环境包括施工现场的安全、卫生、秩序等方面。合理控制施工作业环境是确保施工安全和效率的关键。例如,在施工现场要设立安全警示标志和防护设备,合理划分施工区域,确保人员和设备的安全;要保持现场的整洁和卫生,防止污染或滋生病菌。同时,在施工作业中,要根据具体情况制订安全操作规程,确保施工人员的安全和工程质量。

环境因素对工程质量的影响是复杂多变的,事先通过深入地调查研究,并提前采取相应的措施和预防措施,可以减少环境因素对施工活动的不利影响,保证施工的顺利进行和工程质量的可控性。有效控制环境因素需要综合考虑工程项目的特点、环境条件和资源限制等因素,采取科学合理的措施和方法,确保最小化环境因素对施工活动的影响,从而保证工程质量。

(2)施工项目的事前、事中和事后的质量控制。

施工质量控制的核心任务是建立一个完备和有效的质量监督工作体系,以确保工程质量符合合同规定的标准和等级要求。为了加强施工项目的质量控制,需要明确各施工阶段的关键点,将工程项目的质量控制划分为事前、事中和事后三个环节。这三个环节贯穿整个施工过程,是全面质量管理的保证。

①质量事前控制。施工生产质量的事前控制是在施工活动开始之前对各项准备工作和影响质量的因素进行的质量控制。它涉及以下几个方面的质量控制。

a.技术资料、文件准备的质量控制。包括对施工项目所在地的自然条件和技术经济条件进行调查,收集相关资料。同时,对施工组织设计进行质量控制,确保组织设计的合理性和可行性。还应关注国家和政府发布的有关质量管理方面的法律、法规性文件以及质量验收标准的准备工作。此外,还需要准备工程测量控制的资料,确保测量的准确性和可靠性。

b.设计交底和图纸审核的质量控制。确保设计交底的准确、清晰,以便施工人员能够理解并按照设计要求进行工作。同时,对施工图纸进行审核,确保其符合规范和标准,没有错误或矛盾。

c.采购质量控制。包括物资采购和分包服务的质量控制。在物资采购方面,需要正确地选择供应商和产品,确保采购的材料符合质量要求。而在分包服务方面,需要对分包商的能力和信誉进行评估,确保其具备履行合同、提供优质服务的能力。此外,还需要制订采购要求,并进行采购产品的验证,保证产品质量。

d.质量教育与培训。通过培训,可以增强施工人员的质量意识,使他们充分理解和掌握质量方针和目标,了解质量管理体系的相关内容,掌握质量保持和持续改进的意识。这将有助于提高他们的工作质量和效率。

通过对施工质量的事前控制,可以确保施工前阶段各项准备工作的质量,从源头上控制施工质量的风险,减少施工中的问题和质量缺陷,进而保证工程质量符合合同规定的标准和等级要求。

②质量的事中控制。施工生产质量的事中控制是在施工过程中对各个环节的质量进行控制。以下是关于施工质量事中控制的内容。

a.进行技术交底。在施工前,项目技术负责人向承担施工或分包的负责人进行书面技术交底。技术交底的资料应具备签字手续并进行归档保存,以确保工作方案的准确传达和理解。

b.材料控制。包括对供应商的质量保证能力进行评估,建立材料管理制度,减少材料损失。同时,对原材料、半成品和构配件进行标识,加强材料的检查验收,并进行质量抽样检测。

c.施工机械的控制。根据计划需求配置适当的施工机械,确保其能满足施工需求。对施工机械的使用、维修和保养需符合质量控制要求,并要确认操作人员的资格和能力。

d.加强工序控制。包括工序之间的交接检查,确保前一工序的质量符合要求,能顺利进行下一工序。进行隐蔽工程质量的检查验收,及时发现和解决问题。对特殊工艺进行严格控制和监测。

e.工程质量事故处理。分析质量事故的原因和责任,审查、批准处理质量事故的技术措施或方案。对处理措施进行检查,确保其有效性。

f.工程变更和图纸修改的审查和确认:对工程变更和图纸修改进行严格的审查和确认,确保变更和修改符合质量要求,并与相关方进行沟通和确认。

g.组织现场质量协调会。定期组织现场质量协调会,进行质量问题的沟通和协调。通过协调会议,解决施工中出现的质量问题,及时调整和改进。

通过以上措施的实施,可以在施工过程中对各个环节的质量进行控制,确保施工质量符合合同规定的标准和等级要求。同时,还可以及时发现和解决质量问题,提高施工效率和质量水平。

③质量的事后控制。施工生产质量的事后控制是指在施工过程完成后,对施工质量进行整体控制和评估的过程。主要内容如下。

a. 组织试车运行,并保存最终试验或检验的结果。在施工完成后,进行试车运行以验证工程设备和系统的运行情况。这包括对各个设备、系统和工艺进行测试和检验,以确保其正常运行和符合设计要求。试车运行的结果应该被记录和保存,以备后续查询和分析。

b. 已完施工成品保护。对已完成的部分采取适当的防护措施,包括覆盖、封闭、包裹等,以保护成品不受损伤或污染。这是为了确保工程的实体质量不受外界因素的干扰,同时保证成品在交付前保持良好的状态。

c. 施工质量检查验收。根据施工质量验收的统一标准规定,对施工过程中的各个环节进行质量检查和验收。这包括从施工作业工序开始,逐步完成检验批、分项工程、分部工程和单位工程的施工质量验收。通过检查和验收,可以确保施工过程中的质量符合规范和要求。

d. 审核竣工图和其他技术文件资料。对竣工图和其他技术文件进行仔细的审核。这包括检查设计图纸是否符合实际施工情况,核对相关技术文件的完整性和准确性。通过审核,可以发现和纠正施工过程中可能存在的质量问题和不符合要求的情况。

e. 收集整理工程技术资料,建立文件档案。在施工结束后,对工程技术资料进行整理和归档。这包括收集各个施工过程中的相关文档和记录,如施工图纸、合同文件、验收报告等。建立完善的文件档案有助于后续对工程质量进行评估和分析,提供参考和依据。

通过上述控制措施,可以对施工生产质量进行全面的事后控制,确保工程质量的可控和可靠。这有助于发现和解决施工过程中存在的问题,提升工程的实体质量,保障工程的可持续发展和长期运行。

6.4 建筑工程质量检查与处置

6.4.1 建筑工程项目质量检查

建筑工程项目质量检查是在整个建筑工程项目的质量形成过程中，由专业质量检查员进行实际而及时的测定、检查等活动。其目的是确保施工的工程项目或产品的实体质量以及工艺操作质量符合标准和要求。通过质量检查，可以及时发现并解决已发生或可能发生的质量问题，防止不合格的工程或产品进入下一个施工环节或用户手中。质量检查不仅能够提供反馈的质量信息，还能发现存在的质量问题，便于施工者采取有效措施进行处理和整改。这样做有助于确保工程或产品的质量的稳定与提高，提升整个建筑工程项目的质量水平。质量检查是重要的质量控制手段之一，通过不断改进检查的方式、方法，可以确保工程建设符合规范要求，满足用户的需求，并提升整个建筑行业的质量标准与信誉。

1. 质量检查的依据

质量检查的依据通常包括以下三个方面。

（1）国家颁发的建筑工程施工质量验收统一标准、专业工程施工质量验收规范等。

国家制定了一系列的标准和规范，用于指导和评定建筑工程项目的施工质量。这些标准和规范描述了各种建筑工程项目的质量要求、验收标准和测试方法等。质量检查人员可以依据这些标准和规范进行检查，确保施工符合相关的质量要求。

（2）原材料、半成品及构配件的质量检验标准。

在建筑工程项目中，所使用的原材料、半成品和构配件都需要符合特定的质量要求。质量检查人员可以依据相关的质量检验标准对这些材料进行检查，确保它们的质量符合要求。这些标准可以包括物理性能、化学成分、外观形状等方面。

（3）设计图纸及施工说明等有关设计文件。

设计图纸和施工说明是建筑工程项目的重要文件,它们描述了工程项目的设计方案、施工要求、工艺流程等内容。质量检查人员可以依据这些设计文件进行检查,验证施工过程是否符合设计要求。同时,这些设计文件也可以作为评估工程质量的依据,检查工程项目是否按照设计要求进行施工。

以上三个方面的依据是质量检查的指导性文件和标准,据此进行质量检查,可以确保工程项目的质量达到预期要求,保证施工的可靠性和安全性。

2.质量检查的内容

（1）质量检查常规内容。

通常,建筑工程项目质量检查的内容可以分为以下几个方面。

①原材料、半成品及构配件的检查：对使用于施工项目的原材料、半成品和构配件进行检查,确保它们的质量符合标准和要求。包括物理性能、化学成分、外观等方面的检验。

②工程地质、地貌测量定位、标高等资料的复核检查：检查工程地质、地貌测量定位、标高等资料的准确性和完整性,确保施工过程中的地质地貌条件符合设计要求。

③分部、分项工程的质量检查：对工程项目的各个分部和分项工程进行质量检查,包括施工活动的实施情况、工艺步骤的符合性、施工质量的合格性等。

④隐蔽工程项目的检查：在施工过程中,一些工程项目被覆盖或隐藏起来,如管道、电缆敷设,需要进行隐蔽工程的检查,确保施工质量符合要求。

⑤施工过程中的原始记录及技术档案资料的检查：对施工过程中产生的各类原始记录和技术档案资料进行检查,确保记录的准确性和完整性,以便后续的验收和审查。

⑥竣工项目的处理检查：在工程项目竣工后,进行最终的处理检查,包括施工项目的外观质量、使用功能,确保项目的整体质量符合要求。

以上是施工项目质量检查的主要内容,通过对这些方面的检查,可以及时发现和解决质量问题,确保工程项目的质量稳定与提高。

（2）质量控制点检查。

对项目质量计划设置的质量控制点，项目管理机构应按规定进行检验和检测。

质量控制点是指在项目质量计划中设定的需要进行特殊检验和检测的关键环节或要素。主要包括以下内容。

①对施工质量有重要影响的关键质量特性、关键部位或重要影响因素：指那些对项目质量具有重要影响的质量特性、部位或因素。例如，对建筑工程项目来讲，关键质量特性可能包括结构安全性、耐久性等；关键部位可能是承重墙、梁柱节点等；重要影响因素可能包括土壤条件、外力环境等。这些点需要在施工过程中重点控制和检测，以确保其质量达到设计要求。

②工艺上有严格要求，对下道工序的活动有重要影响的关键质量特性、部位：指那些在工艺上有严格要求，并对下道工序的活动具有重要影响的关键质量特性或部位。例如，在钢结构项目中，焊接工艺可能是一个具有严格要求且对下道工序（如喷漆）的活动有重要影响的关键质量特性。在这种情况下，需要加强对焊接工艺的控制和检测，确保其符合要求。

③严重影响项目质量的材料质量和性能：涉及项目中所使用的材料的质量和性能。如果某些材料的质量或性能不符合要求，可能会对项目的整体质量产生严重的影响。因此，需要对这些材料进行特殊的检验和检测，以确保其符合标准和规范。

④影响下道工序质量的技术间歇时间：在施工过程中，存在可能会影响下道工序质量的技术间歇时间。例如，某些特定施工工序在进行过程中需要保持一定的温度或湿度条件，如果这些条件无法满足，可能会对下道工序的质量产生影响。因此，在这些关键时刻需要加强监控和控制。

⑤与施工质量密切相关的技术参数：指与施工质量密切相关的技术参数，例如控制施工设备的参数、控制工艺参数等。这些参数对项目质量具有重要影响，需要在施工过程中进行特殊的监测和控制。

⑥容易出现质量通病的部位：指一些在施工过程中容易出现质量问题的部位。例如，易出现砂浆开裂、渗漏等问题的构配件或部位。这些部位需要特别关注和控制，以避免出现常见的质量问题。

⑦紧缺的工程材料、构配件和工程设备或可能对生产安排有严重影

响的关键项目的：指对整个项目生产进度有严重影响的紧缺工程材料、构配件和工程设备，或者对生产安排有重要影响的关键项目。对这些关键要素需要进行特殊的监控和控制，以确保进度和质量的双重要求得到满足。

⑧隐蔽工程验收：指在施工过程中，一些工程部位或构件在安装完成之后会被覆盖或隐藏起来，无法直接进行观察和检查的情况下，通过特定的检验和测试方法对其质量进行评估和验收。这个质量控制点需要在项目中设定，并按照规定进行相应的隐蔽工程验收。通过隐蔽工程验收，可以验证被隐藏的工程部位或构件的安装质量是否符合质量要求，以确保项目整体的质量和安全。

设置质量控制点是为了对施工质量进行有针对性的控制和管理。这些质量控制点可以帮助项目管理机构更有效地识别和解决可能影响项目质量的关键问题，从而提升整体的施工质量和项目成功的可能性。通过按规定进行检验和检测，可以及时发现问题并采取纠正措施，确保项目质量得到有效管控和持续改进。

3.质量检查的方法

质量检查的方法通常可以分为以下两种。

（1）全数检查。

全数检查是对产品逐项进行全部检查的方法。这种方法适用于对关键性或质量要求特别严格的检验批、分项、分部工程进行检查。全数检查的优点是检查结果真实、准确、可靠，能够全面评估产品的质量状况。然而，全数检查的工作量大、时间长，对人力和资源要求较高。

（2）抽样检查。

抽样检查是在施工过程中从总体中按一定比例抽出一部分子样进行检查分析，以此来判断总体的质量情况。抽样检查相对于全数检查具有投入人力少、时间短、检查费用低等优点。通过科学抽样的方法，可以有效地代表总体，并能够在较短时间内获得总体质量的可靠信息。抽样检查常用的方法有随机抽样、分层抽样、系统抽样等。

在实际应用中，根据项目的具体情况和质量要求，可以综合使用全数检查和抽样检查的方法。对于关键性或质量要求高的部分采用全数检查，对于一般情况下的检查项则可以采用抽样检查的方式。通过合理的质量检查方法,能够有效地发现质量问题,提升项目的质量水平。

6.4.2 建筑工程质量验收的概念

建筑工程质量验收是指在建筑工程的施工过程完成后,根据一定的标准和规范,对建筑工程的质量进行评估和检查的过程。其目的是确保建筑工程达到设计、施工和安全要求,符合相关的法律法规和技术标准,以保证建筑物的安全性、稳定性、功能性和可持续性。

质量验收通常涉及对建筑工程的各个方面进行检查,包括结构安全、材料质量、施工工艺、设备安装、工程记录和文件等。在验收过程中可以采用现场检查、文件审查、技术测试和数据分析等方式,以确定工程质量是否符合相关标准。验收的结果通常会产生验收报告或结论,对工程的质量进行评定和认可。

质量验收在建筑工程中具有重要的意义,它可以确保施工过程中的质量控制和技术管理得到有效执行,为工程竣工后的正常使用提供保障。同时,质量验收也是建筑工程竣工结算、保修义务的依据,对确保建筑工程投资的安全性和合理性具有重要作用。

GB 50300—2013《建筑工程施工质量验收统一标准》将建筑工程质量验收划分为检验批、分项工程、分部(子分部)工程和单位(子单位)工程。

1.检验批的质量验收

检验批是建筑工程中的最小验收单位,它是按照施工进度和施工工艺要求划分的相对独立的工作单元。一般来说,检验批是在一天或几天的连续施工期内完成的一定工作量。质量验收针对每个检验批,旨在确保各个工段或工序的质量要求得到满足,从而保证整体工程的质量。在建筑工程中,检验批是分部工程或分项工程按照相同条件、具有一定数量的材料、构配件或安装项目进行划分的。因为检验批内的物料或构配件的质量相对一致,所以可以作为质量检验的基础单位,并对其进行批量验收。检验批作为工程验收的最小单位,是建筑工程质量验收的基础。通过对每个检验批的质量验收,可以有效地控制和监控工程质量,确保各个工段和工序都符合规定的质量标准。

GB 50300—2013《建筑工程施工质量验收统一标准》检验批合格质量应符合下列规定：
①主控项目和一般项目的质量经抽样检验合格；
②具有完整的施工操作依据、质量检查记录。

2. 分项工程的质量验收

分项工程是指在分部工程中具有相对独立的工作任务和施工要求的工程组成部分，例如承重墙体、地面铺装、门窗、水暖设备等。分项工程的验收是在检验批的基础上进行的。通常情况下，两者具有相似的性质，只是检验批的量级不同而已。因此，将相关的检验批集合起来，形成分项工程。分项工程的合格质量条件相对简单，只需要确保构成分项工程的各个检验批的验收资料文件完整，并且它们都已经通过了质量验收。只要满足这些条件，分项工程就可以被视为合格。分项工程作为分部工程的一个独立部分，它具有相对独立的工作任务和施工要求。通过对构成分项工程的各个检验批进行质量验收，可以判断分项工程是否达到了验收的要求。

GB 50300—2013《建筑工程施工质量验收统一标准》分项工程质量验收合格应符合下列规定：
①分项工程所含的检验批均应符合合格质量的规定；
②具有完整的分项工程所含的检验批的质量验收记录。

3. 分部(子分部)工程的质量验收

分部工程是在单位(子单位)工程中划分出来的相对独立的工程组成部分，包括建筑物的结构、给水排水、电气、暖通空调和室内装修等。分部工程的质量验收是在各分项工程验收的基础上进行的。验收前，必须确保分部工程的各个分项工程已通过质量验收，并有完整的质量控制资料文件。这是验收的基本条件。

为确保分部工程的安全性和使用功能，验收中需要增加以下两类检查项目。

第一类是安全和使用功能方面的检查项目，包括地基基础、主体结构以及与安全和重要使用功能相关的安装分部工程。针对这些项目，需要进行相关的见证取样、抽样检测，以确保其满足相应的安全和功能要求。

第二类是关于观感质量的验收,这类检查项目往往难以定量评判,只能通过观察、触摸或简单测量的方式进行,并根据个人主观印象进行质量评价。结果不能仅给出简单的"合格"或"不合格"的结论,而是要综合考虑多种要素。

对发现的问题,尤其是质量较差的检查点,应采取返修等补救措施进行处理。

因此,分部工程的验收除了满足各分项工程验收的基本条件外,还需进行特定的检查项目,以确保安全性、使用功能和观感质量的要求得到满足。

GB 50300—2013《建筑工程施工质量验收统一标准》分部(子分部)工程质量验收合格应符合下列规定:

①分部(子分部)工程所含分项工程的质量均应验收合格;

②具有完整的质量控制资料;

③有关安全、节能、环境保护和主要使用功能的抽样检验结果符合相应规定;

④观感质量验收应符合要求。

4. 单位(子单位)工程的质量验收

单位工程指在建筑工程中具有独立功能或在施工运行中有明显界限的工程单元,比如独立的楼栋或建筑物,或者是一个相对独立的较大的组成部分。

单位工程的质量验收,也被称为质量竣工验收,是建筑工程在投入使用之前的最后一次验收,同时也是最重要的一次验收过程。

单位工程的质量验收旨在确保各个分部工程合格,并备齐完整的资料文件。此外,还应进行安全和使用功能的检查、主要使用功能的抽查、质量的综合检验和观感质量检查。只有在以上方面均符合要求时,单位工程才能通过质量验收。

GB 50300—2013《建筑工程施工质量验收统一标准》单位(子单位)工程质量验收合格符合下列规定:

①所含分部工程的质量均应验收合格;

②具有完整的质量控制资料;

③具有完整的所含分部工程中有关安全、技能、环境保护和主要使用功能的检验资料；

④主要使用功能的抽查结果符合相关专业验收规范的规定；

⑤观感质量符合要求。

6.4.3 建筑工程质量验收的程序和组织

①检验批应由专业监理工程师组织施工单位项目专业质量检查员、专业工长等进行验收。

②在完成分项工程的建设后，专业监理工程师将组织相关人员进行验收工作，包括施工单位项目专业技术负责人等。这个过程旨在确保分项工程的技术规范和质量达到项目要求。通过这样的验收程序，可以确保分项工程符合相关标准和规定。

③在完成分部工程的建设后，总监理工程师将组织相关人员进行验收工作，包括施工单位项目负责人和项目技术负责人等。这个过程旨在确保分部工程的质量和技术符合项目的要求。通过这样的验收程序，可以确保分部工程达到相关质量标准和规范。同时，勘察、设计单位项目负责人和施工单位技术、质量部门负责人也应参加地基与基础分部工程的验收，设计单位项目负责人和施工单位技术、质量部门负责人也应参加主体结构、节能分部工程的验收。这样可以使各相关方共同参与，确保项目的整体质量。

④单位工程的分包工程完工后，分包单位应对所承包的工程项目进行自检，并应按 GB 50300—2013《建筑工程施工质量验收统一标准》规定的程序进行验收。验收时，总包单位应派人参加。分包单位应将所分包工程的质量控制资料整理完整，并移交给总包单位。

这样可以确保分包工程的质量符合标准，并保证相关资料的完备性。总包单位的参与也有助于确保整体工程的质量与安全。通过这样的验收程序，可以及时发现和解决分包工程中存在的问题，确保工程质量的可控和可靠性。

⑤在单位工程完工后，施工单位应组织相关人员进行自检。同时，总监理工程师还应组织各专业监理工程师对工程质量进行竣工预验收。如果存在施工质量问题，施工单位需要进行整改。整改完成后，施工单

位向建设单位提交工程竣工报告,并申请工程竣工验收。这意味着在单位工程完工之后,施工单位和监理工程师对工程质量进行了自我评估和检查,确保质量达标。如果发现问题,施工单位必须进行整改。一旦整改完毕,施工单位将向建设单位提供竣工报告,并申请工程的竣工验收。这样的验收程序有助于确保单位工程的质量符合设计要求,并且满足建设单位的要求和期望。

⑥在工程竣工报告提交给建设单位后,建设单位的项目负责人将组织监理、施工、设计、勘察等单位的项目负责人进行单位工程的验收。各参与方将共同审查和评估工程的质量、安全和合规性,确保工程符合设计规范和合同要求。通过这样的验收程序,建设单位可以确保单位工程在技术、质量和安全方面达到预期标准,并最终决定是否接受工程竣工,并支付相应的款项。

6.4.4 建筑工程质量不合格的处理

根据 GB 50300—2013《建筑工程施工质量验收统一标准》,当建筑工程质量不符合要求时,按下列规定处理。

①经返工重做或更换器具、设备的检验批,应重新进行验收。

②经有资质的检测单位检测鉴定能够达到设计要求的检验批,应予以验收。

③经有资质的检测单位检测鉴定达不到设计要求、但经原设计单位核算认可能够满足结构安全和使用功能的检验批,可予以验收。

④经返修或加固处理的分项、分部工程,虽然改变了外形尺寸但仍能满足安全使用要求,可按技术处理方案和协商文件进行验收。

在正常的验收过程中,不合格现象应该在最基层的验收单位检验批时被发现并及时处理,否则会对后续的检验批、分项工程和分部工程的验收产生负面影响。因此,为了强化验收并促进过程控制,所有质量隐患都必须尽早消除。

有以下四种情况需要非正常处理。

一是发现主控项目不能满足验收规范或一般项目超过偏差限值的子项不符合验收要求的情况。对于严重的缺陷,需要重新进行处理,而一般的缺陷可以通过修复或更换设备来解决。施工单位在采取相应措施后重新进行验收。如果能够符合相应的专业工程质量验收规范,则应认为该检验批合格。

二是针对个别检验批发现试块强度等不符合要求的问题,难以确定是否可以验收,应请具备资质的法定检测单位进行检测。当鉴定结果能够达到设计要求时,该检验批仍应被认为是通过验收的。

三是如果经检测鉴定达不到设计要求,但经原设计单位核算后仍能满足结构安全和使用功能的检验批,可予以验收。一般情况下,规范标准给出了满足安全和功能的最低限度要求,而设计往往在此基础上留有一些余量。不满足设计要求但符合相应规范标准的要求,并不矛盾。

四是更为严重的缺陷或超过检验批范围的缺陷,可能会影响结构的安全性和使用功能。如果经法定检测单位检测鉴定后认为不能满足规范标准的要求,即不能满足最低限度的安全储备和使用功能,则需要按照一定的技术方案进行加固处理,以确保满足基本的安全使用要求。这可能会导致一些永久性的缺陷,如改变结构外形尺寸或影响一些次要的使用功能等。在不影响安全和主要使用功能的前提下,可以按处理技术方案和协商文件进行验收,责任方应承担经济责任。然而,这不能被视为轻视质量和逃避责任的一种途径,需要特别注意。

对于经过返修或加固处理仍不能满足安全使用要求的分部工程单位(子单位)工程,严禁验收。对于存在严重缺陷的分部工程和单位(子单位)工程,经过返修或加固处理后仍不能满足安全使用要求的,也严禁验收。

6.5 建筑工程项目质量改进

6.5.1 项目质量改进的基本规定

(1)组织应根据不合格的信息,评价采取改进措施的需求,实施必要的改进措施。当经过验证,效果不佳或未完全达到预期的效果时,应重新分析原因,采取相应措施。

(2)项目管理机构应定期对项目质量状况进行检查、分析并向组织提出质量报告,明确质量状况、发包人及其他相关方满意程度、产品要求的符合性以及项目管理机构的质量改进措施。

(3)组织应对项目管理机构进行培训、检查、考核,定期进行内部审核,确保项目管理机构的质量改进。

(4)组织应了解发包人及其他相关方对质量的意见,确定质量管理的改进目标,提出相应措施并予以落实。

6.5.2 项目质量改进的方法

1. 全面质量管理(TQC)思想

全面质量管理(total quality control,TQC)是一种管理理念和方法,旨在通过全员参与和持续改进,提高组织的整体质量水平。在施工质量管理中采用 TQC 思想可以带来以下优势。

(1)强调全员参与。

TQC 鼓励所有员工参与质量管理活动,每个人都对施工质量负责。在每个工作岗位都明确如何影响和改善质量,并为员工提供培训和支持,使其具备质量管理的能力。

(2)追求持续改进。

TQC 注重通过持续改进来提高质量水平。施工质量管理需要不断地识别问题、分析原因,并采取纠正措施,以防止质量问题再次发生。TQC 的理念可以推动施工质量管理的持续改进,从而提高项目整体质量。

(3)强调客户满意度。

TQC 强调以客户为中心,关注客户需求和期望。在施工质量管理过程中应及时了解客户的要求,并通过合理的质量控制措施满足客户需求,提高客户满意度。

(4)重视数据分析。

TQC 强调基于数据进行决策和改进。施工质量管理中可以采集、分析和利用各类数据,如施工过程监测数据、质量检测数据等,以了解问题的本质、找出改进的方向,从而提高施工质量。

全面质量管理是指在建设工程项目中,所有相关人员共同参与的质量管理方式。它包括对工程质量和工作质量进行全面管理。工作质量直接关系到产品质量的形成,任何参与者在任何环节上的疏忽或责任不到位都会对建设工程质量产生影响。全过程质量管理则是根据工程质量的产生规律,从源头开始强调全过程的质量控制。而全员参与质量管理则表示质量管理不仅仅是质量监督与管理部门的责任,每个参与质量的人员都应该参与质量管理活动。其中,目标管理方法是一种重要手段。通过将组织的质量总目标进行逐级分解,形成自上而下的质量目标分解体系和自下而上的质量目标保证体系,可以发挥组织内每个工作岗位、部门或团队在实现质量总目标过程中的作用。

因此,全面质量管理强调全面、全过程和全员的参与,使得每个参与者都对质量负责,并以目标管理为支撑,形成一个统一的质量管理体系。

2. PDCA 循环方法

PDCA 循环是一种管理方法(图 6-1),可用于持续改进和优化施工质量。PDCA 是 plan-do-check-act 的缩写,也被称为 deming 循环或改进循环。

(1)计划(plan):在 PDCA 循环中,首先需要制订计划。这意味着设定明确的目标并制订相应的方案。在施工质量改进中,计划阶段可能包括确定改善目标,制订具体的方法和流程,以提高施工质量。

(2)实施(do):在实施阶段,根据制订的计划执行操作。这可能包括执行新的工艺、采用新的材料或实施新的工作程序。

(3)检查(check):在检查阶段,收集和分析数据以评估实施的有效性。这意味着进行质量检查、测量和评估,以确定是否达到了预期的结果。如果发现了问题或差距,就需要采取措施来识别原因和解决问题。

(4)行动(act):在行动阶段,根据检查阶段的结果采取行动。主要包括纠正措施和预防措施。纠正措施是即时修复存在的问题,以确保质量符合标准。预防措施是针对潜在问题的长期解决方案,以避免将来再次发生类似的问题。

通过不断循环地重复上述的四个阶段,PDCA 循环提供了一种持续改进和优化施工质量的方法。该方法强调了迭代式的持续改进,旨在不断提高施工质量,减少缺陷,并提高工作效率和改善施工效果。

综上所述，PDCA 循环是一种有效的施工质量改进方法，可帮助组织和团队在持续改进中实现更高的质量标准，并实现更好的业绩。

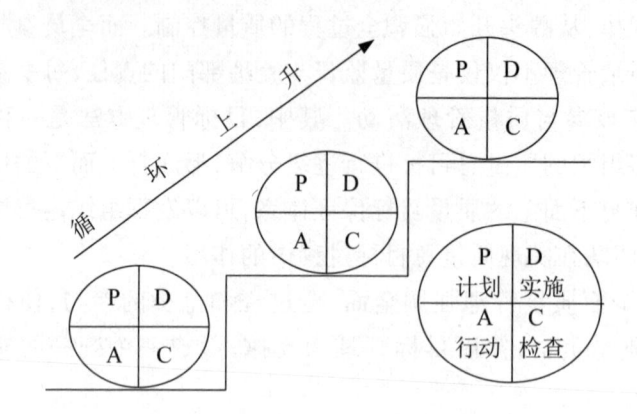

图 6-1 PDCA 循环示意图

6.6 质量控制的数理统计分析方法

常用的工程质量统计分析方法有统计调查表法、分层法、排列图法、因果分析法、直方图法、控制图法和相关图法。施工项目管理应用较多的是统计调查表法、分层法、排列图法、因果分析图法等。

6.6.1 统计调查表法

统计调查表法是一种常用的质量控制方法，它通过收集和分析定量数据，以评估和监控质量状况，对工程质量的原因进行分析和判断，并采取相应的改善措施。这种方法简单方便，并能为其他方法提供依据。统计调查表法可以与分层法结合起来找出产生质量问题的原因，以便采取改进的措施。统计调查表法分析质量问题产生原因的步骤如下。

1. 设计调查表

首先需要设计一个调查表，其中包含可以衡量质量特征的项目或指标。这些项目或指标应该是可量化的，以便进行统计分析。调查表的设计应该清晰明确，并确保能够准确地反映所关注的质量问题。表格没有固定格式，可根据需要和具体情况，设计不同的调查表。其中，常用的有：

①分项工程作业质量分布调查表；

②不合格项目停产表；

③不合格原因调查表；

④工程质量判断统计调查表。

2. 数据收集

在实施阶段，收集数据并记录在调查表中。数据可以通过观察、测量、抽样或询问相关方来收集。收集的数据应准确、客观、全面，尽可能代表整个群体或过程。

3. 数据分析

一旦收集了足够的数据，就可以进行数据分析。常见的数据分析统计指标包括计数、比例、平均值、标准差等。通过对数据进行分析，可以了解关于质量的真实状况，发现潜在的问题和发展的趋势。

4. 结果解释

根据数据分析的结果，可以对质量状况做出解释和评估。这可能表明某些质量特征存在问题，或者超过了预设标准。通过解释结果，可以识别质量问题的根本原因，并为制订改进措施提供依据。

5. 改进措施

通过制订和实施相应的改进措施来解决发现的质量问题。这些改进措施可能涉及流程优化、培训提升、设备更新等方面。改进措施的目标是消除问题并持续提高施工质量水平。

统计调查表法的优势在于它提供了一种客观、定量的手段来评估和控制质量。通过收集和分析数据，可以发现质量问题，并有针对性地采取改进措施。此外，统计调查表法还可以提供可比较的数据，帮助进行质量趋势分析和比较不同时间段或不同群体之间的质量表现。

表 6-1 是地梁混凝土外观质量和尺寸偏差调查表。

表 6-1 地梁混凝土外观质量和尺寸偏差调查表

分部分项工程名称	地梁混凝土	操作班组	
生产时间	年 月 日	检查时间	
检查方式和数量		检查员	
检查项目名称	检查记录		合计
漏筋	正		5
蜂窝	正正		10
裂缝	一		1
尺寸偏差	正		5
总计			21

6.6.2 分层法

分层法是常用的一种质量控制方法,通过将收集的原始数据按照不同的分类方式进行整理和分析,可以更好地理解问题、找出主要问题并采取相应的改进措施。

常用的分层方法有以下几种。

(1)按操作班组或操作者分层。

将数据按照不同的操作班组或操作者进行分类,可以帮助确定某些班组或操作者是否存在质量问题,进而采取培训、指导或其他相应的措施来改进。

(2)按使用机械设备型号分层。

根据使用的机械设备型号将数据进行分类,有助于确定特定机械设备是否存在故障或不良性能,进而采取维修、更换或改进机械设备的措施。

(3)按操作方法分层。

将数据按照不同的操作方法或工艺进行分类,有助于确定特定操作方法是否存在质量问题,进而采取培训、标准化操作或改进工艺的措施。

(4)按原材料供应单位、供应时间或等级分层。

将数据按照原材料的供应单位、供应时间或等级进行分类,有助于确定特定供应商的原材料是否存在质量问题,或者某些供应时间段或等级的原材料是否存在差异，从而采取供应链管理中的相关改进措施。

（5）按施工时间分层。

将数据按照施工时间进行分类，有助于确定不同时间段的施工环境、条件或其他因素是否对质量产生影响，以便采取相应的调整和改进措施。

（6）按检查手段、工作环境等分层。

将数据按照不同的检查手段、工作环境或其他因素进行分类，有助于确定不同的检查手段或工作环境对于质量的影响，从而采取针对性的改进措施。

分层法的优势在于能够将杂乱的数据进行条理化，将问题细化，并且针对性地采取措施。通过将数据分层，可以更加准确地找出主要问题，并优先解决重要的质量问题，从而提高施工的整体质量水平。

[例1] 某批钢筋焊接质量调查，共检查接头数量100个，其中不合格的有25个，占抽查总数的25%，采用分层法调查的统计数据见表6-2所列。

表6-2 按焊接操作者分层

操作者	不合格	合格	个体不合格率	占不合格点总数百分率
A	15	35	30%	60%
B	6	25	19%	24%
C	4	15	21%	16%
合计	25	75	100%	100%

通过对表6-2分析可知：焊接点不合格的主要原因是作业工人A的焊接质量影响了总体的质量水平。

6.6.3 排列图法

1. 排列图法的定义

排列图法，又称为巴氏图法、帕累托图法或主次因素分析图法，是一种可视化工具，用于分析和展示各种质量影响因素的相对重要程度，是寻找影响因素的主要方法。它通过一个横坐标和两个纵坐标，以及连起来的直方形和一条曲线，来说明不同因素对产品质量的影响程度。排列图的构成要素如下。

（1）坐标轴。

排列图通常由一个横坐标和两个纵坐标组成。横坐标表示各种影响质量的因素，按其影响程度由左至右降序排列。左边的纵坐标表示频数，即不合格产品的件数或出现次数；右边的纵坐标表示累计频率，即各种质量影响因素在整个因素频数中所占的比率（以百分比表示）。

（2）直方形。

排列图中的直方形用于表示各个因素的影响大小。每个直方形的高度表示该因素对产品质量的影响程度。该因素的影响越大，直方形的高度就越高。

（3）曲线。

在排列图中，通过连接各个直方形的顶部边缘，形成一条曲线，表示累计百分比。这条曲线将反映因素的影响相对于全部因素的累计贡献。

排列图法可根据曲线的累计百分数将因素分为三类，称为 ABC 分类法。

A 类因素：对应于频率 0～80% 的范围。A 类因素是影响产品质量的主要因素，其影响较大。

B 类因素：对应于频率 80%～90% 的范围。B 类因素是影响产品质量的次要因素，其影响相对较小。

C 类因素：对应于频率 90%～100% 的范围。C 类因素是一般影响因素，其影响相对较小。

通过排列图法，可以直观地了解各种因素对产品质量的相对重要性，有助于确定和优先处理主要的质量问题，并为质量改进提供有针对性的措施和决策依据。

2. 排列图法的绘制过程

（1）收集数据。

首先需要收集与质量影响因素相关的数据，可以通过质量检查记录、不良品报告、客户反馈等方式。应确保数据准确、完整并有代表性。

(2)确定影响因素。

识别和确定需要分析的影响因素。这些因素可能包括工艺参数、材料特性、操作方法、环境条件等。根据实际情况和研究目的,选择最具代表性和重要性的影响因素。

(3)整理数据。

将收集到的数据按照影响因素逐一整理归类。确定每个因素对应的频数(不合格产品件数或出现次数)和累计频率(百分比)。

(4)绘制坐标轴。

在绘图纸上绘制一个横轴和两个纵轴。横轴上按照各因素的影响按由大到小的顺序,从左至右排列。左侧纵轴表示频数,可以设置适当的刻度值。右侧纵轴表示累计频率,刻度值为百分比。

(5)绘制直方图。

根据每个影响因素的频数和影响程度,绘制相应高度的直方形。每个直方形按照影响因素的顺序从左至右降序排列在坐标轴上。

(6)绘制累计频率曲线。

通过连接各个直方形的顶部边缘,绘制一条曲线表示累计百分比。曲线从起点开始,逐步上升至终点,反映因素的累计贡献。

(7)分类因素,找出 A 类因素。

根据排列图把因素进行分类,找出主要影响因素。

[例2]某工程项目竣工后进行质量检验,发现存在若干质量问题,检查结果整理后见表 6-3 所列。试用排列图方法分析影响质量的原因。

表 6-3 质量问题数据表

不合格项目	不合格点数	不合格项目	不合格点数
因素 A	60	因素 D	6
因素 B	20	因素 E	9
因素 C	40	合计	150

(1)收集整理数据。

整理表 6-3 中的数据,计算出各不合格项目影响因素的频数和累计频率,见表 6-4 所列。

表 6-4 不合格项目的频数和累计频率统计表

序号	不合格项目	不合格点数	频数/%	累计频率/%
1	因素 A	60	40.00	40.00
2	因素 C	50	33.00	73.00
3	因素 B	25	17.00	90.00
4	因素 E	9	6.00	96.00
5	因素 D	6	4.00	100.00
	合计	150	100.0	

（2）绘制排列图。

绘制排列图，如图 6-2 所示。

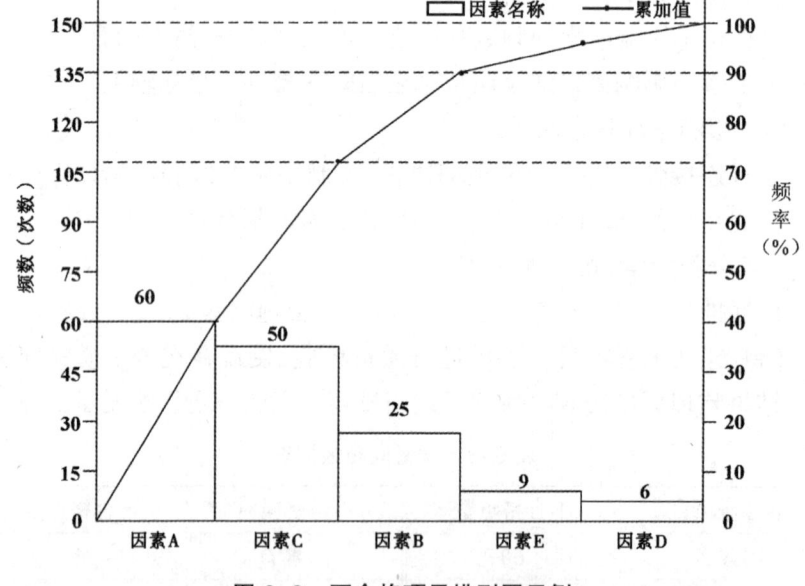

图 6-2 不合格项目排列图示例

①绘制横坐标：根据分析的影响因素，按照项目数进行等分，并按照项目频数由大到小的顺序，从左到右进行排列。应确保横坐标的刻度和标签清晰明确。

②绘制纵坐标：在图的左侧绘制纵坐标，表示项目的频数。右侧绘制纵坐标，表示累计频率。要确保总频数对应的累计频率为 100%。

④绘制频数直方图：以每个项目的频数为高度，绘制相应的直方

形。每个项目的直方形按照横坐标上的顺序从左到右排列,确保各直方形的高度准确表示频数。

④绘制累计频率曲线:从横坐标的起点开始,依次连接各直方形右边线与所对应的累计频率值的交点,绘制一条曲线,即为累计频率曲线。确保曲线的绘制平滑、连续,能准确反映出随着影响因素的频数增大,累计频率的变化情况。

(3)观察与分析。利用ABC分类法,该例中A、C两个因素为主要因素,B因素为次要因素,D、E两个因素为一般因素。

6.6.4 因果分析图

1. 因果分析图的概念

因果分析图是逐步深入研究和讨论质量问题原因和影响的一种图示方法,又叫作特性要因图、鱼刺图或者树枝图。因果分析图通过以质量特性为中心,将各种可能的影响因素按照层级展示,帮助识别和理解问题产生的主要原因。因果分析图由质量特性、要因、枝干、主干等要素组成。

(1)质量特性。

质量特性是需要研究和解决的质量问题或特定目标。质量特性通常是产品或过程的关键指标,如产品的缺陷率、交付延迟时间等。

(2)要因。

要因是导致质量特性变差的具体因素或原因。要因可以是人、机器、材料、方法、环境等各种影响因素。

(3)枝干。

枝干是将质量特性和要因连接起来的直线或曲线,代表要因与质量特性之间的关系。

(4)主干。

主干是从质量特性生长出来的总要因,代表影响质量特性的最重要的要因。

2. 因果分析图的绘制步骤

（1）确定质量特性。

将需要分析的质量问题作为主干箭头的前提。

（2）确定大枝。

确定影响该质量特性的大的方面的原因。确定人、材料、工艺、设备和环境这五个大的方面作为大枝。将这些大枝绘制在主干箭头的左侧。

（3）绘制中枝。

根据每个大枝确定影响该方面的中原因。例如，在人这个大枝下面，可能有培训程度、经验、操作准则等中原因。将这些中原因绘制在相应的大枝下面。

（4）绘制小细枝。

在每个中原因下，进一步确定可能导致质量问题的小原因。以培训程度为例，在培训程度这个中枝下，可能有培训内容、培训方法、培训质量等小原因。将这些小原因绘制在相应的中枝下。

（5）完善图形。

根据需要，可以添加标签、箭头或其他图形元素来使因果分析图更具可读性和完整性。

绘制因果分析图的目的是帮助识别质量问题的根本原因，并从根本原因入手解决问题。这些步骤有助于绘制因果分析图，但具体的绘制方式和样式可以根据需要调整和改进。

[例3] 试用因果分析图分析某混凝土工程强度不足的质量问题，如图6-3所示。

运用因果分析图可以帮助人们制订对策，解决工程质量上存在的问题，从而达到控制质量的目的。

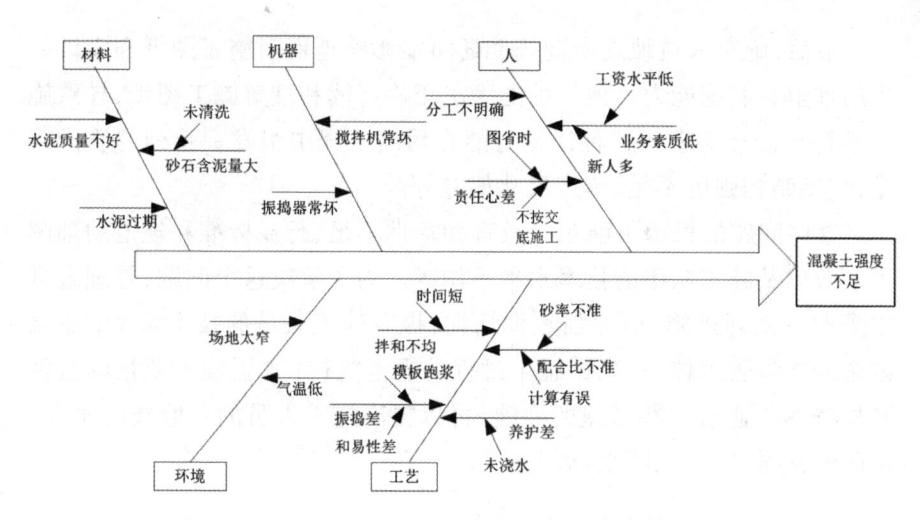

图 6-3 混凝土强度不足的因果分析图

6.7 BIM 技术在建筑工程施工项目质量管理中的应用

6.7.1 传统施工项目质量管理中存在的问题

1. 施工人员专业技能不足

在传统工程项目质量管理中,施工人员专业技能不足是普遍存在的问题。施工人员专业技能不足意味着他们可能缺乏必要的技术知识和技能来完成工作。这会导致许多质量问题和施工错误的发生。

首先,施工人员可能没有充分地了解和熟悉相关的施工技术和工艺。他们可能没有掌握最新的施工方法或技术,无法正确应用项目所需要的特定技术。这可能导致施工过程中的错误操作,从而影响项目的质量。

其次,缺乏专业技能可能会导致施工人员在解决问题和应对突发情况时无法做出准确的判断和决策。他们可能没有足够的经验来处理复杂的施工挑战,例如施工过程中的变化和不可预见的问题。这可能导致施工质量下降,项目延误,甚至造成安全隐患。

最后，施工人员缺乏专业技能还可能影响他们对施工图纸和设计要求的理解和实施能力。他们可能无法正确解读和理解施工图纸，导致施工不符合设计要求。这种误差可能在后续工程中引发一系列的质量问题，包括结构强度不足、施工尺寸偏差等。

这些问题的根源可能包括教育和培训不足、行业标准和规范的理解不一致以及施工队伍的技术水平不均等。为了解决这个问题，管理者可以采取一系列措施，如加强教育培训，提升施工人员的技术水平；建立健全的质量管理体系，确保施工过程的规范执行；加强施工质量的监督和检查等。通过这些措施的实施，可以提高施工人员的专业技能水平，从而改善项目的质量管理水平。

2. 材料使用不规范

在传统工程项目质量管理中，材料使用不规范是另一个常见的问题。材料使用不规范意味着在施工过程中，使用的材料可能不符合设计要求或相关的标准规范。这可能导致出现质量问题甚至影响项目的整体性能和可持续性。

首先，使用不规范的材料可能会导致施工工程的结构和性能存在风险。材料的规格、质量和性能与设计要求不匹配可能会导致强度不足、耐久性差、易损坏等问题。例如，在混凝土结构中使用不合适的混凝土配比或低质量的钢筋可能增加结构的脆弱性，易发生开裂、沉降甚至倒塌。

其次，使用不规范的材料可能会导致施工过程中的施工工艺问题。材料的特性和性能对施工过程中的操作方法和顺序有一定要求。如果使用了不正确的材料，例如水泥浆料的比例不当、黏结剂的选择失误等，可能会导致施工工艺不当，影响施工质量和工程的完整性。

最后，使用不规范的材料可能违反相关的标准规范和法规要求。在建筑和工程领域，有一系列的标准规范和法规来确保施工工程的质量和安全。如果使用的材料未经过认证或不符合要求，可能会违反这些规定，给工程带来法律风险和安全隐患。

造成材料使用不规范的原因可能包括供应链管理不善、缺乏材料检验和验收制度、利益冲突等，这些问题都会影响工程项目的质量。

3. 不按设计或规范施工

在传统工程项目质量管理中，不按照设计或规范施工是一个常见的问题。不按照设计或规范进行施工，意味着在施工过程中，施工人员可能忽视或违反了项目设计图纸、技术规范和相关的标准要求。这可能导致质量问题和工程的功能、性能缺陷。

首先，不按照设计进行施工可能导致结构或系统的错误装配和组装。设计图纸中规定了各个构件和部件的位置、尺寸和组装方式，但如果施工人员没有正确理解和严格遵守设计要求，可能会导致构件错位、错位连接或组装错误，可能会影响工程结构的稳定性和安全性。

其次，不按照规范进行施工可能会导致施工质量的下降。技术规范和标准要求通常包括对施工过程的具体要求，例如，施工工艺、施工顺序、材料选用、质量控制等。如果施工人员没有遵守这些规范要求，可能会导致施工质量的不稳定和不一致，从而产生缺陷和质量问题。

最后，不按照设计或规范进行施工可能会引发工程变更和额外的工作量。如果施工人员在施工过程中任意更改设计或规范要求，而没有经过咨询和批准，可能会导致项目的返工、修复和调整。这不仅会增加项目的成本和工期，还可能对工程的一致性和整体性产生负面影响。

不按照设计或规范进行施工的原因可能包括施工人员的理解不足、施工过程中的时间和成本压力、监督和检查不到位等，从而导致工程项目无法实现预定的质量目标。

4. 不能准确预知完工后的质量效果

不能准确预知完工后的质量效果，意味着在项目施工过程中，很难或无法准确预测和评估工程的最终质量和性能。这可能导致项目的不确定性，以及质量问题的出现。

首先，无法准确预知质量效果可能导致工程的设计决策和工艺选择的不合理。如果无法预测工程的最终质量表现，设计团队和施工人员可能无法全面考虑可行性、耐久性、功能和经济性等因素。这可能导致设计上的不足或过度保守，从而影响工程的性能和质量。

其次，无法准确预知质量效果可能导致施工过程中的一些问题无法及时发现和解决。如果无法预测到工程的最终质量表现，可能会导致延迟或忽略对施工过程中的潜在质量问题的识别和纠正。这些问题可能会在工程完工后才显现出来,甚至需要进行后续的维修和改进。

最后,无法准确预知质量效果可能给项目所有者和利益相关者带来不确定性和风险。项目所有者希望能够获得符合预期质量标准的工程成果,以满足需求和期望。然而,如果无法提前评估和预测工程的最终质量效果,使用者可能无法准确了解工程的性能、安全性和可靠性,增加了风险。

导致不能准确预知完工后的质量效果的原因可能包括不完善的验证和验证方法、材料和工艺的不确定性、工程环境的复杂性等,这些问题都会影响质量效果。

5. 各个专业工种相互影响

各个专业工种相互影响指的是在工程施工过程中,不同专业工种之间缺乏有效的沟通、协调和合作,导致彼此的工作受到影响。这可能导致工程质量下降、时间延误和成本增加等问题。

首先,专业工种之间的不协调可能导致工程质量问题。在一个工程项目中,通常涉及多个专业工种,如土建、机电、给排水等。如果这些工种之间没有足够的沟通和协调,可能会导致设计和施工的不一致性,可能会出现冲突、交叉以及材料和设备的不匹配等问题。这些问题可能会对工程的质量和可靠性产生负面影响。

其次,专业工种之间的不协调可能导致工程时间的延误。如果不同专业工种之间无法及时沟通和协调,可能会导致工序出现问题。例如,某个专业的工作可能需要依赖于其他工种完成先行工作,如果工种之间的协调不到位,可能会导致工程进度受阻,除了会延误整个项目的完成时间还会影响项目质量。

最后,专业工种之间的不协调也可能导致成本增加。如果不同专业工种之间缺乏有效的合作和协调,可能会导致工程的成本预算超支。例如,由于设计和施工的不一致性,可能需要进行额外的工程变更和调整,从而增加了项目的成本。

导致专业工种之间相互影响的问题的原因可能包括沟通不畅、责任划分不清、工程变更处理不当等,这些问题都会引发相应的质量问题。

6.7.2 BIM 技术在质量管理中的应用

1. 基于 BIM 的质量管理优势

基于 BIM（building information modeling）的质量管理具有许多优势。主要表现在以下几个方面。

（1）设计的一致性和准确性。

BIM 模型提供了一个准确、一致的设计平台，可以集成各个专业的信息和要求。使用 BIM 模型，设计团队可以协同工作，减少设计错误和冲突，确保设计的一致性和准确性。

（2）冲突检测和协调。

BIM 模型可以进行三维、四维和五维的集成，包括几何信息、时间信息和成本信息。这使得冲突的检测和协调变得更加容易。通过 BIM 模型，可以在设计阶段或施工前检测到不同专业之间的冲突，避免施工过程中的误差和重复工作，提高施工的一致性和质量。

（3）实时数据共享。

BIM 模型提供了实时的数据共享平台，使得各个参与方可以即时共享和获取工程信息。设计者、施工者、供应商等可以通过 BIM 模型了解工程的最新状态和要求，减少信息传递的延迟和错误，提高协作效率和质量管理水平。

（4）可视化展示和模拟。

BIM 模型可以提供三维、四维、五维的可视化展示和模拟。通过 BIM 模型，可以直观地展示工程的设计和施工过程，帮助项目参与方更好地理解工程要求和进展。模拟功能可以用于评估施工工艺和质量控制策略，提前发现潜在问题并采取相应的措施。

（5）数据管理和追溯能力。

BIM 模型中集成了各个专业的关键数据，包括材料信息、设备参数、施工过程等。这使得对工程数据进行管理和追溯变得更加方便。当需要查找特定数据或追溯工程历史时，BIM 模型可以提供可靠、快速的访问和检索功能，帮助质量管理人员进行数据分析和决策。

总的来说，基于 BIM 的质量管理充分利用了信息化和模型化的优势,可以提供更准确、一致的设计,确保冲突的检测和协调,实现实时数据共享,提供可视化展示和模拟功能,以及实现数据管理和追溯能力。这些优势有助于提高工程质量和效率,减少错误和变更,更好地进行质量管理和控制。

2. BIM 技术在质量管理中的具体应用

(1)建模前期协同设计。

BIM 技术在质量管理中的具体应用之一是建模前期的协同设计。在项目的初期阶段,BIM 可以用于协同设计,通过建立一个虚拟的建筑模型,各个设计团队可以同时参与设计过程,共享信息和意见。这样可以减少沟通和合作方面的问题,提高设计的质量和效率。具体来讲,包括以下几个方面。

①智能模型共享:使用 BIM 技术,可以将建筑模型存储在云端平台上,供设计团队的成员随时访问和编辑。这样可以实现实时更新和协同设计。

②多学科协同:不同专业领域的设计师可以通过 BIM 软件共享模型,进行协同设计。比如,建筑师、结构工程师和机电工程师可以在同一个模型上进行设计,相互协作,确保各个专业之间的一致性和协调性。

③冲突检测:BIM 软件可以自动进行碰撞检测,即检测不同构件之间的冲突,例如管道与梁的干涉等。一旦检测到冲突,系统会自动生成冲突报告,帮助设计团队及时解决问题,避免施工阶段的错误和额外成本。

④模型可视化:通过 BIM 模型的可视化功能,设计团队可以更直观地了解设计方案,并及时发现潜在的质量问题。例如,建筑师可以使用模型进行空间规划和布局优化,从而提高建筑的使用效率和舒适性。

⑤数据管理:BIM 技术能够整合并管理大量的工程数据,包括材料规格、施工工艺、设备参数等。这使得设计团队可以更好地控制和管理质量相关的信息,减少错误和漏洞的发生。

通过以上的应用,BIM 技术在建模前期协同设计中可以提高项目的设计质量,并有效地减少了沟通和协作方面的问题,从而为有效的质量管理奠定了良好的基础。

(2)碰撞检测及报告。

在建筑项目的设计阶段，BIM可以通过检测模型中的碰撞问题，提前发现和解决可能出现的冲突，从而避免在实际施工过程中产生的质量问题和成本。具体来说，碰撞检测及报告的应用包括以下几个步骤。

①建立3D模型：设计团队根据具体项目需求，使用BIM软件建立一个精确的三维建筑模型。该模型包含了建筑物的各个构件、系统和设备等。

②模型集成：将各个专业（如建筑、结构、机电）的设计模型集成到一个统一的BIM模型中。这样可以实现不同专业之间的数据共享和协同设计。

③碰撞检测：通过BIM软件的碰撞检测功能，系统会自动对模型中的各个元素进行检测，找出可能存在的冲突。这些冲突包括管道与梁的干涉、设备和墙体之间的冲突等。

④冲突解决：一旦检测到冲突，设计团队可以使用BIM软件来分析和解决这些问题。他们可以对模型进行修改、更改构件的位置或调整系统设计等来消除冲突。

⑤碰撞报告：BIM软件会自动生成碰撞报告，详细列出检测到的冲突并解决冲突的措施。这些报告可以帮助设计团队和施工团队了解冲突的性质和位置，并制订相应的解决方案。

通过使用BIM技术进行碰撞检测及报告，设计团队可以在施工之前发现并解决潜在的冲突，避免了设计错误和施工问题的发生。这将大大提高项目的质量，并减少在后续施工过程中修复冲突所需的时间和成本。

(3)管理现场工程质量。

在建筑施工现场，BIM可以用于管理和监控工程质量，确保施工过程符合设计要求和质量标准。具体来说，管理现场工程质量的应用包括以下几个方面。

①施工过程可视化：通过BIM技术，可以即时展现现场实际情况，施工团队可以将实测数据与模型数据进行对比，以确保施工的精度和准确性。

②施工进度管理：利用BIM模型，可以进行施工进度管理和监控。通过在模型中添加施工计划和进度信息，施工团队可以实时追踪工程进

度,及时发现和解决施工进度延误的问题,避免对质量产生负面影响。

③质量检查和验收:BIM 模型可以作为质量检查和验收的依据。施工团队可以将施工完成的部分与模型进行对比,并使用 BIM 软件来检查和核对施工质量是否符合设计要求和既定标准。

④材料管理和追溯:BIM 技术可以与物料管理系统集成,实现对材料的追踪和管理。通过扫描或输入材料的条码或标识,可以将材料与其相关信息(如供应商、生产日期等)关联起来,并随时查询和跟踪材料的使用情况,确保施工现场使用的材料符合质量标准。

⑤缺陷管理:利用 BIM 软件,可以对施工中发现的缺陷进行记录和管理。施工团队可以在模型中标记和描述缺陷,并将其分配给负责处理的人员进行修复跟踪,以确保缺陷及时得到解决,不影响施工质量。

通过 BIM 技术管理现场工程质量,施工团队可以更好地控制和监督施工过程,保证施工质量符合设计要求和质量标准,从而提高项目的整体质量和施工效率。

(4)大体积混凝土测温。

在建筑项目中,大体积混凝土的温度控制对于确保混凝土的强度和耐久性非常重要。BIM 技术可以提供测温数据的模拟和分析,帮助实现有效的混凝土温度管理。具体来说,大体积混凝土测温的应用包括以下几个方面。

①温度分析模拟:利用 BIM 软件,可以对混凝土施工过程中的温度变化进行模拟分析。基于施工过程中的温度数据,可以对混凝土的温度分布和变化进行可视化和定量分析,有助于了解混凝土的硬化过程和性能发展规律。

②预测混凝土温度:基于历史数据和模拟分析结果,BIM 技术可以预测混凝土在施工过程中的温度变化。这可以帮助设计团队和施工管理人员制订合适的温度控制策略,确保混凝土在浇筑和养护过程中保持适当的温度范围,避免温度的过高或过低对混凝土性能产生负面影响。

③测温数据收集:BIM 技术可以与传感器和测温设备集成,实现对混凝土温度数据的实时监测和收集。通过在建筑模型中添加传感器和测温点的位置,可以自动记录测温数据,并将其与模型关联起来。这样可以实时监控混凝土温度的变化情况,并提供可靠的数据支持。

④质量分析和评估:基于测温数据和模拟分析结果,可以对混凝土

的温度质量进行评估和分析。设计团队和施工管理人员可以利用这些数据和分析结果,评估混凝土的强度发展和耐久性能,及时发现潜在的质量问题并采取措施加以解决。

通过BIM技术在大体积混凝土测温中的应用,可实现对混凝土温度的可视化、数据分析和实时监测,从而提高混凝土质量的控制和管理水平,确保混凝土的强度和耐久性符合设计要求。

第 7 章 建筑工程施工项目安全生产管理

7.1 施工项目安全生产管理概述

7.1.1 建筑工程施工项目安全生产管理的概念

建筑工程施工项目安全生产管理是指在建筑工程施工项目中,为保障工人和项目参与者的生命和财产安全,以及维护工程进度和质量,通过制订、实施和监督各项安全措施,从而达到预防事故、减少事故风险的管理活动。它包括对施工现场、工程设备、人员行为等进行全面的安全管理,以保证建筑工程施工过程安全性。

7.1.2 安全生产管理的一般规定

(1)组织应该建立一套完善的安全生产管理制度。

以人为本,注重预防工作,确保项目处于安全状态。这意味着组织需要明确责任,制订安全规范和程序,并确保其有效实施。通过对工作流程和操作的合理规划和管理,组织可以预测和避免潜在的安全风险。

(2)组织应根据相关要求,制订安全生产管理方针和目标,并建立项目安全生产责任制度。

这包括明确各级职责、权力和责任,并建立相应的沟通和协作机制。同时,为了改善安全生产条件,组织应持续提升施工现场的安全设施设备,并推行安全生产标准化建设,确保安全要求得到全面满足。

（3）组织应设立专门的安全生产管理机构，并配备合格的项目安全管理负责人和管理人员。

他们需要接受相关的教育培训，并获得相应的资质证书。项目安全生产管理机构和管理人员应尽职尽责，依法履行职责，负责项目安全管理的各项工作，包括安全监督、事故应急响应等。

（4）组织应根据规定提供必要的安全生产资源和安全文明施工费用。

这包括为安全工作提供必要的设备、工具和材料，并确保其符合标准和要求。组织还应定期评估安全生产状况，制订和执行项目安全生产管理计划，并及时整改不安全因素。通过有效的资源配置和全面的管理措施，组织可以确保施工过程的安全和顺利。

7.1.3 建设工程安全生产管理制度体系

施工企业应建立完善的安全管理体系，包括安全管理组织架构、职责分工和安全管理制度等。这些制度和规定明确了企业安全管理的要求和流程，确保安全责任的落实和安全管理工作的顺利进行。常见的施工企业安全生产管理制度包括以下几方面。

1. 安全生产责任制

安全生产责任制是最基本的安全管理制度，施工企业需要明确安全生产的责任与义务，建立健全的责任体系。这包括明确各级管理人员在安全生产中的责任和权限，落实班组负责人和工人的安全生产责任，建立安全生产奖惩制度等。

安全生产责任制度是施工企业为了推动安全管理工作的落实而建立的一套责任分工和追责机制。它明确了各级管理人员、班组负责人和工人在安全生产中的责任和义务，以保障施工现场的安全。

（1）领导责任。

在安全生产责任制度中，施工企业的领导层应承担最高层级的安全责任。需要确立安全生产的战略决策，制订安全目标和标准，提供足够的安全经费和资源，并制订适当的安全管理制度。此外，领导层还要确保安全培训和教育活动得以充分实施，推动安全文化的建设，做出安全决策，为员工提供必要的安全设备和保护措施。

(2)管理责任。

施工企业的各级管理人员应承担安全管理责任。需要建立健全的安全管理体系,推动安全规章制度的制订和执行,对施工现场安全进行监督和检查,及时发现和解决安全隐患。同时,管理人员还需要配备足够的安全人员,负责安全培训、宣传和教育工作,落实安全责任制度,确保施工过程中的安全。

(3)班组责任。

在施工现场,施工企业的班组负责人是安全生产的关键责任人。他们需要组织并指导施工作业,确保施工过程中的安全性。班组负责人需要了解并遵守安全规章制度,组织和指导员工进行安全操作,落实个人防护用品的使用,推动安全培训和教育,及时上报和处理安全隐患。

(4)工人责任。

施工企业的工人需要履行个人安全责任。工人需要参加安全培训和教育,熟悉并遵守安全操作规程和程序,正确使用个人防护用品,积极参与安全检查和隐患的排查,及时上报安全问题,注意保护自己和他人的安全。工人还需具备应急处理突发事件的能力,学习和掌握紧急情况下的自救和互救措施。

通过建立和实施安全生产责任制度,施工企业能够明确各级人员在安全生产中的责任和义务,形成责任倒逼机制,推动安全管理工作的有效实施。同时,责任制度也为安全监督和追责提供了依据,对违反安全规定的人员进行相应的纪律处分,从而提高施工现场的安全水平和安全文化。

2. 安全生产许可证制度

安全生产许可证制度是指根据国家相关法律法规,为确保企业安全生产,保障员工生命健康和财产安全,对特定行业的企业进行许可管理。

(1)安全生产许可证的有效期。

安全生产许可证的有效期根据具体行业及企业情况而定,一般为3年,有效期届满后需要重新办理。企业在安全生产许可证有效期内,应持证开展生产经营活动。有效期届满时,企业必须在规定的时间内进行申请,经审查合格后,方可重新领取许可证。

（2）安全生产许可证的转让。

安全生产许可证是根据企业的设备、工艺、人员、管理等情况颁发的，具有针对性和特殊性，因此一般不允许将安全生产许可证转让给其他企业。若企业因合并、分立或发生重大变更等情况，需要继续从事原有的生产活动，应依法重新申请安全生产许可证。

（3）安全生产许可证的管理。

企业在获得安全生产许可证后，应严格按照规定的安全生产要求和条件进行管理。企业需要建立健全安全生产管理制度，加强安全生产培训和教育，定期进行安全检查和隐患排查，并及时整改。同时，企业还应建立健全安全责任制，明确相关人员的安全生产职责和义务。

综上所述，安全生产许可证制度是确保企业安全生产的一种管理措施，有效期一般为3年，不允许转让，同时要求企业按照规定进行全面的安全管理。企业必须严格遵守国家相关法律法规，确保安全生产，并配合相关部门的监督检查工作。

3. 安全生产教育培训制度

当涉及施工企业的安全生产教育培训时，一般需要向以下三个群体提供安全教育。

（1）管理人员。

管理人员包括企业的管理层、安全管理部门负责人以及其他相关部门的负责人。他们负责组织、指导和监督安全生产工作，因此需要接受全面的安全培训，了解国家有关法律法规、安全管理制度和标准，掌握安全生产管理的基本知识和技能，学习事故案例分析和应急处理等内容。

（2）特种作业人员。

特种作业人员是指从事施工现场上特定危险作业的人员，如高空作业、起重机械操作、爆破等。特种作业人员是需要具备专门的技能和知识，并持有相应的特种作业操作证。安全生产教育培训应侧重于特种作业的操作规程、安全操作技术、紧急救援措施、危险源识别与防范等方面。

（3）企业员工。

包括施工现场的各个岗位工人和员工。企业员工是施工作业的主体，应接受全面的安全培训，了解岗位职责、安全操作规程、安全防范要求和应急措施等。此外，还应加强对职业卫生、防护用品使用和个人安全意识的培养,以及对日常安全隐患的发现和报告。

安全生产教育培训应该根据不同群体的特点和需求进行培训内容的选择和操作技能的训练。培训形式可以包括课堂讲解、案例分析、模拟演练等多种方式,使学员能够深入理解安全生产的重要性,掌握相应的安全知识和技能,并能在实际工作中有效地应用。同时,培训应定期进行,以不断提高安全意识和技能水平,确保施工现场的安全生产。

4. 专项施工方案论证制度

《建设工程安全生产管理条例》第二十六条规定"施工单位应当在施工组织设计中编制安全技术措施和施工现场临时用电方案,对下列达到一定规模的危险性较大的分部分项工程编制专项施工方案,并附具安全验算结果,经施工单位技术负责人、总监理工程师签字后实施,由专职安全生产管理人员进行现场监督"。

5. 安全检查制度

安全检查制度是指企业或组织为了确保工作场所的安全和健康,制订并落实的一套安全检查的管理规范和程序。下面从安全检查的目的、方式、内容及安全隐患处理程序的角度来说明安全检查制度。

(1)安全检查的目的。

安全检查的主要目的是发现和排除潜在的安全隐患,保证工作场所的安全环境和员工的生命健康。通过安全检查,可以及时评估工作场所的安全状况,预防和减少事故的发生,提高安全意识和责任感,促进安全文化的建设。

(2)安全检查的方式。

安全检查可以采取定期检查、不定期检查和专项检查等方式。定期检查是按照计划、周期性地进行的检查,通常是每季度或每年进行一次。不定期检查可根据实际情况,随时进行检查,对安全问题及时跟进。专项检查是针对特定的安全问题或工作环节进行的检查,如消防安全、机械设备安全等。

(3)安全检查的内容。

安全检查的内容可以分为几个方面,包括思想、制度、管理、隐患、整改和伤亡事故处理等方面。在进行安全检查时,主要关注两个重点,即对"三违"情况的检查和对安全责任制的落实情况的检查。

首先,对于"三违"情况的检查,可以理解为对违反安全规定、违反安全操作程序和违反安全管理措施的行为进行查找。这包括员工在工作中是否存在无视安全规定、忽略安全操作程序和不遵守安全管理措施等情况。

其次,对于安全责任制的落实情况的检查,重点在于查看企业、部门或个人是否按照规定承担起了相应的安全责任。这包括是否建立健全了相关安全管理制度、是否明确了安全职责和权限、是否配备了足够的安全设施和装备等。

最后,在进行安全检查后,需要编写一份安全检查报告。报告应当包括已达标项目、未达标项目、存在的问题、对问题的原因分析以及提出的纠正和预防措施等内容。这样可以帮助企业了解安全问题的具体情况,采取相应的措施加以解决,以确保安全工作的质量和进展。

(4)安全隐患处理程序。

当发现安全隐患时,需要按照一定的处理程序进行及时修复和整改。具体程序包括以下几点。

①报告隐患:发现安全隐患后,应立即向管理部门或责任人报告,并详细描述隐患情况。

②评估隐患:对报告的安全隐患进行评估,确定其严重程度和危害程度。

③制订整改计划:制订针对隐患的整改计划,明确整改措施、责任人和时间节点。

④执行整改:按照整改计划进行具体的整改工作,并及时跟进整改进展情况。

⑤复查验收:完成整改后,进行复查验收,确保整改效果符合要求。

⑥记录和追踪:对整改过程和结果进行记录,并建立隐患追踪机制,确保隐患得到彻底解决。

通过建立健全的安全检查制度,能够全面提升工作场所的安全管理水平,避免潜在的安全风险,并有效地保护员工的健康和安全。

6."三同时"制度

安全生产"三同时"制度是指在安全生产管理中,要求企业在规划、设计、施工、运营和维护阶段,同时进行安全管理的制度。具体来说,"三同时"制度需要满足以下几个要求。

(1)同时设计。

在项目的规划和设计阶段,要求进行施工和运营方面的考虑。设计方案中应该包含施工的可行性和运营的可持续性要求,确保设计方案符合实际操作和运营的需要。

(2)同时施工。

在项目施工的过程中,要求与设计方案同步,确保工程施工和设备安装符合设计要求。同时,需要进行施工期间的安全管理和质量控制,保证工程的安全、质量和进度。

(3)同时运营。

在项目竣工后,要求项目能够迅速投入运营。在运营过程中,需确保设备的正常运行、维护和保养,并实时监测项目的运营状况,及时发现和解决运营中的问题。

通过实施安全生产"三同时"制度,企业可以全方位地考虑和管理安全问题,确保项目从规划到维护的全过程的安全性。这有助于减少安全事故,保护员工和生产设备的安全,促进企业的可持续发展。

7.生产安全事故报告和调查处理制度

《中华人民共和国安全生产法》第八十三条规定:"生产经营单位发生生产安全事故后,事故现场有关人员应当立即报告本单位负责人。单位负责人接到事故报告后,应当迅速采取有效措施,组织抢救,防止事故扩大,减少人员伤亡和财产损失,并按照国家有关规定立即如实报告当地负有安全生产监督管理职责的部门,不得隐瞒不报、谎报或者迟报,不得故意破坏事故现场、毁灭有关证据。"

《特种设备安全监察条例》第六十六条规定:"特种设备事故发生后,事故发生单位应当立即启动事故应急预案,组织抢救,防止事故扩大,减少人员伤亡和财产损失,并及时向事故发生地县以上特种设备安全监督管理部门和有关部门报告。县以上特种设备安全监督管理部门接到事故报告,应当尽快核实有关情况,立即向所在地人民政府报告,并逐级上报事故情况。必要时,特种设备安全监督管理部门可以越级上报事故情况。对特别重大事故、重大事故,国务院特种设备安全监督管理部门应当立即报告国务院并通报国务院安全生产监督管理部门等有关部门"。

8. 安全评价制度

安全评价制度是指针对企事业单位的安全风险和隐患进行评估和分析,以确定潜在风险并采取相应措施的管理制度。主要包括以下几个方面。

(1) 安全评估范围。

确定安全评价的范围和对象,包括企业设施、工艺流程、安全管理制度、人员素质等方面。

(2) 评估标准和方法。

制订安全评估的标准和方法,为评估提供依据和指导。标准可以是国家、地方的法律法规、规范标准,也可以是企业内部的安全管理制度。常用的评估方法包括系统安全分析法、风险评估法、安全指标评估法等。

(3) 评估流程。

明确评估的具体流程和步骤,包括信息收集、现场实地调查、数据分析、风险评估和评价报告撰写等。

(4) 风险控制措施。

根据评估结果,提出相应的风险控制措施和建议。包括改进现有管理措施、设备升级、技术改进、培训提升等方面的措施。

(5) 评估结果和报告。

根据评估的结果,生成评估报告,并向相关责任人和管理部门提供评估结论和建议。报告应当具备科学性、客观性和实用性,能够为决策提供依据。

通过安全评价制度,单位能够及时发现和识别潜在的安全风险和隐患,针对性地采取措施,预防和避免事故的发生。同时,也有助于提高安全管理水平,促进企业的可持续发展。

9. 安全措施计划制度

安全措施计划是企业在进行生产活动之前编制的一项计划,它旨在有目的、有计划地改善劳动条件和安全卫生条件,是预防工伤事故和职业病的重要措施之一。该计划的目的是加强劳动保护,改善劳动条件,保障职工的安全和健康,同时也促进企业生产经营的发展。

通过安全措施计划,企业能够实施一系列的措施,以确保工作环境安全、职工健康。

(1)风险评估与预防。

安全措施计划可以对工作场所进行风险评估,识别和分析潜在的危险和安全风险,以制订相应的预防措施。企业可以通过管理措施、技术措施和组织措施等方式来降低工伤事故和职业病的风险。

(2)设备和工艺改进。

安全措施计划还可以推动企业对设备和工艺进行改进,以提高操作的安全性和健康性。通过引入安全设备、改进工作流程、优化工艺等措施,减少事故发生的可能性。

(3)培训和教育。

安全措施计划包括为职工提供必要的培训和教育,提高其安全意识和安全技能。这可以帮助职工正确使用工具和设备、掌握安全操作规程、了解应急处理措施等,进一步减少事故发生的概率。

(4)监测和改进。

安全措施计划应包括定期监测和评估企业的安全状况,及时发现问题并采取改进措施。通过反馈机制和持续的管理体系,不断提高安全措施的有效性和适应性。

安全措施计划对于企业来说具有重要意义,它不仅能够保障职工的安全和健康,减少工伤事故和职业病的发生,也有助于提高生产经营的稳定性和可持续发展。

10.特种作业持证上岗制度

特种作业持证上岗制度是指针对一些特殊危险作业岗位或特殊技能作业岗位,要求从业人员必须持有相应的合格证书才能上岗从事相关工作的管理制度。这种制度的目的是确保从业人员具备必要的技能和知识,能够安全、高效地开展特种作业,为从业人员提供保障和保护。垂直运输机械作业人员、起重机械安装拆卸工、爆破作业人员、起重信号工、登高架设作业人员等都属于特种作业人员。

特种作业持证上岗制度一般包括以下要点。

（1）证书的发放管理。

由相关主管部门负责组织编制和发放特种作业岗位的合格证书。证书的颁发应该经过相应的培训、考试和评估，确保从业人员具备必要的技能和知识。

（2）岗位要求和证书要求。

明确不同特种作业岗位的技术要求和资格条件，并规定从业人员必须持有相应的合格证书方可上岗。这样可以减少事故风险，保护从业人员的安全。

（3）培训和考核。

制度规定特种作业人员必须接受相关培训，掌握必要的技能和安全意识。培训内容应包括作业规程、操作规范、安全技术要求、应急处理等方面。培训结束后，进行考核评价，达到一定标准方可颁发合格证书。

（4）证书的有效期和续期。

制度规定合格证书的有效期限，并规定从业人员需要在证书到期前进行续期培训和考核评定，以保持技能的更新和适应性。

（5）监督检查和处罚措施。

相关主管部门进行定期的监督检查和抽查，核实从业人员是否持证上岗，并对整改不合格情况进行处理和处罚，以维护持证从业人员的合法权益，保障安全生产。

特种作业持证上岗制度的实施可以提高特种作业从业人员的技能水平和安全意识，减少特种作业事故的发生，保护从业人员身体健康，确保生产活动的安全和正常进行。

7.2 施工项目安全生产管理计划

7.2.1 安全生产管理计划的概念

安全生产管理计划是在安全生产管理体系下制订的一个详细且全面的文件，旨在规划和组织安全生产管理工作，确保施工项目的安全生产工作能够有条不紊地进行。安全生产管理计划通常由建设单位、施工单位、监理单位等相关方共同制订,其中包含了一系列有关安全的措施和管理要求。

安全生产管理计划的定义包括以下几个要点。

(1)计划目标和任务。

明确安全生产管理计划的整体目标和主要任务,包括确保工人和参与者的生命安全和财产安全,维护工程进度和质量等。

(2)责任分工和职责。

明确各个参与单位和人员在安全管理过程中的责任和职责,例如建设单位、施工单位、监理单位的职责分工,以及安全管理人员的职责和权力等。

(3)安全管理组织机构。

确定安全生产管理的组织机构和人员编制,包括设立安全生产管理机构、安排安全管理人员的配置和职责等。

(4)安全管理措施和控制措施。

详细列出各种安全措施和控制措施,包括施工现场的安全布置、危险源的识别和控制措施、施工过程中的安全操作规程等。

(5)安全培训和教育。

制订安全培训和教育计划,明确培训的内容、对象和方式,确保工人和管理人员具备必要的安全意识和技能。

(6)安全监督和检查。

明确安全监督和检查的内容和方式,包括监督检查的频率、责任人、内容和程序等,以及事故的报告和处理程序。

(7)应急预案和事故处理。

制订应急预案,包括应对突发事件和事故的应急措施、救援流程和责任分工等。

安全生产管理计划是在施工项目中制订的一份详细文件,旨在规划和组织安全生产管理工作,确保工程项目在施工过程中的安全生产工作能够有效进行。它涵盖了目标任务、责任分工、安全措施、安全培训、安全监督等方面的内容,为项目的安全保障提供了有效的指导和依据。

7.2.2 项目安全生产管理计划应符合的规定

安全生产管理计划是为确保项目进行过程中的安全性而制订的指导性文件。项目安全生产管理计划应满足事故预防的管理要求，并应符合下列规定。

（1）针对项目危险源和不利环境因素进行辨识与评估的结果，确定对策和控制方案。

这一要求指出了项目在开始阶段需要对可能的危险源和不利环境因素进行评估和辨识。通过分析风险，可以确定必要的对策和控制方案，以减少或消除潜在的危险。这有助于确保项目在整个过程中的安全性。

（2）针对危险性较大的分部分项工程编制专项施工方案。

在项目中，某些分部分项工程可能存在较大的危险性。为了确保这些具有高风险的工程能够安全进行，需要编制专项施工方案。这些方案应包括详细的操作步骤、安全措施和紧急应对措施，旨在确保工程的安全性。

（3）针对分包人提出项目安全生产管理、教育和培训方面的要求。

项目安全生产不仅仅是由项目负责人负责，还需要分包人遵守相关安全规定。因此，管理计划要求分包人进行项目安全生产管理、教育和培训。这是为了确保所有参与项目的人员都具备必要的安全意识，并能够正确地应对安全风险。

（4）针对项目中安全生产风险较低、由分包人制订的项目安全生产方案进行控制的措施。

项目中可能存在一些安全风险较低的工作或分包人。然而，即使风险较低，仍需要制订项目安全生产方案对其进行控制。这是为了确保项目的安全生产，并且分包人能够按照相应的安全措施执行工作。

（5）应急准备与救援预案。

安全管理计划还要求制订应急准备与救援预案，以应对突发事故和紧急情况。这些预案应包括应急救援组织、沟通和通知程序、人员疏散计划、危险品事故处理等内容。通过制订详细的应急准备与救援预案，可以最大程度地减少事故损失，并保护项目人员的安全。

通过制订和执行这些规定，可以更好地确保项目的安全性，并预防潜在的事故发生。

7.3 施工项目安全生产管理的实施与检查

7.3.1 安全生产技术交底的概念

安全生产技术交底是安全生产管理的重要内容之一。

安全生产技术交底是指将安全生产相关的知识、技能和经验传授给项目参与人员，以提高他们的安全意识和能力，确保安全生产工作的顺利进行。以下是一些常见的安全生产技术交底内容。

（1）危险源的辨识和评估。

介绍项目所涉及的危险源、常见的安全风险和事故类型，以及如何对危险源进行辨识和评估。培训人员还可以分享相关案例和经验，帮助参与人员更好地认识潜在的风险。

（2）安全操作规程。

详细介绍项目中各项工作的安全操作规程，包括安全操作步骤、使用安全设备和个人防护用品的方法，以及遵守安全操作标准的重要性。参与人员需要了解并掌握正确的操作方法，以减少事故发生的可能性。

（3）紧急情况的应对。

培训人员可以介绍紧急情况的处理方法，包括火灾、事故、危险品泄露等突发事件的应急预案和救援程序。参与人员需要了解如何正确报警、疏散、逃生，并掌握使用消防器材和急救措施。

（4）安全设备的使用和检修。

对项目中使用的安全设备、设施进行介绍，包括使用方法、操作注意事项和定期检修维护的要求。参与人员需要了解如何正确使用这些设备，并定期检查和维护，保证其正常运行和安全性能。

（5）安全管理制度和责任。

介绍项目的安全管理制度和责任分工，包括安全管理组织架构、安全责任人员的职责和权力。参与人员需要了解自己的安全责任，并按照规定的程序履行职责,确保项目安全生产工作的顺利进行。

(6)安全培训和教育。

了解项目中的安全培训和教育计划,包括定期安排的安全培训课程和教育活动。培训人员可以介绍培训内容、方式和时间安排,并鼓励参与人员积极参与培训和教育,提高安全意识和技能。

在进行安全生产技术交底时,可以采用多种形式,如安全培训课程、工作会议、安全教育资料等。交底内容应根据项目的具体情况进行量身定制,确保参与人员能够全面了解项目的安全管理要求和操作规程,提高项目的安全管理水平。

7.3.2 安全生产管理的要求

关于落实安全管理制度和操作规程的一些要点,具体如下。

(1)应落实各项安全管理制度和操作规程,确定各级安全生产责任人。

企业应建立健全安全管理制度和操作规程,并确定各级安全生产责任人,明确各级责任和权限,确保安全管理工作的落实和执行。

(2)各级管理人员和施工人员应进行相应的安全教育,依法取得必要的岗位资格证书。

企业应对各级管理人员和施工人员进行安全教育培训,确保其具备必要的安全知识和技能,并依法取得相关岗位所需的资格证书。

(3)各施工过程应配置齐全的劳动防护设施和设备,确保施工场所的安全。

在施工过程中,应配置完备的劳动防护设施和设备,如安全帽、防护眼镜、防护手套等,以确保施工场所的安全和施工人员的人身安全。

(4)作业活动严禁使用国家及地方政府明令淘汰的技术、工艺、设备、设施和材料。

企业应严格按照国家和地方政府的要求,禁止使用已经明令淘汰的技术、工艺、设备、设施和材料,规避安全和环境风险。

(5)作业场所应设置消防通道、消防水源,配备消防设施和灭火器材,并在现场入口处设置明显标志。

在作业场所,应设置消防通道、消防水源,并配备相应的消防设施和灭火器材,以应对火灾等紧急情况。同时,在现场人员密集处应设置明显的标志,以便及时疏散和救援。

(6)作业现场的场容、场貌、环境和生活设施应满足安全文明达标要求。

作业现场的场容、场貌、环境和生活设施应符合安全文明的要求,包括工作区域的整洁有序、作业环境的舒适和安全、生活设施的健全等。

(7)食堂应取得卫生许可证,并应定期检查食品卫生,预防食物中毒。

企业食堂应经相关部门审查并取得卫生许可证,保证食品的安全卫生。此外,应定期进行食品卫生检查,预防食物中毒等。

(8)项目管理团队应确保各类人员的心理健康需求,防治可能产生的职业和心理疾病。

施工项目管理团队应关注并满足各类人员的职业健康需求,包括提供相应的职业健康服务和支持措施。这包括为从业人员提供必要的职业健康检查、职业病防护和康复措施,确保他们的工作环境对身体健康无害。此外,项目管理团队应关注从业人员可能面临的心理健康问题,提供必要的心理支持和辅导,防范和处理可能产生的职业和心理疾病。

(9)应落实减轻劳动强度、改善作业条件的施工措施。

施工项目管理团队应采取相应的措施,减轻从业人员的劳动强度,改善作业条件。这可能包括合理调整工作时间和工作强度,提供必要的劳动保护设备和设施,确保从业人员在安全、健康的工作环境下从事工作。此外,项目管理团队还应关注工作过程中的危险因素或不良影响,采取必要的措施予以消除或减轻,以保障从业人员的工作安全和生产效率。

7.3.3 安全生产管理的检查

1. 安全生产管理检查的内容

安全生产管理检查是为了评估工作场所的安全状况,从而预防事故的发生并及时处理已发生的事故。安全生产管理检查通常包括以下四个方面。

（1）查思想。

安全生产管理检查需要查验工作场所中的相关人员的安全思想和安全意识，包括员工对安全工作的重视程度、安全规章制度的遵守情况、安全知识的掌握程度等。通过检查，可以评估关键岗位和相关员工的安全意识，发现并纠正可能存在的安全管理漏洞和缺陷。

（2）查管理。

安全生产管理检查需要评估和检查工作场所的安全管理措施和制度是否完备有效，包括安全管理制度和政策的执行情况、安全责任落实情况，以及各项安全管理措施的实施情况。通过检查，可以发现管理层面的问题，包括责任分工、培训教育、监督检查等方面的不足，从而提出改进措施，提升企业的安全管理水平。

（3）查隐患。

安全生产管理检查需要寻找和排查工作场所中的安全隐患，包括检查工作场所的设施设备是否安全、作业操作规程是否合理、安全防护措施是否到位等方面。通过检查，可以发现潜在的安全风险，并及时采取预防和纠正措施，防止事故的发生。

（4）查事故处理。

安全生产管理检查还需要查验工作场所中已经发生的事故处理情况，包括对事故的调查分析、事故责任的追究、事故处理与报告的及时性和准确性等方面。通过检查，可以评估企业对事故的处理能力和教训吸取情况，为今后的安全工作提供经验借鉴。

安全生产管理检查的主要内容包括查思想、查管理、查隐患和查事故处理。通过全面检查这四个方面，可以全面评估和改进工作场所的安全状况，提升安全管理水平，确保工作场所的安全和员工的身体健康。

安全生产管理检查的重点是违章指挥和违章作业。

2. 安全生产管理检查的方法

可以采用"听""问""看""量""测""运转试验"等方法进行安全生产管理检查。

（1）听。

通过与现场人员和相关工作人员交流与沟通，听取他们对安全管理的看法和意见，了解他们对工作场所安全的关注点、存在的问题以及建议，从而获取实际情况的更多信息。

（2）问。

通过向现场人员和相关工作人员针对性地提问，了解他们对安全规章制度和操作规程的掌握情况、应急预案的了解程度以及工作中的安全意识和注意事项等，从而可以发现潜在的安全风险和不规范操作，并及时纠正和指导。

（3）看。

通过现场观察，检查工作场所的安全状况、设施设备是否完好、作业过程是否符合安全规范等。应特别关注危险区域、警示标识、安全防护设施的设置情况，以及人员行为是否存在安全隐患等。

（4）量。

通过使用测量工具和设备，对工作场所进行安全参数的量化测量。例如，对安全防护设备和设施进行检测；对工作场所的环境指标进行监测，如噪声水平、空气质量等。这可以提供客观的数据用于评估安全状况，及时发现和解决问题。

（5）测。

通过使用专业检测和监测设备，对特定工艺、材料等进行安全性能的测试。例如，对承重结构的强度进行测试，对电气设备的绝缘电阻进行测量。这样可以确保工程建设符合相关安全标准和规范。

（6）运转试验。

在确保安全的前提下进行设备和系统的运转试验。通过模拟实际运行情况，检验设备的稳定性、工作性能以及安全运行过程中的响应能力。这有助于发现和解决潜在的安全问题，确保设备和系统的安全性、可靠性。

通过多种方法的综合运用，可以全面、准确地评估工作场所的安全状况，并及时采取相应的措施，预防安全风险。

7.4 施工项目安全生产应急响应与事故处理

7.4.1 应急准备与响应预案的内容

施工项目管理机构应识别可能的紧急情况和突发过程的风险因素,编制施工项目应急准备与响应预案。编制施工项目应急准备与响应预案是为了快速、高效地应对可能出现的突发事件或风险,保障人员安全,减少损失。具体内容如下。

1. 应急目标和部门职责

应急准备与响应预案应明确应急准备与响应的目标和相关部门的职责。应急目标是指针对各类突发事件或风险而制订的应对目标,如保障人员生命安全、保护财产、维持项目正常运行等。部门职责指各个参与应急工作的部门或岗位的人员在突发事件中应承担的职责和任务。

2. 突发事件的风险因素及评估

应急准备与响应预案应识别和评估可能发生的突发事件或风险因素。分析潜在的风险因素,评估其对施工项目的影响程度和可能引发的问题,有助于预见潜在的风险,并为制订应急响应程序和措施提供依据。

3. 应急响应程序和措施

应急准备与响应预案应制订详细的应急响应程序和相应的措施。应急响应程序是指在发生突发事件时,各个部门或岗位按照一定的步骤和方法展开的应急响应工作,包括报警、疏散、救护等。措施包括事前准备、事中应对和事后处理等方面。

4. 应急准备与响应能力测试

应急准备与响应预案应对应急准备和响应能力进行测试和演练。

通过模拟突发事件，检验和评估项目的应急响应能力，包括预警、反应速度、协调配合、信息通报、资源调配等。测试的目的是发现问题、强化协作和指导改进，提高应急准备和响应的能力。

5. 需要准备的相关资源

应急准备与响应预案应明确在突发事件中所需的各项资源，包括人员、装备、物资、通信设备等。通过明确需要准备的资源，可以确保在突发事件发生时能够及时调用这些资源，为应急响应提供必要的支持和保障。

7.4.2 安全事故

1. 安全事故的概念

施工项目安全事故是在建筑施工工地或其他施工项目中发生的不可预见的、突发的、非计划的事件，导致人员伤亡、财产损失或环境破坏等不良后果的事件。施工项目安全事故的发生往往与施工活动的特殊性、工作环境的复杂性、人员行为的不慎等因素有关。

2. 安全事故的分类

安全事故从不同的角度可以分成不同的类别。
（1）按照安全事故发生的原因分类。
根据安全生产事故的发生原因，可以将其分为以下几类。
①人为因素引发的事故。这类事故通常是由于施工人员的疏忽、违规操作、缺乏安全意识或培训不足等因素引起的。例如，违反操作规程、操作疲劳、使用不合格的设备等。
②技术故障导致的事故。这类事故主要是由于设备、机械或系统的故障引起的。例如，设备故障、电力系统故障、管道泄漏等。
③自然因素引发的事故。这类事故是由于自然灾害或异常天气等因素引起的。例如，地震、洪水、暴风雪、雷击等。
④管理缺陷导致的事故。这类事故主要是由于管理不善或缺乏有效的管理措施引起的。例如，缺乏安全制度和程序、不合理的任务分配、

缺乏培训和监督等。

⑤外部因素引发的事故。这类事故是由于项目周边环境变化或其他外部因素引起的。例如，供应商问题、政策变化、社会事件等。

将安全生产事故按照发生原因分类，有助于深入分析事故的根本原因，并制订相应的预防措施和改进措施，以降低事故发生的概率和减少事故带来的损失。同时，根据事故类别进行风险评估和安全管理，能够更有针对性地制订相关的安全管理措施和培训计划。

（2）按照事故类型分类。

①物体打击事故：人员被物体击中或撞击导致伤害。

②跌落事故：人员从高处跌落或在同一水平面上摔倒导致伤害。

③触电事故：人员接触带电物体导致电击伤害。

④机械伤害事故：人员在机械设备操作或维修过程中受到伤害。

⑤化学物品事故：与化学物品接触导致中毒或化学灼伤。

⑥火灾和爆炸事故：发生火灾或爆炸导致人员受伤或财产损失。

⑦毒气泄漏事故：因气体泄漏导致人员中毒或窒息。

⑧环境污染事故：施工造成的环境污染，对人体健康和生态系统造成损害。

（3）按事故造成的人员伤亡或直接经济损失分类。

依据2007年6月1日起实施的《生产安全事故报告和调查处理条例》规定，根据生产安全事故（以下简称"事故"）造成的人员伤亡或者直接经济损失，事故一般分为以下等级：

①特别重大事故，是指造成30人以上死亡，或者100人以上重伤（包括急性工业中毒，下同），或者1亿元以上直接经济损失的事故；

②重大事故，是指造成10人以上30人以下死亡，或者50人以上100人以下重伤，或者5000万元以上1亿元以下直接经济损失的事故；

③较大事故，是指造成3人以上10人以下死亡，或者10人以上50人以下重伤，或者1000万元以上5000万元以下直接经济损失的事故；

④一般事故，是指造成3人以下死亡，或者10人以下重伤，或者1000万元以下直接经济损失的事故。

注：所称的"以上"包括本数，所称的"以下"不包括本数。

3. 安全事故的处理

（1）安全事故处理的原则。

处理安全事故时要坚持以下原则。

①事故原因不清楚的不放过。追究事故责任，确定事故责任人，不轻易免责或漏罪。通过调查和分析，找出导致事故的原因和责任，并采取相应的法律和行政措施，确保责任人得到应有的惩罚或处罚。

②没有制订防范措施的不放过。针对事故体现的安全隐患，必须认真整改和落实相应的措施。确保类似事故不再发生，采取必要的预防和改进措施，完善安全管理制度和工作流程。

③事故责任者和员工没有受到教育的不放过。对从事相关工作的人员进行教育培训，提高员工的安全意识和技能。通过培训和教育，加强员工的安全防范意识和安全操作技能，减少事故发生的可能性。

④事故责任者没处理的不放过。对事故责任者，不能姑息、纵容或免责，必须进行严肃的调查和追责。追责包括对责任人的惩罚和处罚，确保他们承担适当的责任和后果。

"四不放过"原则强调了对事故责任的严肃追究、对整改落实的坚决执行、对员工教育培训的重视，以及对制度完善的持续改进。遵循这些原则，可以有效地处理安全事故，提高安全管理水平，减少事故的发生和重复发生。

（2）安全事故处理的程序。

在处理施工项目安全事故时，常见的步骤和响应措施包括以下几个方面。

①紧急救援和现场安全：在事故发生后，首先要确保现场的安全，包括采取措施保护工人、疏散人员、控制火源等。同时，启动紧急救援，进行伤员救治等。

②报警和通知：及时拨打报警电话，向相关部门和管理人员通报事故情况，确保有关方面能够及时响应和提供支持。

③事故调查和记录：展开事故调查，了解事故发生的原因、过程和影响。通过收集证据、分析事故因素和相关信息，确定事故的责任和症结所在。

④救援和伤员救治：进行伤员的紧急救治和转运，确保受伤员工得

到及时的医疗救助。同时,还应提供精神上的支持和安抚。

⑤事故管理和善后工作：开展事故的整体管理工作,包括现场封控、事故处理、现场清理和恢复等。同时,与相关部门合作,进行相关的善后工作,如故障设备的修复、生产计划的调整等。

⑥教训总结和改进措施：对事故进行深入的分析,找出事故原因和存在的问题,并制订改进措施,以预防和避免类似的事故再次发生。进行教育和培训,提高员工的安全意识和技能,加强施工管理措施的执行。

7.5 施工项目安全生产管理评价

安全生产管理评价是对企业安全生产管理体系的综合评估和审查,以确定其安全管理水平和运行效果的方法。评价的目的是发现和解决潜在的安全风险和问题,提出改进和加强的措施。确保安全生产活动符合安全生产管理评价中的一个重要评估项目是企业的安全能力是否满足规定要求,涉及企业在安全生产管理方面的能力、措施和实施情况。

7.5.1 安全生产管理评价的内容

（1）安全管理制度和规章制度。

指评估企业是否建立了完善的安全管理制度和规章制度,包括安全责任制、安全标准和操作规程等,应评估系统的完备性、有效性和可操作性,以确保其能够满足法律法规和标准要求。

（2）安全生产组织和人员配备。

指评估企业是否设立了专职的安全生产管理部门,是否有足够数量和合格的专业人员负责安全管理工作,应检查企业是否进行了必要的安全培训和教育,以保证员工具备必要的安全意识和技能。

（3）安全风险和隐患识别与管理。

指评估企业对安全风险和隐患的识别、评估和管理能力,包括危险源辨识、风险评估和控制措施的制订与执行情况,以确保风险和隐患能够得到及时有效的控制和管理。

(4)安全培训和意识。

指评估企业对员工进行的安全培训和教育措施及其有效性,检查企业是否进行了必要的安全培训,提高员工的安全意识和技能,以确保他们能够正确地应对安全风险和应急情况。

(5)安全设备和紧急救援措施。

指评估企业的安全设备和紧急救援措施的完备性和有效性,包括消防设施、安全防护设备和紧急救援预案等,以确保在事故发生时能够迅速、有效地应对和处置。

7.5.2 安全生产管理评价程序

施工企业安全生产管理评价的程序可以分为以下几个步骤。

(1)确定评价目标和范围。

明确评价的目标和范围,确定要评价的安全生产管理方面,如安全管理系统、施工作业安全、危险源管理等。

(2)收集信息和资料。

收集相关的文件、记录和数据,包括企业的安全制度和规章制度、培训资料、施工记录等。可以通过文件审查、访谈施工管理人员和员工等方式进行信息收集。

(3)进行现场勘察和检查。

对施工场地进行现场勘察,了解安全设施、施工作业情况、安全执行情况等。检查现场的安全设备、防护措施是否符合要求,并观察施工人员的工作行为和安全意识。

(4)进行访谈和调查。

与施工管理人员、现场监理、安全员和施工人员进行访谈和调查,了解他们对安全管理制度的学习和执行情况、安全培训的情况,以及他们的安全意识和行为等。

(5)进行数据分析和评估。

对收集到的信息和资料进行整理、分析和评估,了解施工企业在安全生产管理方面的优势和不足,发现存在的问题和风险。

（6）提出评价报告和改进建议。

根据评估结果，编写评价报告，明确存在的问题和风险，并提出相应的改进建议和措施。报告应包括评价结果的总结、问题分析、改进建议和行动计划等。

（7）审核和跟踪。

评价报告的结果应经过相关负责人审核，并确保改进建议和行动计划得到有效的实施和跟踪，及时纠正存在的问题。

在安全生产管理评价过程中，需要严格遵守相关的安全法律法规和施工安全规范，确保评价的全面性和准确性。评价工作应由具备相关安全管理和评价技能的专业人员或评价团队进行，以保证评价的客观性和专业性。同时，评价结果应及时反馈给施工企业，并监督改进和落实的执行情况。

7.6　BIM 技术在建筑工程施工项目安全管理中的应用

7.6.1　传统施工项目安全管理存在的问题

1. 缺乏全面性

传统施工项目的安全管理往往只侧重于一些明显的风险和事故，而忽视了其他可能存在的潜在危险，导致了对整体安全风险的控制不足。

首先，在传统施工项目中，常常只重视一些显而易见的危险，如高空作业、电气安全、起重作业等，这些风险往往会有明确的规范和控制措施。但是，还存在一些潜在的危险和隐患可能被忽略，如施工现场的地质条件、气候因素、施工材料的安全性等。这些风险对施工人员和项目安全具有同样重要的影响，由于缺乏全面性的考虑，可能没有得到足够的关注和控制。

其次，传统的安全管理往往注重了现场作业阶段的安全，而忽略了施工前后的其他环节。例如，在施工前的设计阶段，如果没有对设计方案进行充分的安全评估和规划,可能会存在设计上的安全隐患,进而影响到施工过程中的安全控制。同样,在施工后的维护和使用阶段,如果没有进行适当的设备检修和定期维护,可能会导致设备故障和事故发生。上述非现场阶段的安全管理往往没有得到足够的关注和重视。

最后,传统的安全管理往往注重单个任务或工序的安全,而缺乏对整体施工过程的全面安全管理。在复杂的施工项目中,不同任务之间可能存在隐患的相互影响和传递,如果只关注单个任务的安全,可能无法全面把控整个施工过程的风险。因此,缺乏全面性的安全管理容易导致一些未被发现或被忽视的安全隐患,加大了事故发生的概率和严重程度。

2. 缺乏前瞻性

传统的安全管理更多的是应对事故发生后的处理,而缺乏对潜在风险的预测和规避措施的制订,容易导致事故和安全隐患。

首先,缺乏前瞻性的安全管理往往是被动应对事故的发生。当事故发生后,才会采取相应的应急措施和事故处理措施。这种反应性的安全管理方式会导致处理措施过于局限,无法从根本上避免事故的发生。施工单位不能只关注事故发生后的处理,更应该提前预测潜在风险,制订相应预防措施,以减少事故的发生率。

其次,缺乏前瞻性的安全管理也意味着在施工项目的计划和设计阶段可能未充分考虑安全因素。传统的安全管理往往将安全作为一个独立的环节,而不与整个项目的计划和设计紧密结合。这就导致了项目计划和设计中可能存在的一些隐患和风险未能提前被察觉和解决。只有在项目规划的早期就将安全纳入考虑范围,并制订相应的风险评估和规避措施,才能从源头上减少事故的发生。

最后,缺乏前瞻性的安全管理也体现在对新技术和新工艺的应用上。随着科技的发展,施工领域也出现了许多新的工艺和技术,但传统的安全管理往往滞后于这些新技术的应用。如果没有及时了解、评估和规范新工艺的安全性,就容易出现事故。因此,安全管理需要具备前瞻性,不断学习和适应新技术的发展,及时更新和完善安全管理措施。

为了提高安全管理水平,需要将安全考虑纳入项目计划和设计阶段,预测和规避潜在风险,并及时应用新技术和工艺的安全管理。这样才能有效降低事故发生的概率和严重程度。

3. 缺乏专业性

在传统施工项目中,安全管理的岗位往往由项目管理人员或施工人员兼任,缺乏专业的安全管理人员进行专项管理和指导。这导致了安全管理措施的不科学和不系统性。

首先,安全管理人员的专业素养不足。在传统施工项目中,安全管理往往由项目管理人员或施工人员兼任,可能对安全管理的法律法规、标准和规范了解不深,缺乏安全管理的专业知识和技能。这导致了安全措施的制订不科学,无法全面考虑风险因素和采取有效预防措施。

其次,安全管理人员的培训和教育不够充分。在传统施工项目中,对安全管理人员的培训和教育往往欠缺,可能只涉及一些基础的安全知识,缺乏深入和系统的培训。安全管理需要具备一定的专业技能,如风险评估、事故调查、应急处理等,缺乏专业性的安全管理人员无法有效应对复杂的安全问题。

最后,缺乏专业性还体现在安全管理措施的执行上。安全规定和管理程序可能流于形式,缺乏针对性。安全管理人员对安全措施的执行监督和指导缺乏科学性和系统性,导致安全管理措施的实施效果不佳。

要提升安全管理水平,需要加强安全管理人员的培训和教育,配备专业的人员,建立科学的体系,并加强对安全管理措施执行的监督和评估,才能提高安全管理的科学性和有效性。

4. 缺乏员工参与

在传统施工项目中,员工对安全管理的参与度较低,往往只是被动地接受规定的安全措施,缺乏主动参与和责任意识,从而影响了安全管理的效果。

首先,员工缺乏安全意识。在传统施工项目中,一些员工可能认为安全管理是由管理层负责的事情,对个人产生的影响不大,因此对安全问题不够重视。他们可能忽视安全规定和措施,不主动采取安全行为,容易发生事故和安全隐患。

其次,缺乏员工参与意味着在安全管理过程中,缺少员工的反馈和建议。员工是施工现场最了解具体情况的人,他们对施工过程中的潜在危险和不安全因素有着更直观的感知。然而,在传统的安全管理中,管理者往往缺乏与员工的沟通和交流,导致了安全管理措施的制订和完善缺乏员工的参与和集体智慧,可能与实际情况脱节,无法有效应对安全风险。

最后,缺乏员工参与还反映在培训和教育方面。在传统施工项目中,员工的安全培训往往只是简单地被告知安全规则和操作要求,缺乏互动和参与,使得员工对安全知识的理解和记忆程度较低,无法将其应用到实际工作中。而如果能够通过互动的培训方法,使员工更加主动参与,例如通过案例讨论、演练和分享经验等方式,可以提高员工对安全问题的认识和理解,增强他们的安全意识和责任感。

为了提高安全管理的效果,需要提高员工的安全意识和参与度,建立员工参与的机制和平台,加强员工与管理层的沟通与合作,更好地调动员工的积极性和创造力,共同加强安全管理。

5. 缺乏技术支持

传统施工项目的安全管理缺乏有效的信息化和智能化支持,无法及时地监测和预警安全隐患,也不能提供及时地应急响应和处置措施。传统施工项目往往没有建立起有效的信息化和智能化系统来支持安全管理工作。这意味着安全隐患可能无法及时被监测和预警,导致潜在风险得不到及时的发现和处理。

缺乏技术支持还意味着在安全事故发生时,无法提供及时的应急响应和处置措施。没有依靠技术手段来提供快速、准确的信息,安全管理人员在处理安全事故时可能会面临时间压力和信息不足的问题,导致应对措施的不及时或不恰当。

此外,传统施工项目缺乏技术支持也限制了安全管理的改进和优化。通过信息化和智能化系统,可以对施工现场进行实时的监测和分析,提供数据和统计结果来帮助决策并制订相应的改进措施。然而,由于缺乏技术支持,这些潜在的优化和改进机会很可能被忽视。

因此,传统施工项目安全管理缺乏技术支持已成为一个重要的问题,需要引入先进的信息技术和智能系统来弥补,提升施工项目的安全管理水平,从而更好地发现和预防潜在风险、提高应急响应能力、优化安全管理流程、减少安全事故的发生。

7.6.2 BIM 技术在建筑工程项目安全管理中应用

1. BIM 技术在安全管理上的优势

BIM 技术在安全管理上具有以下优势。

（1）可视化和模拟。

BIM 技术可以将建筑项目以虚拟的形式呈现，使安全管理人员能够可视化地查看整个项目的结构、构件和设备等信息。通过模拟建筑施工过程和场景，可以更好地理解施工活动中的潜在风险，并提前采取预防措施。

（2）冲突检测和碰撞预警。

BIM 模型可以通过冲突检测和碰撞预警功能，自动识别和报告模型中的设计冲突、工艺冲突和安全风险。这使得安全管理人员能够在实际施工之前更早地识别和解决可能的危险和冲突，减少施工现场事故的发生。

（3）施工规划优化。

BIM 技术可以帮助安全管理人员优化施工规划和作业流程，从而最大限度地减少工作场所风险。通过对施工过程进行模拟和优化，可以确定最佳的材料运输路径、施工顺序和作业时机等，以减少人员密集区域和潜在的安全冲突。

（4）协同合作和信息共享。

BIM 平台可以作为一个中央化的信息共享平台，使得不同的安全管理人员和相关利益相关者可以实时共享和获取项目相关的安全信息，有助于构建团队间的协同合作，促进信息的流通，从而更有效地进行安全管理和风险控制。

（5）安全培训和教育。

BIM 模型可以用于安全培训和教育的虚拟仿真，使施工人员能够在虚拟环境中进行实际操作和风险认知训练，提高他们的安全意识和技能。这种虚拟培训可以更加真实地模拟现实工作场景，帮助人员正确应对潜在的危险。

通过充分利用 BIM 技术，可以提高安全管理水平，减少安全风险，提升施工项目的整体安全性。

2. BIM 技术在施工项目安全管理中的应用

（1）施工过程仿真模拟。

通过 BIM 技术，可以将项目的设计、构建和运营信息整合到一个三维模型中，并模拟施工过程。这种仿真模拟可以帮助识别潜在的安全风险和冲突点，预测施工中可能发生的问题，并采取相应的措施来避免事故发生。

在进行施工过程仿真模拟时，BIM 可以模拟不同施工阶段的情况，包括设备和材料的运输、安装和拆卸过程。通过模拟，可以发现可能导致事故的因素，如设备碰撞、施工车辆和行人的冲突等。基于这些模拟结果，管理人员可以进行风险评估，并制订相应的安全管理措施，提高施工安全性。

此外，施工过程仿真模拟可以模拟施工现场的工作流程，包括材料供应、施工进度、人员分配等。通过模拟，可以识别出可能导致进度延误或者安全隐患的因素。管理人员可以根据模拟结果进行优化和调整，以提高施工效率和安全性。

综上所述，BIM 技术在施工项目安全管理中的施工过程仿真模拟可以帮助识别潜在的风险和冲突点，预测可能发生的问题，并采取相应的措施来减少事故的发生。这种应用可以提高施工安全性和效率，降低安全风险。

（2）防坠落管理。

在建筑施工中，高处坠落是一种常见而严重的事故风险。BIM 技术可以在施工项目中帮助管理人员有效地进行防坠落管理，以减少这类事故的发生。

首先，BIM 技术可以创建一个三维模型，其中包含了建筑物的详细信息，包括楼层、结构、设备等。施工人员可以利用这个模型，进行高处作业的可视化规划和模拟。通过模拟，他们可以确定安全的作业范围和安装临时性的防护设施，如安全网、护栏等，以避免坠落事故的发生。

其次，BIM 技术还可以用于施工工序的时序控制和调整。在施工过程中，可能会涉及一些高风险的作业，例如搭建脚手架、安装天棚等。通过 BIM 模型中的时序信息，施工人员可以规划施工任务的顺序，并确保在高风险作业之前，先安装好相应的坠落防护设施，从而提高施工现场的安全性。

最后，BIM技术还可以用于施工现场的实时监测和控制。通过在施工现场安装传感器和监测设备，BIM模型可以实时获取施工进展的数据并进行监测。如果侦测到潜在的坠落风险，系统可以立即发出警报，提醒施工人员采取必要的安全措施，如及时安装防护设施或者暂停工作以消除危险。

综上所述，BIM技术可以通过可视化规划、时序控制和实时监测来减少高处作业带来的坠落风险，可帮助施工管理人员更好地预防事故、提高施工安全性，并确保施工现场的安全执行。

（3）塔式起重机安全管理。

塔式起重机在建筑施工中被广泛应用，但其操作存在一定的风险，如设备故障、倾斜、碰撞等。利用BIM技术可以提高塔式起重机的安全管理，减少潜在的事故风险。

首先，BIM技术可以在项目的三维模型中准确地模拟和安排起重机的位置、高度、臂长等参数。通过虚拟模拟，可以避免因起重机在施工现场中的碰撞或交叉影响其他结构物的情况。这样的模拟能够帮助施工团队计划和调整起重机的布局，确保其合理且安全地运行。

其次，BIM技术还可以应用于起重机的时序控制。通过在三维模型中定义起重机的工作顺序和时间表，施工人员可以避免起重机之间或其他工序之间的冲突，从而减少事故发生的可能性。此外，BIM技术还可以帮助施工团队规划起重机的装卸流程，确保操作过程安全、高效。

最后，BIM技术还能结合传感器和监测设备，实时监测塔式起重机的工作状态。通过数据收集和分析，可以及时发现起重机的异常情况，如过载、倾斜等，从而预防事故发生。监测系统还可以与BIM模型实现集成，使施工人员能够实时了解起重机的状态，并根据需要采取相应的措施，提高工作安全性。

BIM技术在塔式起重机安全管理中的应用可以提供精确的模拟和布局规划，协助时序控制，以及实时监测起重机的状态。通过这些措施，可以减少起重机相关事故的风险，保证施工现场的安全性。

（4）火灾疏散模拟。

在建筑施工过程中，火灾可能是一种严重的风险，因此进行火灾疏散模拟对于保障施工人员和工地其他人员的生命安全至关重要。BIM技术可以在施工项目中进行火灾疏散模拟来评估和优化疏散路径,从而减少潜在的伤亡风险。

首先,通过BIM技术可以创建一个虚拟的建筑模型环境,包括楼层、出口、楼梯、疏散通道等。通过这个模型,可以模拟火灾发生后的疏散过程,观察可能存在的瓶颈和疏散路径堵塞的情况。模拟还可以考虑建筑内部的人员密度和人员移动速度等因素,以便更加真实地评估火灾疏散情况。

其次,BIM技术可以帮助优化建筑物的疏散设计。通过模拟火灾疏散,可以发现可能存在的疏散路径阻碍、拥挤或远离疏散出口的问题。基于这些结果,工程师可以优化建筑物的设计,如增加或重新布置疏散通道、调整出口位置、改善标识等,以提高火灾疏散的效率和安全性。

最后,BIM技术还可以结合人员定位技术,进行实时的火灾疏散模拟。通过在建筑物中部署传感器或使用现有的人员定位系统,可以获取人员在火灾发生时的实时位置数据。将这些数据与BIM模型和火灾模拟结合起来,可以准确地模拟人员的疏散行为,并提供实时的疏散指导和警报。

BIM技术在火灾疏散模拟中的应用可以通过建筑模型的创建和火灾疏散模拟来评估疏散路径和优化设计。这样的应用可以降低火灾对施工项目造成的伤害,提高疏散效率和人员安全性。

(5)应急安全预案。

在建筑施工过程中,突发事件和紧急情况可能会对施工人员和工地造成严重威胁。因此,制订和实施有效的应急安全预案至关重要。可以在施工项目中使用BIM技术制订和优化应急安全预案,以应对各类突发事件和降低潜在风险。

首先,BIM技术可以利用建筑模型创建一个虚拟环境,模拟不同的应急情境,例如,火灾、地震、气象灾害等突发事件。通过这种模拟,施工管理人员可以了解在不同应急情况下的可能影响和应对措施,并制订相应的应急预案。

其次,BIM技术可以与其他系统集成,例如消防系统、安全监控系统等,以实现实时的监测和反馈。通过将这些系统与BIM模型进行连接,可以快速获取当前施工现场的状态和监测数据。这些数据可以用于实时应急响应和决策制订，以减少紧急情况带来的损失。

此外，BIM技术还可以用于应急演练和培训。通过在虚拟环境中进行模拟，可以进行应急演练，评估不同情景下的响应和反应时间，并检验应急预案的可行性。同时，模拟还可以用于培训施工人员，提高其对应急情况的认知和应对能力。

最后，BIM技术还可以帮助管理人员制订个性化的应急预案。通过对建筑模型和相关数据的分析，可以根据特定施工项目的特点和风险，定制化应急预案。这样的预案可以更好地满足项目的需求，提高施工安全性和效率。

BIM技术在应急安全预案中的应用可以通过模拟和演练来评估不同应急情境下的响应和决策，以制订更有效的应急预案。这种应用可以提高施工项目对突发事件的应对能力，降低紧急情况带来的风险和损失。

（6）危险源识别及安全防护。

危险源识别及安全防护指在施工项目的安全管理中，BIM技术可以用于识别和评估潜在的危险源，有助于制订相应的安全防护措施。例如，通过建立3D模型，可以清晰地展示出施工现场中的各个构件、设备、材料等，以及它们之间的关系和相互作用。在这个模型中，可以使用颜色、透明度等方式来标示潜在的危险源，如高处坠落风险区、危险化学品储存区等。这有助于施工管理人员和工人们更直观地了解潜在的危险，并采取相应的安全措施。此外，BIM技术还可以结合其他技术手段，如传感器、监控设备等，实现对危险源的实时监测和预警。通过对施工现场的监测数据进行实时收集和分析，可以及时发现隐患和异常情况，并采取相应的措施进行安全防护。

利用BIM技术进行危险源识别及安全防护可以提高施工项目的安全管理水平，减少安全事故的发生，并为施工管理人员提供决策依据和预警信息，从而保障施工现场的安全。

（7）施工动态检测。

在施工项目中，可以利用BIM技术对施工过程进行实时监测和检测，以及对施工质量和安全问题进行评估和管理。BIM技术提供了一种有效的方式来监测施工现场的动态变化。通过建立项目的BIM模型，并结合传感器和监测设备，可以对施工过程中的关键参数进行实时采集和监测,如结构物的变形、温度、湿度、振动等。这些数据可以通过BIM平台进行集中管理和分析,以便施工管理人员及时了解施工过程的状态,并发现潜在的问题和风险。如果发现了质量问题或安全隐患,可以及时采取纠正措施,确保施工过程的安全和施工项目的质量。

最后,施工动态检测还可以帮助施工管理人员进行项目进度和资源管理。通过对施工过程中的数据进行分析,可以实时监测施工进度和资源利用情况,并进行合理的调整和优化,以确保项目能够按时完成并达到预期的质量要求。

利用BIM技术进行施工动态检测可以提高施工项目的管理效率和质量控制,减少安全风险和质量问题的发生,并为施工管理人员提供实时的项目状态和进展信息,从而实现项目的顺利进行。

(8)利用BIM标识安全区域。

在施工项目中,可以利用BIM技术对安全区域进行标识和管理。BIM技术可以通过在施工模型中添加标记和区域,来标识和划定安全区域。安全区域可以包括但不限于施工人员的通行区域、防护设施设置区域、高风险工作区域等。

通过在BIM模型中标识安全区域,可以提供给管理人员和施工人们一个直观的视觉展示,让他们清楚地知道哪些区域是安全的,哪些区域需要特别小心或需要采取特殊的安全措施。

此外,利用BIM技术标识安全区域还可以与其他系统集成,如安全警报系统或实时定位系统。这样,当工人进入或接近标识的安全区域时,系统可以及时发出警报或提供相应的警示信息。

利用BIM标识安全区域,可以增强施工现场的安全性,工人们可以更好地了解安全区域的范围和要求,并采取相应的行动来遵守安全规定,从而减少事故风险。

利用BIM技术标识安全区域可以提高施工项目的安全管理水平,帮助施工人员识别和遵守安全要求,并在必要时采取相应的安全措施,确保施工现场的安全。

参考文献

[1] 余群舟,宋协清.建筑工程施工组织与管理[M].北京:北京大学出版社,2020.

[2] 翟丽旻,姚玉娟,王亮.建筑施工组织与管理[M].北京:北京大学出版社,2013.

[3] 于金海.建筑工程施工组织与管理[M].北京:机械工业出版社,2017.

[4] 檀建成,刘东娜,杨平.建筑工程施工组织与管理[M].北京:清华大学出版社,2022.

[5] 刘占省,赵雪峰.BIM技术与施工项目管理[M].北京:中国电力出版社,2015.

[6] 陆泽荣,刘占省.BIM应用与项目管理[M].北京:中国建筑工业出版社,2018.

[7] 刘占省,孟凡贵.BIM项目管理[M].北京:机械工业出版社,2019.

[8] 中华人民共和国住房和城乡建设部,中华人民共和国质量监督检验检疫总局.建设工程项目管理规范:GB/T 50326—2017[S].北京:中国建筑工业出版社,2017.

[9] 中华人民共和国住房和城乡建设部,中华人民共和国质量监督检验检疫总局,等.建筑施工组织设计规范:GB/T50502—2009[S].北京:中国建筑工业出版社,2009.

[10] 中华人民共和国住房和城乡建设部,中华人民共和国质量监督检验检疫总局,等.建筑工程施工质量验收统一标准:GB 50300—2013[S].北京:中国建筑工业出版社,2014.

[11] 中华人民共和国住房和城乡建设部,中华人民共和国质量监督检验检疫总局,等.工程建设施工企业质量管理规范:GB/T 50430—

2017[S]. 北京：中国建筑工业出版社, 2017.

[12] 李晓文. BIM 在施工项目管理中的应用 [M]. 北京：中国建筑工业出版社, 2016.

[13] 关秀霞, 高影. 建筑工程项目管理 [M]. 北京：清华大学出版社, 2020.

[14] 杨霖华, 吕依然. 建筑工程项目管理 [M]. 北京：清华大学出版社, 2019.

[15] 毛义华. 建筑工程项目管理 [M]. 北京：中央广播电视大学出版社, 2017.

[16] 李思康, 李宁, 冯亚娟. BIM 施工组织设计 [M]. 北京：化工工业出版社, 2018.

[17] 牟培超. 建筑工程施工组织与项目管理 [M]. 上海：同济大学出版社, 2011.